Domitille Giaume

Nanoparticules de YVO4:Eu : sondes luminescentes pour la biologie

AF209438

Domitille Giaume

Nanoparticules de YVO4:Eu : sondes luminescentes pour la biologie

synthèse, fonctionnalisation et applications biologiques

Presses Académiques Francophones

Impressum / Mentions légales

Bibliografische Information der Deutschen Nationalbibliothek: Die Deutsche Nationalbibliothek verzeichnet diese Publikation in der Deutschen Nationalbibliografie; detaillierte bibliografische Daten sind im Internet über http://dnb.d-nb.de abrufbar.
Alle in diesem Buch genannten Marken und Produktnamen unterliegen warenzeichen-, marken- oder patentrechtlichem Schutz bzw. sind Warenzeichen oder eingetragene Warenzeichen der jeweiligen Inhaber. Die Wiedergabe von Marken, Produktnamen, Gebrauchsnamen, Handelsnamen, Warenbezeichnungen u.s.w. in diesem Werk berechtigt auch ohne besondere Kennzeichnung nicht zu der Annahme, dass solche Namen im Sinne der Warenzeichen- und Markenschutzgesetzgebung als frei zu betrachten wären und daher von jedermann benutzt werden dürften.

Information bibliographique publiée par la Deutsche Nationalbibliothek: La Deutsche Nationalbibliothek inscrit cette publication à la Deutsche Nationalbibliografie; des données bibliographiques détaillées sont disponibles sur internet à l'adresse http://dnb.d-nb.de.
Toutes marques et noms de produits mentionnés dans ce livre demeurent sous la protection des marques, des marques déposées et des brevets, et sont des marques ou des marques déposées de leurs détenteurs respectifs. L'utilisation des marques, noms de produits, noms communs, noms commerciaux, descriptions de produits, etc, même sans qu'ils soient mentionnés de façon particulière dans ce livre ne signifie en aucune façon que ces noms peuvent être utilisés sans restriction à l'égard de la législation pour la protection des marques et des marques déposées et pourraient donc être utilisés par quiconque.

Coverbild / Photo de couverture: www.ingimage.com

Verlag / Editeur:
Presses Académiques Francophones
ist ein Imprint der / est une marque déposée de
OmniScriptum GmbH & Co. KG
Heinrich-Böcking-Str. 6-8, 66121 Saarbrücken, Deutschland / Allemagne
Email: info@presses-academiques.com

Herstellung: siehe letzte Seite /
Impression: voir la dernière page
ISBN: 978-3-8381-4595-2

Zugl. / Agréé par: Palaiseau, Ecole Polytechnique, 2006

Copyright / Droit d'auteur © 2014 OmniScriptum GmbH & Co. KG
Alle Rechte vorbehalten. / Tous droits réservés. Saarbrücken 2014

Table des matières

Remerciements

Après avoir passé l'examen oral consistant à résumer le travail de trois longues années en trois-quarts d'heure (à quoi tient une année… ¼ d'heure !), je tiens à remercier tout d'abord le jury clément qui m'a accordé le titre de docteur (ou doctoresse) : son président Jean-Luc Adam, les deux rapporteurs qui ont montré leur intérêt pour mon travail à travers de nombreuses questions, Valérie Marchi-Artzner et Olivier Tillement, ainsi que les responsables du projet qui ont suivi mon travail, Antigoni Alexandrou, et mes deux directeurs de thèse, Thierry Gacoin et Jean-Pierre Boilot. Cette journée est passée à une rapidité étonnante, et je n'ai pas eu l'occasion de remercier à leur juste valeur tous les « acteurs de l'ombre » qui ont permis la réalisation de cette thèse, erreur que je corrige maintenant !

J'ai connu deux directeurs du laboratoire P.M.C., Michel Rosso et François Ozanam, qui ont toujours montré leur attachement au bien-être des thésards au sein du laboratoire, ce que je me suis empressée de satisfaire… J'ai pu ainsi largement discuter avec des chercheurs de différents horizons, de science ou autre, avec les étudiants lors des séminaires thésards, ce qui fut très enrichissant !

Durant ce travail de thèse, j'ai pu mettre en pratique de nombreuses maximes, connues sous le terme de devises Shadok de Jacques Rouxel. Certaines d'entre elles m'ont semblé particulièrement adaptées pour caractériser les différentes phases que j'ai pu traverser :

- « mieux vaut mobiliser son intelligence sur des conneries que mobiliser sa connerie sur des choses intelligentes » ce qu'après mûres réflexions j'ai conclu de temps en temps, et je remercie Thierry et Jean-Pierre de m'avoir de nombreuses fois évité de l'embourbement.

- « pourquoi faire simple quand on peut faire compliqué ? » Malheureusement, je me suis posé cette question assez tard… Ni Didier (dit el Casanova) ni Antigoni ne m'en ont tenu rigueur, ce dont je les remercie chaleureusement ! Didier a même greffé, purifié, malmené particules et toxines afin de réaliser un premier court-métrage mettant en jeu nos nanoparticules sur une cellule ! Bravo !

- je veux saluer le travail immense réalisé par Mélanie, souvent ingrat (ça n'a pas été passionnant tous les jours) mais nécessaire, sans lequel cette thèse n'aurait pas eu le même impact, ainsi que l'aide très appréciable de Khalid lorsque je me suis aventurée dans les dédales de la chimie organique. Nous nous sommes arrachés les cheveux à maintes reprises, mais heureusement, Shadok nous a sauvés une fois encore ! « En essayant continuellement, on finit par réussir. Donc : plus ça rate, plus on a de chances que ça marche. » Ça devait alors inévitablement marcher !

- Gérard et Giancarlo, toujours disponibles, ont usé de patience en me formant au MET, et je leur en suis très reconnaissante, j'ai pu enfin voir mes particules !

- Et enfin la ~~rédaction~~ ~~écriture~~ rédaction de la thèse peut se résumer ainsi : « Si ça fait mal, c'est que ça fait du bien », surtout à l'amour-propre ! Mais après avoir fait les modifications à reculons, je me suis rendue compte que, oui, c'était mieux après corrections… Alors merci à Thierry et Jean-Pierre pour leurs critiques constructives sur le manuscrit !

Lors de ces différentes phases, forcément, mon moral est tombé quelquefois à plat ! Ont alors compté tous ces petits plus qui ont fait de ces trois années des moments de rigolade :

-« Je pompe donc je suis », merci les rameuses Vava, Mumu, Manue, Laurie et Mel : à Paris, Venise ou sur le lac de l'X, sans nous, l'aviron pépère a du souci à se faire !

-Lauriane, merci à toi de m'avoir tenu compagnie au laboratoire, pour travailler ou papoter, soirs et week-ends de cet été 2006, et particulièrement les soirs de pizza !! ou encore les soirs d'exercice militaire…

-merci à tous les permanents, post-docs, thésards et « p'tits nouveaux » du groupe de chimie pour la vie de tous les jours : Caro, son rire communicatif et toutes ses petites attentions, Lorraine et ses pièces de théâtre géniales, Mathieu et sa tête en l'air, Gabriel et les mondes parallèles, Damien et ses voyages au bout de la terre, Sébastien et son entrain légendaire, Morgan et la chocolaterie, et Geneviève et ses billes fluorescentes ! Merci à Khalid, sa bonne humeur et tous les articles à paraître dans Irreproductible Materials, les petites piques de Jean-Pierre, les « Alors, la frite ? » de Thierry, les discussions avec Philippe, la bise quotidienne de Patrice, les thésards non-chimistes qui font la vie hors labo, mes collègues de bureau Didier et Dominique, et bien d'autres que j'oublie !

-et enfin, merci à tous mes proches, particulièrement F. Martin pour son soutien sans faille, et mes parents pour les super vacances à Ava Uta…

Les grandes inventions Shadok

PARAPLUIE POUR TEMPS SEC.

Voilà, merci pour ces trois années !

Et je continue, car « Quand on sait pas où l'on va, il faut y aller…Et le plus vite possible ! »

I
Introduction

Ce travail de thèse a été réalisé au laboratoire de Physique de la Matière Condensée, au sein du groupe de Chimie du Solide. L'une des thématiques de cette équipe concerne l'élaboration de nanomatériaux luminescents, utilisés dans de nombreuses applications comme les systèmes d'éclairage ou de visualisation transparents.

L'une des récentes applications de certains nanomatériaux luminescents a été dans le domaine de la biologie, tant pour le développement de biopuces, d'agents de contraste, de révélateurs de tissus. Parmi elles, l'utilisation comme sonde biologique fluorescente apparaît comme des plus prometteuses.

Une sonde biologique est un objet attaché à la biomolécule ciblée qui peut facilement être détecté. Elle se divise en deux parties, la partie portant la « fonction » biologique, et la partie détectable. La détection peut se faire grâce à différentes propriétés physiques, et dans le cas présent, nous avons choisi de développer des sondes fluorescentes.

Figure I-1 : représentation schématique d'une sonde biologique composée d'une partie détectable et d'une fonction biologique permettant le ciblage.

I   Sondes fluorescentes pour la biologie

De nombreuses avancées dans le domaine de la biologie ont été réalisées grâce au développement de ces marqueurs biologiques fluorescents. Ces marqueurs peuvent être de différentes natures, et nous allons rappeler ici celle des principales entités fluorescentes utilisées pour créer des sondes fluorescentes biologiques.

A   Sondes fluorescentes organiques

Lorsque Coons a développé une technique permettant de marquer des anticorps avec des molécules organiques fluorescentes dans les années 1940,[1] il a ouvert la voie au

---

[1] A.H. Coons, H.J. Creech, R. Jones, Proc. Sec. Exp. Biol. Med., 1941, 47:2000

développement de l'immunofluorescence. Cette technique consiste à marquer des anticorps par des molécules fluorescentes, créant ainsi un marqueur ciblant l'antigène correspondant. Les progrès réalisés depuis en biologie moléculaire ont permis la création de nombreuses sondes organiques fluorescentes permettant de marquer pratiquement n'importe quelle région d'une entité biologique.

De même, avec le développement de la microscopie à fluorescence, les fluorophores organiques pouvant être utilisés dans ces marqueurs ont vu leur nombre grandir et leurs caractéristiques se diversifier. De deux fluorophores utilisés en 1940 (Fluoresceine et Rhodamine B), quelques centaines sont actuellement disponibles commercialement. [2]

Ces fluorophores organiques sont essentiellement des molécules aromatiques, présentant un système d'électrons π fortement délocalisés leur conférant des propriétés de luminescence dans la gamme visible. Les bons candidats comme fluorophores pour des sondes biologiques doivent pouvoir être excitées par une source commerciale, et leur fluorescence doit être facilement détectée. Ainsi, ils doivent présenter une absorption importante à la longueur d'onde d'excitation, et une intensité d'émission après excitation suffisante pour permettre une détection.

Les fluorophores organiques possèdent des spectres d'absorption et d'émission présentant des bandes larges, et des maxima d'absorption et d'émission peu éloignés (faible décalage de Stokes). Le faible décalage de Stokes induit souvent une détection efficace au détriment d'une excitation efficace, et un compromis entre excitation et détection doit être trouvé.

Typiquement, les fluorophores organiques présentent un coefficient d'extinction molaire de l'ordre de 5 à 200.10^3 L.mol^{-1}.cm^{-1}, et un rendement quantique variant de 0,05 à 1. Ces propriétés intéressantes leur ont valu d'être largement commercialisées et utilisées, comme le montre la Figure I-2.

Sur la Figure I-2.a., est reconstituée une image tricolore permettant de localiser simultanément les noyaux (marqués par DAPI, fluorophore dans le bleu), les mitochondries (marquées par Mitotracker Red, rouge) et les filaments d'actine (marqués par Alexa Fluor Phalloidine, vert) d'une cellule de fibroblaste.

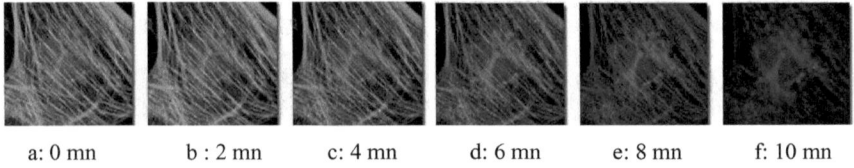

| a: 0 mn | b : 2 mn | c: 4 mn | d: 6 mn | e: 8 mn | f: 10 mn |

Figure I-2 : cellule de fibroblaste observée par microscopie de fluorescence au cours du temps. L'ADN nucléique est marqué en bleu par DAPI, les mitochondries en rouge par MitoTracker Red, et les filaments d'actine par Alexa Fluor Phalloidin. Les images montrées ont été prises toutes les 2 minutes.

---

[2] Molecular Probes par exemple commercialise de tels fluorophores, de même que Pierce.

Les fluorophores utilisés permettent ainsi un marquage efficace des tissus cellulaires. Cependant, comme le montrent les images de b. à f. de la Figure I-2, nous observons une diminution rapide du signal de fluorescence avec le temps de ces fluorophores organiques (après quelques secondes et jusqu'à quelques minutes). Cette diminution rapide de la luminescence[3,4] est due à une photodégradation des fluorophores en présence d'oxygène. Ce phénomène irréversible empêche un suivi de biomolécules individuelles nécessitant des excitations intenses pendant de longues durées, et a amené la communauté scientifique à chercher de nouveaux fluorophores plus photostables.

B   Sondes fluorescentes inorganiques

Une alternative à ces sondes organiques fluorescentes pour le suivi de biomolécules individuelles a été trouvée en utilisant des sondes fluorescentes inorganiques, et notamment des nanoparticules semi-conductrices.

1 Nanoparticules semi-conductrices

En effet, certains matériaux semi-conducteurs peuvent devenir fluorescents sous forme nanométrique par effet de confinement quantique.[5] C'est le cas notamment des nanoparticules de CdE, où E représente S, Se, Te, lorsque leur dimension atteint des tailles de l'ordre de 2-12 nm. Des synthèses permettant d'obtenir des objets bien dispersés, définis en taille, forme et propriétés de luminescence ont été mises au point notamment par l'équipe de Bawendi, dans un milieu de solvant coordinant, et améliorées en ajoutant en surface une couche de ZnS.[6,7,8,9] Des progrès réalisés dans la compréhension de la chimie de surface de ces nanoparticules, et la préparation de nanoparticules solubles en milieu aqueux et biocompatibles[10,11] ont permis d'utiliser ces objets pour des applications biologiques.

Les nanoparticules semi-conductrices d'un même matériau vont voir leurs propriétés optiques changer en fonction de leur taille. En effet, les propriétés de fluorescence viennent de l'écart entre les niveaux de valence et de conduction, qui augmente lorsque la taille diminue. Ainsi, il est possible, à partir d'un même matériau, de modifier ses propriétés de fluorescence en variant sa taille,[4,6,11,12] comme représenté sur la Figure I-3.

[3] E. Füreder-Kitzmüller, J. Hesse, A. Ebner, H.J. Gruber, G.J. Schütz, Chem. Phys. Lett., 2005, 404, 13-18
[4] X. Wu, H. Liu, J. Liu, K.N. Haley, J.A. Treadway, J.P. Larson, N. Ge, F. Peale, M.P. Bruchez, Nature Biotechnol., 2003, 21 (4), 41-46
[5] Cet effet se traduit par une discrétisation des bandes en niveaux d'énergie et une augmentation de l'écart entre le niveau de valence et le niveau de conduction.
[6] B.O. Dabbousi, J.Rodriguez-Viejo, F.V. Mikulec, J.R. Heine, H. Mattoussi, R. Ober, K.F. Jensen, M.G. Bawendi, J. Phys. Chem. B, 1997, 101, 9463-9475
[7] C.B. Murray, D.J. Norris, M.G. Bawendi, J. Am. Chem. Soc., 1993, 115, 8706-8715
[8] Z.A. Peng, X.G. Peng, J. Am. Chem. Soc., 2001, 123, 183-184
[9] M.A. Hines, P. Guyot-Sionnest, J. Phys. Chem. B, 1996, 100, 468-471
[10] M. Jr Bruchez, M. Moronne, P. Gin, S. Weiss, A.P. Alivisatos, Science, 1998, 281, 2013-2015
[11] W.C.W. Chan, S.M. Nie, Science, 1998, 281, 2016-2018
[12] F. Pinaud, D. King, H.-P. Moore, S. Weiss, J. Am. Chem. Soc., 2004, 126 (19), 6115-6123

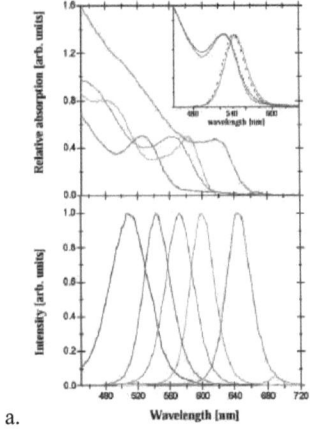

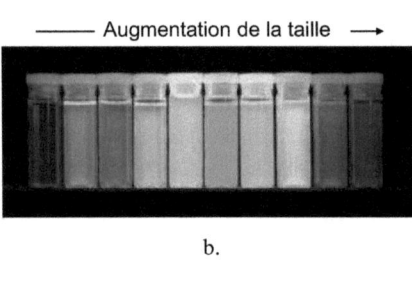

b.

Figure I-3 : a. spectres d'absorption (en haut) et d'émission (en bas) de nanoparticules semi-conductrices émettant (de droite à gauche) dans le rouge, l'orange, le jaune, le vert et le bleu. Les nanoparticules émettant dans le bleu ne présentent pas une excitation au-dessus de 450 nm, et ne sont donc pas visibles.[12] b. 10 solutions de nanoparticules de CdSe/ZnS de couleur d'émission distinctes, excitées sous une lampe éclairant dans le proche U.V. De gauche à droite, les maxima d'émission sont situés à 443, 473, 481, 500, 518, 543, 565, 587, 610, et 655 nm.[13]

Ces nanoparticules semi-conductrices se sont avérées être une alternative intéressante pour la formation de sondes fluorescentes.

Leurs propriétés optiques peuvent être comparées à celles des molécules fluorescentes,[14] et il a été montré que :

- Les nanoparticules semi-conductrices émettent de l'ordre de 20 fois plus de photons que des molécules organiques.[11] Cependant, leurs propriétés de fluorescence sont largement diminuées en milieu aqueux.[15]

- Elles présentent un signal de fluorescence nettement plus stable que celui des fluorophores organiques, comme le montre la Figure I-4.

[13] W.CW. Chan, D.J. Maxwell, X. Gao, R.E. Bailey, M. Han, S. Nie, Current opinion in Biotechnol., 2002, 13 (1), 40-46
[14] A.J. Sutherland, Current Opinion in Sol. St. Mater. Sci., 2002, 6 (4), 365-370
[15] R. Xie, U. Kolb, J. Li, T. Basché, A. Mews, J. Am. Chem. Soc., 2005, 127 (20), 7480-7488

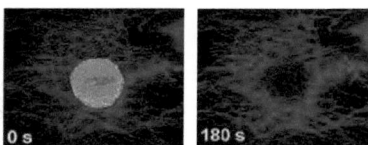

Figure I-4 : comparaison de la photostabilité de nanoparticules semi-conductrices de CdSe/ZnS et d'une sonde organique, Alexa 488. Les antigènes du noyau d'une cellule. sont marqués avec Alexa 488, tandis que les microtubules sont marqués par des nanoparticules de CdSe/ZnS. L'échantillon est illuminé par une lampe à mercure à 100W continûment, et les images sont réalisées après 0 et 180 secondes d'illumination.[16]

Cette stabilité est de l'ordre de 100 fois plus importante.[11,16] Des études de suivi sur plusieurs minutes peuvent donc être réalisées avec des sondes inorganiques semi-conductrices.[17]

- Tandis que les couleurs de fluorescence peuvent être variées en fonction de la taille des nanoparticules, comme le montre la Figure I-3, les bandes d'excitation sont larges et se recouvrent pour les hautes énergies. Il est donc possible d'exciter simultanément des nanoparticules émettant à différentes longueurs d'onde, et de réaliser ainsi du multiplexage.

Du fait de ces propriétés intéressantes, ces nanoparticules semi-conductrices sont largement utilisées en tant que sondes biologiques pour le marquage de biomolécules individuelles.

Elles présentent néanmoins quelques inconvénients, notamment une tendance à clignoter, qui peut nuire au suivi de la biomolécule dans le temps. De plus, les synthèses mises au point, bien que très efficaces et pouvant mener à des quantités importantes de produit, sont relativement chères, et encore peu commercialisées.[18] Ensuite, ces synthèses ayant lieu en milieu organique, un travail important doit être mené pour transférer les nanoparticules en milieu aqueux avant de les utiliser pour des applications en biologie. Enfin, la nature-même des nanoparticules semi-conductrices les rend cytotoxiques, par le relargage d'ions cadmium ou selenium par exemple.[19,20]

D'autres systèmes inorganiques ont depuis été développés, qui tentent de rivaliser avec ces nanoparticules semi-conductrices au niveau des propriétés de fluorescence.

Cependant, peu d'autres matériaux sont intrinsèquement luminescents sous forme nanométrique, et la création de nanoparticules luminescentes nécessite souvent l'introduction de défauts, ions dopants ou incorporation de molécules organiques fluorescentes dans une matrice.

---

[16] Images de X. Wu, H. Liu, J. Liu, K.N. Haley, J.A. Treadway, J.P. Larson, N. Ge, F. Peale, M.P. Bruchez, Nature Biotechnol., 2003, 21 (4), 41-46

[17] M. Dahan, S; Levi, C. Luccardini, P. Rostaing, B. Riveau, A. Triller, Science, 2003, 302, 442-445

[18] Quantum Dot Corporation, Invitrogen

[19] A.M. Derfus, W.C.W. Chan, S.N. Bhatia, Nanolett., 2004, 4, 1, 11-18

[20] C. Kirchner, T. Liedl, S. Kudera, T. Pellegrino, A. Muños Javier, H.E. Gaub, S. Stôlzle, N. Fertig, W.J. Parak, Nanolett., 2005, 5, 2, 331-338

2 Nanoparticules polymériques

L'une des options envisagées a ainsi été de développer des systèmes polymériques possédant plusieurs fluorophores organiques, afin de former des objets fluorescents, de taille nanométrique, et multipliant les propriétés d'un fluorophore unique. Ces systèmes seraient alors utilisables pour former des sondes luminescentes pour le marquage de biomolécules individuelles. Différentes approches ont été utilisées :

L'une des approches a été de développer des billes polymériques et de greffer à la surface de ces billes des fluorophores organiques. Les billes peuvent alors présenter des fluorophores en surface. Cette méthode permet donc de multiplier le nombre de fluorophores au même point, mais ces fluorophores, toujours soumis au solvant peuvent se dégrader rapidement.

Une seconde approche, nécessitant des synthèses plus poussées, consiste à incorporer des fluorophores dans une bille polymérique. Ceci a notamment été développé pour former des billes de polystyrène contenant des fluorophores organiques,[21] mais également des billes de silice.[22,23,24] Outre le nombre plus important de fluorophores présents dans les billes, cette méthode permet de protéger les fluorophores de leur environnement, et ainsi d'améliorer la photostabilité globale du système.[25] Cette même approche a été développée pour englober d'autres objets luminescents, notamment des complexes de lanthanides,[26] ou encore des nanoparticules semi-conductrices.[13,27,28]

Les objets obtenus par un telle approche sont généralement d'une taille de l'ordre de quelques centaines de nanomètres, ce qui est assez important pour des sondes biologiques. Tan *et al.* ont néanmoins dopé des nanoparticules de silice avec un fluorophore organique, menant à des objets de 60 nm, pouvant être utilisés comme sondes biologiques.[29] De même, l'équipe de Wiesner a récemment synthétisé des nanoparticules de silice de 30 nm, englobant des molécules de fluorophores organiques, assez luminescentes pour être utilisées comme sondes en biologie.[25] Ces nanoparticules sont présentées sur la Figure I-5.

[21] Fluosphères de Molecular Probes
[22] A. Van Blaaderen, A. Vrij, Langmuir, 1992, 8, 2921-2931
[23] R. Nyffenegger, C. Quellet, J. Ricka, J. Coll. Int. Sci., 1993, 159, 150-157
[24] M.H. Lee, F.L. Beyer, E.M. Furst, J. Coll. Inter. Sci., 2005, 288, 114-123
[25] H. Ow, D.R. Larson, M. Srivastava, B.A. Baird, W.W. Webb, U. Wiesner, Nanolett., 2005, 5, 1, 113-117
[26] D. Zhao, W. Qin, C. Wu, G. Qin, J. Zhang, S. Lü, Chem. Phys. Lett., 2004, 388, 400-405
[27] M. Han, X. Gao, J.Z. Su, S. Nie, Nature Biotech., 2001, 19, 631
[28] Y. Chan, J.P. Zimmer, M. Stroh, J.S. Steckel, R.K. Jain, M.G. Bawendi, Adv. Mater., 2004, 16, 23-24, 2092-2096
[29] S. Santra, P. Zhang, K. Wang, R. Tapec, W. Tan, Anal. Chem., 2001, 73, 4988-4993

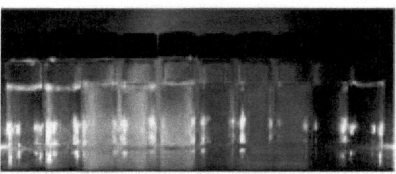

Figure I-5 : nanoparticules de silice fluorescentes, contenant des molécules organiques de gauche à droite d'Alexa 350, N-(7-(diméthylamino)-4-méthylcoumarin-3-yl), Alexa 488, Fluorescein Isothiocyanate, tétraméthylrhodamine isothiocyanate, Alexa 555, Alexa 568, Texas Red, Alexa 680 et Alexa 750.[25]

Une comparaison de la luminosité de ces billes de silice fluorescentes à une molécule de fluorophore organique unique a montré que ces nanoparticules sont de l'ordre de 20 fois plus luminescentes, et de 2 à 3 fois plus stables que le fluorophore unique.[25] Leur luminosité est ainsi du même ordre de grandeur que celle des nanoparticules semi-conductrices, mais leur photostabilité mérite d'être améliorée. Elles présentent en revanche une taille généralement très bien définie,[30] et une surface facilement modifiable pour une biofonctionnalisation.

3 Les oxydes dopés avec des lanthanides

Une deuxième option a été de synthétiser sous forme de nanoparticules des matériaux fortement luminescents à l'échelle macroscopique. Ces matériaux, non luminescents intrinsèquement, doivent être dopés soit par des défauts, soit par des ions qui interagissent ensuite avec la matrice cristalline, afin d'être luminescents.

Les oxydes dopés avec des ions lanthanides sont ainsi de bons luminophores, largement utilisés dans des applications comme les dispositifs d'éclairage, ou de visualisation.[31,32] En effet, les lanthanides sont caractérisés par des raies d'émission fines, et des temps de vie longs (de l'ordre de 0,1-1 ms). Cependant, l'excitation de ces ions est relativement difficile. Leur insertion dans une matrice d'oxyde permet en revanche une excitation efficace des ions lanthanides par un transfert d'énergie.

L'utilisation de tels oxydes luminescents en biologie a pour le moment été peu abordée, les oxydes dopés avec des ions lanthanides n'ayant été synthétisés sous forme bien cristallisée à l'échelle nanométrique que relativement récemment.[33,34,35] Cependant, quelques travaux ont montré que leur utilisation en tant que sondes luminescentes en biologie était prometteuse, du fait de la diversité des couleurs de luminescence possibles, de leur photostabilité, et des temps

[30] W. Stöber, A. Fink, E. Bohn, J. Coll. Inter. Sci., 1968, 26, 62-69
[31] R.N. Bhargava, J. Lumin., 1996, 70, 85-94
[32] B.M. Tissue, Chem. Mater., 1998, 10, 2837-2845
[33] H. Eilers, B.M. Tissue, Mater. Lett., 1995, 24, 261-265
[34] J. Dhanaraj, R. Jagannathan, T.R.N. Kutty, C.-H. Lu, J. Phys. Chem. B, 2001, 105, 11098-11105
[35] C. Louis, R. Bazzi, M.A. Flores, W. Zheng, K. Lebbou, O. Tillement, B. Mercier, C. Dujardin, P. Perriat, J. Sol. St. Chem., 2003, 173, 335-341

de vie longs (de l'ordre de la milliseconde).[36,37,38] Meiser *et al.* ont notamment étudié la biofonctionnalisation de nanoparticules de phosphate de lanthane codopées avec du cérium et du terbium d'une taille de 7 nm, mais sans donner d'application au système.[39] L'équipe de Tillement a également mis en évidence la possibilité d'utiliser des nanoparticules d'oxyde de gadolinium dopées avec du terbium d'une taille de 3-8 nm pour des applications biologiques comme biopuces ou comme traceurs.[40,41] Cependant, les applications sur cellule sont encore peu nombreuses : les premiers travaux de Doat *et al.* sur des particules de bioapatite dopée avec des europium internalisées dans des cellules ont pour le moment peu de répercussions.[42] De même, la détection d'une nanoparticule luminescente de faible taille n'a pas encore été mise en évidence lors de ces travaux.

Nous nous sommes donc intéressés à l'un de ces oxydes dopés avec des lanthanides luminescents, à savoir le vanadate d'yttrium dopé avec l'europium. La synthèse et les propriétés optiques de cet oxyde dopé avec différents lanthanides ont été largement étudiées au laboratoire,[43,44,45] de même que ses applications comme matériau transparent luminescent.[46] Son application comme sonde biologique fluorescente va ici être décrite.

Pour être utilisées comme sondes biologiques fluorescentes, les nanoparticules de vanadate d'yttrium dopé avec des europiums doivent présenter une affinité particulière avec des biomolécules. Nous nous sommes ainsi intéressés aux différents systèmes biologiques permettant une reconnaissance spécifique entre deux biomolécules.

II   Systèmes de reconnaissance biologique.

Le ciblage d'une entité biologique nécessite la présence d'une interaction importante entre deux biomolécules, l'une accrochée à la sonde, et l'autre ciblée. Différents systèmes de reconnaissance biologique peuvent être utilisés, que nous allons rapidement décrire ici.

---

[36] W.O. Gordon, J.A. Carter, B.M. Tissue, J. Lumin., 2004, 108, 339-342
[37] D. Dosev, M. Nichkova, M. Liu, B. Guo, G.-Y. Liu, B.D. Hammock, I.M. Kennedy, J. Biomedic. Optics, 2005, 10 (6), 064006
[38] C. Meyer, M. Haase, W. Hoheisel, K. Bohman, European Patent EP1473347, 2004
[39] F. Meiser, C. Cortez, F. Caruso, Angew. Chem. Int. Ed., 2004, 43, 5954-5957
[40] C. Louis, R. Bazzi, C.A. Marquette, J.-L. Bridot, S. Roux, G. Ledoux, B. Mercier, L. Blum, P. Perriat, O. Tillement, Chem. Mater., 2005, 17, 1673-1682
[41] Ces deux études ont été réalisées après le début de nos travaux
[42] A. Doat, M. Fanjul, F. Pellé, E. Hollande, A. Lebugle, Biomaterials, 2003, 24, 3365-3371
[43] A. Huignard, T. Gacoin, J.-P. Boilot, Chem. Mater., 2000, 12, 4, 1090-1094
[44] A. Huignard, V. Buissette, G. Laurent, T. Gacoin, J.-P. Boilot, Chem. Mater., 2002, 14, 2264-2269
[45] A. Huignard, V. Buissette, A.-C. Franville, T. Gacoin, J.-P. Boilot, J. Phys. Chem. B, 2003, 107, 6754-6759
[46] V. Buissette, D. Giaume, T. Gacoin, J.-P. Boilot, J. Mater. Chem., 2006, 16, 529-539

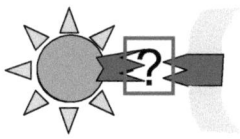

A   Reconnaissance anticorps-antigène

L'une des méthodes les plus couramment utilisées pour cibler une biomolécule est d'utiliser l'affinité des anticorps pour les antigènes. Cette affinité est liée à la formation de très nombreuses liaisons faibles entre l'anticorps et l'antigène ciblé, menant à la liaison *quasi-irréversible* du complexe anticorps-antigène, comme ceci est schématisé sur la Figure I-6.a.

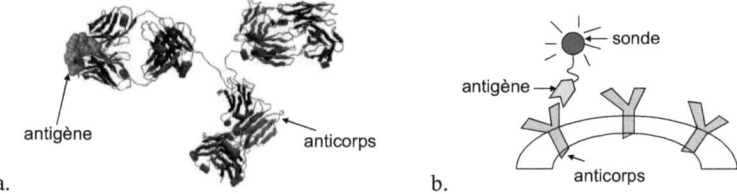

Figure I-6 : a. schéma d'un anticorps (en forme de Y) reconnaissant un antigène sur une de ses branches, b. représentation schématique du marquage d'un anticorps par un antigène marqué avec une sonde.

Ainsi, en liant la sonde fluorescente à l'antigène voulu, il est possible de cibler un anticorps particulier, comme montré sur la Figure I-6.b.

Plusieurs couples antigène / anticorps ont été utilisés, notamment les couples immunoglobuline / anti-immunoglobuline,[47] BSA / immunoglobuline anti-BSA,[48] ou encore P-glycoprotéine / anticorps anti-P-glycoprotéine.[49] Le couple streptavidine / biotine[50] a été largement étudié et utilisé comme système modèle pour les sondes biologiques.[18,47,49,51,52] Du fait du développement de nombreux anticorps modifiés avec de la biotine, ce système permet une diversité d'applications biologiques. De nombreuses équipes se sont alors intéressées au développement de nanoparticules fonctionnalisées avec de l'avidine ou de la biotine, comme les équipes de Weiss ou de Meiser.[12,39] La Figure I-7 schématise les objets ainsi obtenus.

---

[47] X. Wu, H. Liu, J. Liu, K.N. Haley, J.A. Treadway, J.P. Larson, N.F. Peale, M.P. Bruchez, Nature Biotech., 2003, 21, 41-46
[48] S. Wang, N. Mamedova, N.A. Kotov, W. Chen, J. Studer, Nanolett., 2002, 2, 8, 817-822
[49] J.K. Jaiswal, H. Mattoussi, J.M. Mauro, S.M. Simon, Nature Biotech., 2003, 21, 47-51
[50] ce couple n'est pas un couple antigène/anticorps, mais est comparable en termes d'affinité
[51] W. Guo, J.J. Li, Y.A. Wang, X. Peng, Chem. Mater., 2003, 15, 3125-3133
[52] N. Lala, A.G. Chittiboyina, S.P. Chavan, M. Sastry, Coll. Surf. A, 2002, 205, 15-20

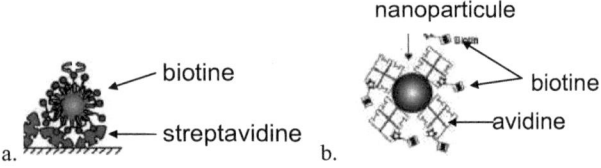

Figure I-7 : a. représentation schématique du couplage de nanoparticules liées à de la biotine avec des molécules de streptavidine.^Erreur ! Signet non défini. b. représentation schématique du couplage de nanoparticules liées à de l'avidine avec de la biotine.[39]

B   Complémentarité de séquences D'ADN

L'ADN et l'ARN sont constitués chacuns de deux brins complémentaires de séquences de nucléotides. La complémentarité des brins permet de cibler une séquence de nucléotides grâce à son brin complémentaire par simple hybridation. Cette hybridation est à l'origine des biopuces, et a été utilisée par de nombreuses équipes.[53,54,55,56] Mitchell *et al.* ont par exemple lié deux nanoparticules greffées avec deux brins d'ADN complémentaires entre elles,[57] tandis que Willner a attaché des nanoparticules sur un support via des brins d'ADN comme schématisé sur la Figure I-8.[58]

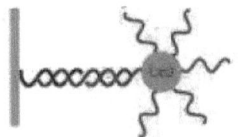

Figure I-8 : représentation schématique d'une nanoparticule liée à un support via des brins d'ADN complémentaires.[53]

C   Affinité des toxines

Une toxine est une molécule entrant en compétition avec une biomolécule dans un système cellulaire ou nerveux, et affectant son bon fonctionnement. Ainsi, de nombreuses molécules toxiques ont été commercialisées comme inhibiteurs de certains récepteurs.[59] Cependant, peu d'entre elles ont été développées sous forme d'un analogue fluorescent.[60]

La première application que nous avons regardée lors de ce travail réside dans la localisation d'une protéine membranaire, qui sert de pore sélectif au passage membranaire

[53] A.P. Alivisatos, K.P. Johnsson, X. Peng, T.E. Wilson, C.J. Loweth, M.P. Bruchez Jr., P.G. Schultz, Nature, 1996, 382, 609-611

[54] W.J. Parak, D. Gerion, D. Zanchet, A.S. Woerz, T. Pellegrino, C. Micheel, S.C. Williams, M. Seitz, R.E. Bruehl, Z. Bryant, C. Bustamante, C.R. Bertozzi, A.P. Alivisatos, Chem. Mater., 2002, 14, 2113-2119

[55] S. Pathak, S.-Y. Choi, N. Arnheim, M.E. Thompson, J. Am. Chem. Soc., 2001, 123, 4103-4104

[56] D. Zanchet, C.M. Micheel, W.J. Parak, D. Gerion, A.P. Alivisatos, Nanolett., 2001, 1, 1, 32-35

[57] G.P. Mitchell, C.A. Mirkin, R.L. Letsinger, J. Am. Chem. Soc., 1999, 121, 8122-8123

[58] I. Willner, F. Patolsky, J. Wasserman, Angew. Chem. Int. Ed., 2001, 40 (10), 1861-1864

[59] Handbook of Fluorescent Probes and Research Products, R.P. Haugland, 9nth edition

[60] E.E. Nattie, J.S. Erlichman, A. Li, J. Appl. Physiol., 1998, 85 (6), 2370-2375

d'ions sodium. Ce pore est ciblé par une toxine, la tétrodotoxine, n'existant pas sous une forme fluorescente. Nous avons par conséquent essayé de réaliser une sonde fluorescente permettant de marquer spécifiquement les pores ciblés par la tétrodotoxine.

La seconde application à laquelle nous nous sommes intéressés est le suivi d'une toxine, la toxine epsilon, afin de comprendre et visualiser son mode d'action sur une cellule. Pour cela, nous avons décidé de marquer cette toxine epsilon avec une sonde fluorescente.

Afin de réaliser un marquage avec une biomolécule, il est souvent nécessaire de modifier le fluorophore de manière à lui conférer une réactivité envers cette biomolécule. Lors du développement de sondes fluorescentes, la fonctionnalisation de la surface constitue une étape déterminante, donnant lieu à différentes stratégies.

III Stratégies de fonctionnalisation [14]

En biologie, les groupes fonctionnels réactifs sont principalement les amines primaires, les acides carboxyliques, les alcools et les thiols. Afin de présenter une fonctionnalité biologique, le fluorophore doit donc être réactif vis-à-vis de ces groupes fonctionnels, comme schématisé Figure I-9.

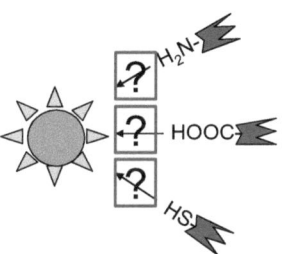

Figure I-9 : représentation schématique de la problématique de la fonctionnalisation d'un fluorophore

Le développement de centaines de fluorophores organiques comme marqueurs en biologie vient de la possibilité de modifier une fonction sur une molécule organique. Par exemple, de nombreux fluorophores sont proposés commercialement sous leur forme acide, succinimidylester, thiocyanate, ou encore maléimide, permettant de former des liaisons avec les amines et les thiols.

Dans le cas de sondes inorganiques, c'est alors la surface qui doit être réactive vis-à-vis d'un groupe fonctionnel. Cette surface ne présentant pas une réactivité contrôlée, il est nécessaire de lui apporter une fonctionnalité particulière en la modifiant. L'introduction d'une fonction en surface des particules peut se faire suivant différentes approches, que nous allons développer.

A   complexation d'une molécule bifonctionnelle

Une première stratégie de fonctionnalisation consiste à utiliser des molécules bifonctionnelles réactives d'une part avec la surface des nanoparticules, et d'autre part avec la biomolécule visée, assurant un couplage entre la biomolécule et la particule, comme schématisé Figure I-10 par exemple.

Figure I-10 : schéma de couplage entre une biomolécule et une particule avec une molécule bifonctionnelle

- Molécules bifonctionnelles simples

Cette fonctionnalisation a été largement développée sur des nanoparticules semi-conductrices de type CdE recouvertes d'une couche de ZnS synthétisées en milieu coordinant organique TOP, TOPO (TriOctylPhosphine, TriOctylPhosphineOxide).[6,7] Du fait de la nature de la couche superficielle ZnS, ces nanoparticules présentent une affinité particulière avec les thiols. Des nanoparticules fonctionnalisées par des acides carboxyliques ont pu être obtenues par complexation de la surface des nanoparticules par des acides mercaptocarboxyliques,[61] ou plus particulièrement par l'acide mercaptoacétique.[11,57,62,63] De plus, des ligands phosphines, remplaçant les molécules de solvant, peuvent également être utilisés.[7]

Cette méthode a également été retenue pour la fonctionnalisation de la surface de nanoparticules métalliques pouvant être complexée par des amines,[64,65] citrates,[66] ou thiols.[67,68] Le développement de molécules bifonctionnelles présentant la fonction désirée d'une part, et une amine, du citrate ou un thiol d'autre part a ainsi commencé.[69]

De même, Meiser *et al.* utilisent l'acide 6-aminohexanoïque pour fonctionnaliser la surface de nanoparticules de phosphate de lanthane avec une fonction acide, par simple complexation de l'amine sur la surface des particules,[39] comme ceci est schématisé sur la Figure I-11.

[61] C.-C. Chen, C.-P. Yet, H.-N. Wang, C.-Y. Chao, Langmuir, 1999, 15, 6845-6850
[62] D. Gerion, F. Pinaud, S.C. Williams, W.J. Parak, D. Zanchet, S. Weiss, A.P. Alivisatos, J. Phys. Chem. B, 2001, 105, 8861-8871
[63] M.G. Bawendi, F.V. Mikulec, J.-K. Lee, US Patent, WO0017656, 2000
[64] K.R. Brown, D.G. Walter, M.J. Natan, Chem. Mater., 2000, 12, 306-313
[65] J. Sharma, S. Mahima, B.A. Kakade, R. Pasricha, A.B. Mandale, K. Vijayamohanan, J. Phys. Chem. B, 2004, 108, 13280-13286
[66] J. Turkevich, P.C. Stevenson, J. Hillier, Discuss. Faraday Soc., 1951, 11, 55-74
[67] M. Brust, M. Walker, D. Bethell, D.J. Schiffrin, R. Whyman, J. Chem. Soc., Chem. Commun., 1994, 801-802
[68] C.J. Ackerson, P.D. Jadzinsky, R.D. Kornberg, J. Am. Chem. Soc., 2005, 127 (18), 6550-6551
[69] M. Brust, J. Fink, D. Bethell, D.J. Schiffrin, C. Kiely, J. Chem. Soc., Chem. Commun., 1995, 1655-1656

Figure I-11 : schéma de la fonctionnalisation de nanoparticules de phosphate de lanthane dopées lanthanides avec un acide carboxylique par l'utilisation d'un ligand bifonctionnel.[39]

Cependant, les liaisons mises en jeu lors de ces fonctionnalisations sont généralement des liaisons de coordination. Sous certaines conditions, l'équilibre de complexation peut être déplacé, menant à la dégradation de la fonctionnalisation de surface.[70]

- Molécules polydentates

Afin d'éviter une telle dégradation de la fonctionnalisation de surface, certaines équipes ont développé des molécules polydentates menant à des fonctionnalisations de surface compétitives et durables dans le temps. Ainsi, l'équipe de Bawendi a développé la chimie des phosphines polymériques avec un certain succès,[70,71] permettant de fonctionnaliser des nanoparticules semi-conductrices, métalliques ou oxydes. Des ligands thiolés polydentates ont également été développés.[55,72] La Figure I-12 offre un aperçu de tels ligands polydentates.

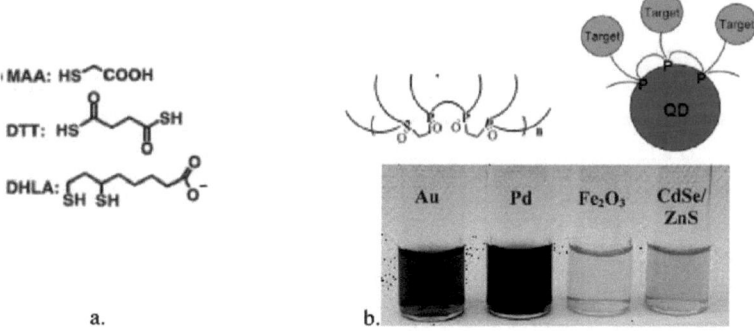

Figure I-12 : a. différents ligands thiolés : acide mercaptopropanoïque (MAA),[11,63] dithiothreitol (DTT), acide dihydrolipoïque.[72]. b. phosphonates polydentates permettant de complexer et stabiliser tout type de nanoparticules synthétisées en milieu coordinant organique : métalliques, semi-conductrices[70] ou oxydes.[71]

[70] S. Kim, M.G. Bawendi, J. Am. Chem. Soc., 2003, 125, 14652-14653

[71] S.-W. Kim, S. Kim, J. B. Tracy, A. Jasanoff, M.G. Bawendi, J. Am. Chem. Soc., 2005, 127 (13), 4556-4557

[72] H. Mattoussi, J.M. Mauro, E.R. Goldman, G.P. Anderson, V.C. Sundar, F.V. Mikulec, M.G. Bawendi, J. Am. Chem. Soc., 2000, 122, 12142-12150

- Dendrons

En poussant l'idée plus loin, d'autres équipes comme celle de Peng ont alors synthétisé des dendrimères branchus de plus en plus compliqués,[73,74] et polymérisés,[51,75] afin d'éviter la décomplexation en surface. En effet, en polymérisant la partie externe des dendrimères, une « boîte dendrimérique » entourant la particule est créée, et assure ainsi une modification de la surface irréversible. Des exemples de dendrons sont donnés Figure I-13.

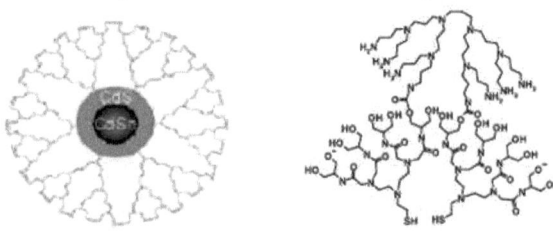

Figure I-13 : dendrons formant des « boîtes dendrimériques » autour des particules.[51,75,76]

B   liaisons hydrophobes

La synthèse des nanoparticules se fait souvent en milieu organique, en présence de ligands hydrophobes. Le transfert des particules hydrophobes d'un milieu organique à un milieu aqueux doit alors être réalisé pour une utilisation en biologie. Ce transfert peut être assuré par le surfactant CTAB, largement utilisé,[77] ainsi que par la cyclodextrine, présentant une cavité hydrophobe et une surface extérieure hydrophile.[78,79] L'ajout d'une molécule amphiphile présentant sur sa partie hydrophile la fonction désirée va alors permettre de fonctionnaliser la surface des particules.

Ainsi, l'encapsulation par des micelles fonctionnalisées, développée tout d'abord par Dubertret,[80] connaît un engouement assez important.[52,81,82]

D'autres équipes ont également travaillé avec des polymères diblocs,[83,84] voire triblocs,[85] qui peuvent être de plus reliés entre eux pour former une boîte polymérique, comme le montre la Figure I-14.[83]

[73] Y.A. Wang, J.J. Li, H. Chen, X. Peng, J. Am. Chem. Soc., 2002, 124, 10, 2293-2298
[74] Y. Liu, M. Kim, Y. Wang, Y.A. Wang, X. Peng, Langmuir, 2006, 22, 14, 6341-6345
[75] W. Guo, J.J. Li, Y.A. Wang, X. Peng, J. Am. Chem. Soc., 2003, 125, 3901-3909
[76] X. Michalet, F.F. Pinaud, L.A. Bentolila, J.M. Tsay, S. Doose, J.J. Li, G. Sundaresan, A.M. Wu, S.S. Gambhir, S. Weiss, Science, 2005, 307, 538-544
[77] A. Swami, A. Kumar, M. Sastry, Langmuir, 2003, 19, 1168-1172
[78] N. Lala, A.G. Chittiboyina, S.P. Chavan, M. Sastry, Langmuir, 2001, 17, 3766-3768
[79] Y. Wang, J.F. Wong, X. Teng, X.Z. Lin, H. Yang, Nano Lett., 2003, 3, 11, 1555-1559
[80] B. Dubertret, P. Skourides, D.J. Norris, V. Noireaux, A.H. Brivanlou, A. Libchaber, Science, 2002, 298, 1759-1762
[81] H. Fan, E.W. Leve, C. Scullin, J. Gabaldon, D. Tallant, S. Bunge, T. Boyle, M.C. Wilson, C.J. Brinker, Nanolett., 2005, 5, 4, 645-648
[82] C. Luccardini, C. Tribet, F. Vial, V. Marchi-Artzner, M. Dahan, Langmuir, 2006, 22, 2304-2310
[83] T. Pellegrino, L. Manna, S. Kudera, T. Liedl, D. Koktysh, A.L. Rogach, S. Keller, J. Rädler, G. Natile, W.J. Parak, Nano Lett., 2004, 4, 4, 703-707

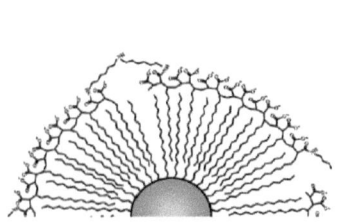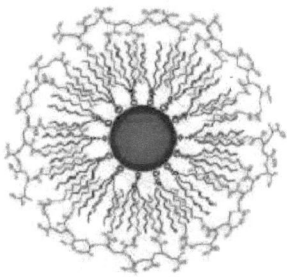

Figure I-14 : développement de polymères amphiphiles en surface de particules hydrophobes[83,86]

C   Réticulation polymérique autour de la particule

Une autre méthode de fonctionnalisation consiste à créer autour de la nanoparticule une couche polymérique. Cette couche, outre sa fonction de fonctionnalisation, peut également assurer une fonction de protection de la surface des nanoparticules, ou encore éviter des interactions non-spécifiques avec les entités biologiques.

• Polymères organiques

Ces systèmes sont souvent organiques, et largement développés,[87] comme le polymère Dextran, pour des applications en imagerie médicale ou en cytométrie nécessitant une inertie totale de la sonde envers son environnement.[59,88,89]

• Polymères inorganiques

La protection de la surface des nanoparticules ainsi que sa fonctionnalisation peut également être assurée par un enrobage des nanoparticules par un réseau polymérique inorganique d'alcoxysilanes. En effet, la chimie des alcoxysilanes, très variée, offre au système une liberté quant à la fonctionnalité de surface à apporter.[90]

L'enrobage des nanoparticules par des alcoxysilanes a été largement étudié sur des nanoparticules semi-conductrices,[91,92,] métalliques[93,94,95,96] et oxydes.[40,97,98,99,100,101] Alivisatos

[84] C.W. Wang, M.G. Moffitt, Langmuir, 2005, 21 (6), 2465-2473
[85] X. Gao, Y. Cui, R.M. Levenson, L.W.K. Chung, S. Nie, Nature Biotechnol., 2004, 22, 969
[86] R.E. Bailey, A.M. Smith, S. Nie, Physica E, 2004, 25, 1-12
[87] C. Mangeney, F. Ferrage, I. Aujard, V. Marchi-Artzner, L. Jullien, O. Ouari, R. El Djouhar, A. Laschewsky, I. Vikholm, J.W. Sadowski, J. Am. Chem. Soc., 2002, 124, 5811-5821
[88] S. Mornet, S. Vasseur, F. Grasset, P. Veverka, G. Goglio, A. Demourgues, J. Portier, E. Pollert, E. Duguet, Prog. Sol. St. Chem., 2006, 34, 237-247
[89] M.C. Bautista, O. Bomati-Miguel, M. del Puerto Morales, C.J. Serna, S. Veintemillas-Verdaguer, J. Mag. Mag., 2005, 293, 20-27
[90] Silane Coupling Agents, 2nd Edition, E.P. Pluedemann, Plenum Press, ISBN 0-306-43473-3
[91] P. Mulvaney, L.M. Liz-Marzán, M. Giersig, T. Ung, J. Mater. Chem., 2000, 10, 1259-1270
[92] T. Nann, P. Mulvaney, Angew. Chem. Int. Ed., 2004, 43, 5393-5396
[93] T. Ung, L.M. Liz-Marzán, P. Mulvaney, Langmuir, 1998, 14, 3740-3748
[94] E. Mine, A. Yamada, Y. Kobayashi, M. Konno, L.M. Liz-Marzán, J. Coll. Inter. Sci., 2003, 264, 385-390
[95] V.V. Hardikar, E. Matijević, J. Coll. Inter. Sci., 2000, 221, 133-136
[96] L.M. Liz-Marzán, M. Giersig, P. Mulvaney, Langmuir, 1996, 12, 4329-4335
[97] E. Matijević, Langmuir, 1994, 10, 8-16

- 22 -

et al. ont par exemple développé la fonctionnalisation des nanoparticules semi-conductrices par des alcoxysilanes, donnant des fonctionnalités variées à la surface,[10,54,62,102] comme schématisé sur la Figure I-15.

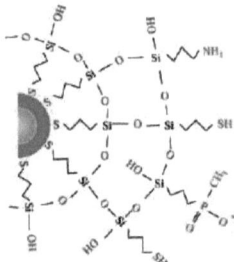

Figure I-15 : fonctionnalisation de nanoparticules semi-conductrices par des précurseurs de silice fonctionnalisés. Cette voie permet de varier facilement les fonctions de surface.[62]

Cette voie de fonctionnalisation, qui a également été développée sur des nanoparticules d'oxydes,[40,101] a semblé être la méthode la plus simple à mettre en place pour fonctionnaliser nos nanoparticules de vanadate d'yttrium, permettant une chimie de post-fonctionnalisation très variée.

Après ce bref rappel concernant les différents systèmes utilisés lors du développement de sondes biologiques fluorescentes, nous allons exposer les choix réalisés au cours de cette étude. Nous regardons ici les potentialités de nanoparticules d'oxyde dopé avec des lanthanides pour l'application de sondes biologiques fluorescentes.

Tout d'abord, nous avons dû choisir un matériau luminescent, pouvant être synthétisé sous forme nanométrique, et présentant sous cette forme des propriétés de luminescence intéressantes. La synthèse de nanoparticules de vanadate d'yttrium dopé avec des europiums par voie aqueuse a été mise au point au laboratoire il y a quelques années,[103] et les propriétés spectroscopiques et de luminescence de telles nanoparticules caractérisées. Le choix de ces nanoparticules semble tout indiqué pour cette étude.

[98] A.P. Philipse, M.B.G. van Bruggen, C. Pathmamanoharan, Langmuir, 1994, 10, 92-99
[99] T. Pham, J.B. Jackson, N.J. Halas, T.R. Lee, Langmuir, 2002, 18, 4915-4920
[100] M. Mikhaylova, D.K. Kim, C.C. Berry, A. Zagorodni, M. Toprak, A.S.G. Curtis, M. Muhammed, Chem. Mater., 2004, 16, 2344-2354
[101] C. Flesch, M. Joubert, E. Bourgeat-Lami, S. Mornet, E. Duguet, C. Delaite, P. Dumas, Coll. Surf. A, 2005, 262, 150-157
[102] A. Schroedter, H. Weller, Nano Lett., 2002, 2, 12, 1363-1367
[103] « Nanoparticules de vanadate d'yttrium : synthèse colloïdale et luminescence des ions lanthanides », A. Huignard, thèse de l'Ecole Polytechnique, soutenue en 2001

Nous avons ensuite opté pour une fonctionnalisation par enrobage des particules dans un réseau polymérique inorganique de silice. Les principaux enjeux lors de cette étape sont la caractérisation des objets obtenus après traitement, et la conservation d'un état colloïdal.

Enfin, deux applications de ces nanoparticules comme sondes biologiques fluorescentes ont été étudiées : la localisation de protéines membranaires, et le suivi d'une toxine. Pour ces deux applications, menées en collaboration étroite avec Didier Casanova et Antigoni Alexandrou du laboratoire d'Optique et Biosciences de l'Ecole Polytechnique, notre but a été de mettre en place des toxines fluorescentes.

Nous pouvons alors résumer le système auquel nous nous sommes intéressés par le schéma de la Figure I-16.

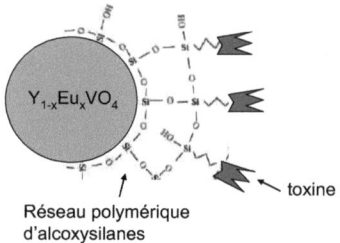

Réseau polymérique
d'alcoxysilanes

toxine

Figure I-16 : schéma résumant les différents choix faits lors de cette étude : le luminophore est une nanoparticule de vanadate d'yttrium dopé avec des europiums, fonctionnalisé en surface par un réseau polymérique d'alcoxysilanes, sur lequel peut s'accrocher une toxine.

Dans ce manuscrit seront donc décrites toutes les étapes de création de cette sonde biologique fluorescente, mais le travail de cette thèse a principalement consisté à développer la fonctionnalisation des particules, et à caractériser les objets de la manière la plus exhaustive possible. Les propriétés de luminescence, qui ont déjà fait l'objet d'une thèse au laboratoire,[104] ne seront que brièvement abordées.

---

[104] « Nanoluminophores d'oxydes dopés par des lanthanides », Valérie Buissette, thèse de l'Ecole Polytechnique, soutenue en 2004

II
Synthèse des nanoparticules de vanadate d'yttrium dopé europium

Synthèse des nanoparticules de vanadate d'yttrium dopé europium

Parmi les divers oxydes dopés par les ions lanthanides luminescents, nous nous sommes intéressés à un oxyde particulier, l'orthovanadate d'yttrium dopé par de l'europium $Y_{1-x}Eu_xVO_4$. Sous sa forme massive, le vanadate d'yttrium dopé europium est un luminophore très efficace dans le rouge, essentiellement utilisé pour des applications d'éclairage ou de visualisation.[105,106,107] L'efficacité de la luminescence est principalement due à un transfert d'énergie efficace entre la matrice vanadate et les ions europium,[108] permettant d'allier excitation et émission de fluorescence importantes. Ce matériau a été sélectionné en raison de sa facilité de synthèse.

La plupart des oxydes présentant des températures de cristallisation très élevées, l'obtention d'oxydes sous forme nanométrique se fait généralement à haute température,[109] par combustion,[110] ou par ablation laser[111] par exemple. Ces synthèses permettent la formation de nanoparticules dont la taille et la dispersion ne sont pas bien définies.[111] Cependant, pour certains composés pouvant cristalliser à basse température comme l'orthovanadate d'yttrium ou le phosphate de lanthane, des objets nanométriques de structure et d'état de dispersion mieux définis peuvent être obtenus par des synthèses à basse température, comme des synthèses par voie sol-gel,[112] mais également par microémulsions,[113,114] ou par sol-lyophilisation.[115]

De nombreuses synthèses à température ambiante ont ainsi été mises au point pour la synthèse d'orthovanadate d'yttrium sous forme nanométrique. Les premières synthèses colloïdales d'orthovanadate d'yttrium ont été reportées par Erdei.[116] En se basant sur les travaux de Ropp et Oakley,[117] il synthétisa des particules d'orthovanadate d'yttrium de 200 à 300 nanomètres par hydrolyse d'une solution colloïdale de Y_2O_3, et V_2O_5. Cette voie de synthèse est cependant relativement longue, et les objets obtenus semblent agrégés.

Plus tard, les études menées au laboratoire par Arnaud Huignard et Valérie Buissette ont permis de synthétiser des nanoparticules d'orthovanadate d'yttrium de quelques dizaines de nanomètre dispersées en solution, par simple précipitation de sels à température ambiante[118,119] en adaptant une voie de synthèse de YVO_4 massif étudiée par Nakhodnova et

[105] A.S. Osvaldo, A.C. Simone, R.I. Renata, J. Alloys Compd 2000,316, 313
[106] G. Panayiotakis, D. Cavouras , I. Kandarakis, C. Nomicos, Appl. Phys. A 1996,62, 483
[107] G. Blasse, B.C. Grabmaier, Luminescent Materials, Springer-Verlag, 1994
[108] C. Hsu and R. Powell, Journal of Luminescence, 1975, 10, 273-293
[109] B.M. Tissue, Chem. Mater., 1998, 10, 2837-2845
[110] T. Ye, Z. Guiwen, Z. Weiping, X. Shangda, Mat. Res. Bull., 1997, 32, 5, 501-506
[111] H. Eilers, B.M. Tissue, Mater. Lett., 1995, 24, 261-265
[112] J. Dhanaraj, R. Jagannathan, T.R.N. Kutty, C.-H. Lu, J. Phys. Chem. B, 2001, 105, 11098-11105
[113] M.-H. Lee, S.-G. Oh, S.-C. Yi, J. Coll. Int. Sci., 2000, 226, 65-70
[114] Q. Pang, J. Shi, Y. Liu, D. Xing, M. Gong, N. Xu, Mat. Sci. Eng. B, 2003, 103, 57-61
[115] C. Louis, R. Bazzi, M.A. Flores, W. Zheng, K. Lebbou, O. Tillement, B. Mercier, C. Dujardin, P. Perriat, J. Sol. St. Chem., 2003, 173, 335-341
[116] S. Erdei, J. Mater. Sci., 1995, 30, 4950
[117] R.C. Ropp, R. Oakley, German Patent : 2056172 (1971)
[118] A. Huignard, T. Gacoin, J.-P. Boilot, Chem. Mater. 2000, 12, 1090-1094
[119] A. Huignard, V. Buissette, G. Laurent, T. Gacoin, J.-P. Boilot, Chem. Mater. 2002, 14, 2264-2269

Zaslavskaia.[120,121,122] Parallèlement, une synthèse hydrothermale a été mise en place par Haase,[123] permettant également l'obtention dans l'eau d'objets de taille nanométrique, et relativement bien dispersés.

D'autres synthèses originales ont été développées plus récemment, en phase gel ou microémulsions et par irradiations micro-onde, ces trois voies permettant un meilleur contrôle de la taille et de la dispersion des objets.[105,124,125,126]

Historiquement, au laboratoire, la voie de synthèse développée a été la synthèse par précipitation de sels d'yttrium et de vanadium. Huignard et Buissette ont contribué à l'élaboration de synthèses simples et efficaces, qui mènent à la formation de nanoparticules de différentes tailles.[118,119] La première synthèse correspond à une simple coprécipitation des sels d'yttrium et de vanadium en milieu aqueux. Elle conduit à la formation d'objets de taille centrée autour de 30 nm.[118] La dispersion des objets est relativement importante, car le contrôle de la taille des objets lors de cette synthèse est assez limité.

La seconde méthode met en jeu un complexant organique permettant un contrôle de la croissance des particules, et conduit à des particules de 8 nm.[119] Ces deux synthèses permettent l'obtention de nanoparticules, dont les propriétés optiques ont été bien caractérisées.[127]

Dans ce chapitre, nous allons décrire la synthèse de nanoparticules de vanadate d'yttrium dopé europium que nous avons utilisée, à savoir la synthèse par coprécipitation des sels d'yttrium, d'europium et d'orthovanadate à température ambiante développée par Huignard au laboratoire. Bien que cette synthèse mène à des objets de taille moins bien contrôlée que la synthèse par complexation,[123] notre choix a été motivé par la taille moyenne des objets obtenus.

En effet, notre but ici est d'obtenir des nanoparticules les plus petites possibles, mais dont le signal de fluorescence soit détectable. La fluorescence des nanoparticules étant liée au nombre d'europiums présents, elle décroît proportionnellement au volume de la nanoparticule. Il est donc nécessaire de faire un compromis entre une petite taille et une fluorescence détectable, ce que permettent des nanoparticules fluorescentes d'une taille de l'ordre de 30 nm.

---

[120] Nakhodnova, A. P., Zaslavskaya, L. V., Russ. J. Inorg. Chem., 1982, 27(3), 378-381

[121] Nakhodnova, A. P., Zaslavskaya, L. V., Pitsyuga, V. G.,Russ. J. Inorg. Chem., 1983, 28(3), 358-362

[122] Nakhodnova, A. P., Zaslavskaya, L. V., Russ. J. Inorg. Chem., 1984, 29(6), 835-838

[123] Riwotzki K., Haase M., J. Phys. Chem. B, 1998, 102, 10129-10135

[124] Sun L., Zhang Y., Zhang J., Yan C., Liao C., Lu Y., Sol. St. Com. 2002,124, 35-38

[125] Xu H. Y., Wang H., Meng YQ., Yan H., Sol. St. Com. 2004,130, 465-468

[126] C.-H. Yan, L.-D. Sun, C.-C. Liao, Y.-X. Huang, Y.-Q. Lu, S.-H. HuanG, S.Z. Lü, App. Phys. Lett., 2003, 82, 20, 3511-3513

[127] A. Huignard, V. Buissette, A.-C. Franville, T. Gacoin, J.-P. Boilot, J. Phys. Chem. B, 2003, 107, 6754-6759

I   *Synthèse*

Le mode opératoire de la synthèse développée par Huignard au laboratoire va ici être rappelé. Le paramètre critique pour la formation de la phase orthovanadate lors de cette synthèse est la valeur du pH, dont nous allons discuter ensuite.

A   **Protocole de formation des particules**

Lors de la synthèse par précipitation de sels métalliques mise au point par Huignard, des nitrates d'yttrium et d'europium ont été utilisés comme sources d'ions Y^{3+} et Eu^{3+}, et de l'orthovanadate de sodium comme source d'ions VO_4^{3-}.

> Une solution aqueuse de Na_3VO_4 à 0,1 M est fraîchement préparée. Son pH est mesuré, et ajusté si nécessaire à une valeur comprise entre 12,6 et 13. Un volume de solution de $Y_{1-x} Eu_x (NO_3)_3$ à 0,1 M en ions (Y^{3+} + Eu^{3+}) est ajouté goutte à goutte à la pompe péristaltique dans la solution de Na_3VO_4 sous agitation. Un précipité blanc laiteux apparaît dès l'ajout de la solution de $Y_{1-x} Eu_x (NO_3)_3$. L'ajout se poursuit jusqu'à ce que le pH atteigne une valeur de 8-9.
>
> La solution contient de nombreux contre-ions dont la présence est néfaste à la stabilisation des particules en solution. Elle est ensuite purifiée par trois centrifugations à 11000 g pendant 20 minutes suivies chacunes d'une redispersion par sonification.[128] Une dialyse contre de l'eau permutée pendant 16 heures est ensuite réalisée, afin d'obtenir une solution de conductivité inférieure à 100 µS.cm^{-2}. La solution finale est très diffusante et flocule après quelques jours.

La concentration d'orthovanadates dans la suspension est déterminée par des mesures d'absorbance, dont le principe est décrit en annexe. Cette mesure réalisée après purification montre un rendement de formation de la phase solide proche de 100 %.

B   **pH lors de la synthèse**

La valeur du pH lors de la synthèse d'orthovanadate d'yttrium a été optimisée par Huignard à 12,5 < pH < 13 afin de favoriser la précipitation de la phase orthovanadate d'yttrium pure. En effet, Huignard a observé la formation irréversible d'hydroxyde d'yttrium lorsque le pH initial est supérieur à 13, et la formation d'un précipité marron lorsque celui-ci est inférieur à pH 12,5, qu'il a attribué à la formation de polyvanadates d'yttrium. L'ajout des nitrates était dans ce cas réalisé en une fois.

---

[128] Nous utilisons une centrifugeuse Sigma 3K10 de Bioblock Scientific et un sonificateur Branson Sonifier 450, fonctionnant à 50 %, à une puissance de 450 W.

Cependant, lors de l'ajout lent de sels d'yttrium et d'europium sur une solution d'orthovanadate de sodium initialement à $12,5 < pH < 13$, nous avons observé une diminution du pH lente, suivie lorsque le $pH < 8$ d'une diminution brutale du pH. Cette diminution brutale du pH est accompagnée par la formation d'un précipité légèrement jaune.

Ce phénomène peut être compris à partir des travaux de Ropp et Caroll concernant la stabilité des vanadates en solution,[129] et peut être résumé par les équations chimiques suivantes :

Lors de l'introduction de sels d'yttrium en solution à $12,5 < pH < 13$

$$Y^{3+} + 3OH^- \rightarrow Y(OH)_3(\downarrow)$$

puis tant que $8 < pH$,

$$Y(OH)_3(\downarrow) \rightarrow Y^{3+} + 3OH^-$$

$$Y^{3+} + VO_4^{3-} \rightarrow YVO_4(\downarrow)$$

autour de pH 8

$$3VO_4^{3-} + 3H^+ \rightarrow V_3O_9^{3-} + 3OH^-$$

et si $5 < pH < 8$,

$$Y^{3+} + V_3O_9^{3-} \rightarrow YV_3O_9(\downarrow)$$

Sur la Figure II-1 sont représentés les différents phénomènes se produisant en fonction du pH durant un ajout de sels d'yttrium et d'europium sur une solution d'orthovanadate de sodium.

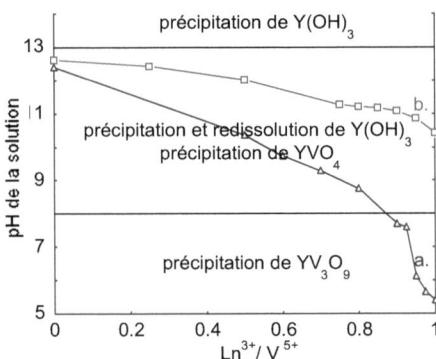

Figure II-1 : suivi du pH durant l'ajout de sels de lanthanides sur la solution de vanadate en fonction de la quantité stoechiométrique Ln^{3+}/V^{5+}. Les courbes a. et b. ont été réalisées en partant d'un pH initial légèrement différent

Ainsi, afin d'éviter la précipitation d'une phase autre que l'orthovanadate d'yttrium, nous avons systématiquement arrêté l'ajout de la solution de sels d'yttrium et europium si la solution atteint un pH de 8-9 avant l'ajout stoechiométrique.

La synthèse de particules en solution a donc été réalisée par simple coprécipitation de nitrates d'yttrium et d'europium et d'orthovanadate de sodium. Par un ajustement précis de

[129] R.C. Ropp, B. Carrol, J. Inorg. Nucl. Chem., 1977, 39, 1303

la valeur initiale du pH, ainsi que par un suivi du pH au cours de la réaction, la phase orthovanadate d'yttrium a été précipitée.

L'application visée de ces particules d'orthovanadate d'yttrium dopé avec de l'europium nécessite une caractérisation poussée de la taille et de l'état de dispersion des objets en solution, que nous allons maintenant décrire.

II Caractérisation des nanoparticules

Nous nous sommes tout d'abord intéressés aux propriétés structurales des nanoparticules, ainsi qu'à leur cristallinité et à leur taille. La dispersion des nanoparticules en solution a ensuite été abordée.

A Propriétés structurales

La détermination de la nature du précipité obtenu après la synthèse nécessite un bref rappel de la structure de l'orthovanadate d'yttrium massif.

A.1 Structure zircon

L'orthovanadate d'yttrium massif cristallise selon le groupe d'espace $I4_1/amd$ (D^{19}_{4h}), dans la structure quadratique de type zircon (ou xénotime),[119,126] dont les paramètres de mailles sont les suivants : $a_0 = b_0 = 7,123$ Å et $c_0 = 6,291$ Å.[126,130,131] La Figure II-2 est une représentation schématique d'une telle structure.[132]

[130] JCPDS 17-0341, Natl. Bur. Stand. (U.S.) Monogr. 25, 5, 59 (1967)
[131] Schwartz, Z. Anorg. Allg. Chem., 1963, 322, 143
[132] O. Guillot-Noël, A. Kahn-Harari, B. Viana, D. Vivien, E. Antic-Fidancev, P. Porcher, J. Phys.: Condensed Matter, 1998, 10, 6491-6503

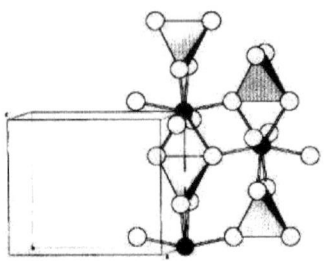

Figure II-2 : maille unité de YVO₄, de structure zircon. Les groupements VO₄ sont représentés schématiquement par des tétraèdres, les polyèdres YO₈ sont indiqués par les ions Y³⁺ représentés en noir, entourés de 8 ions O²⁻ représentés en blanc.

Des tétraèdres, au centre desquels se trouvent les V^{5+}, sont reliés par les arêtes à des octaèdres, au centre desquels se trouvent les Y^{3+}. Chaque maille structurale comprend 4 motifs. Dans cette structure, les europiums occupent des sites octaédriques à la place des yttriums. La géométrie particulière des ces sites permet alors un recouvrement d'orbitales électroniques des oxygènes et des europiums, à l'origine des propriétés optiques de ce matériau.

A.2 Détermination de la structure des objets

La structure des objets obtenus lors de la synthèse colloïdale a été caractérisée par diffraction des rayons X. L'analyse du diagramme de diffraction des rayons X (DRX) en géométrie Bragg-Brentano $\theta / 2\theta$ sur des poudres de nanocristaux permet d'obtenir des informations sur la phase cristalline des nanoparticules. L'appareil utilisé est un diffractomètre Philips XPert de géométrie Bragg-Brentano, opérant à la longueur d'onde K_α du cuivre ($\lambda = 1,54$ Å). Les poudres de nanocristaux ont été obtenues en séchant à l'évaporateur rotatif à 40 °C sous pression réduite (4 mmHg) des solutions colloïdales après purification. La Figure II-3 représente le diagramme de diffraction d'une poudre de nanocristaux de composition $Y_{0,95}Eu_{0,05}VO_4$, comparé au diagramme obtenu sur une poudre de matériau massif d'orthovanadate d'yttrium de structure de type zircon.

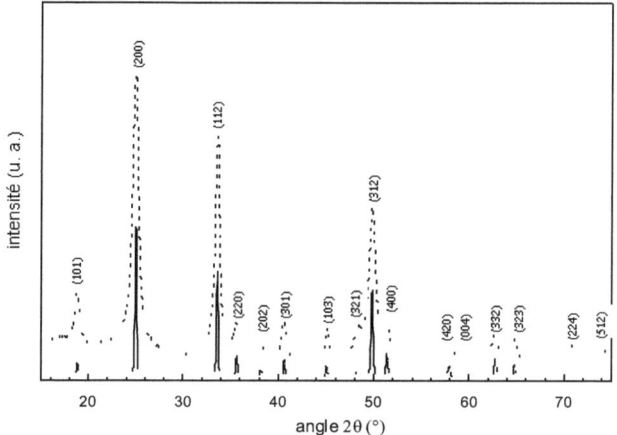

Figure II-3 : diagrammes de diffraction des rayons X d'une poudre de nanocristaux de composition $Y_{0,95}Eu_{0,05}VO_4$ (pointillés), et celui d'une poudre de YVO_4 massif (ligne continue). L'attribution des pics de diffraction a été réalisée à partir de la structure zircon.

Les pics observés sur le diagramme de poudre des nanocristaux peuvent tous être attribués à la structure zircon,[130] même si leur élargissement, dû principalement à l'extension finie des phases cristallines, ne permet pas de séparer tous les pics caractéristiques de cette structure. L'indexation des plans cristallins en diffraction (hkl) est reportée sur la Figure II-3, et se fait en accord avec la littérature.[130]

B   Taille et cristallinité des particules

La taille d'objets cristallins lorsque l'on atteint des échelles inférieures à 100 nanomètres est relativement difficile à mesurer, car les méthodes utilisées ne sont pas des méthodes directes.[133] Deux méthodes ont été utilisées pour évaluer la taille de nos nanoparticules :

- la diffraction des rayons X permet d'obtenir la longueur de cohérence monocristalline. Cette longueur de cohérence ne correspond à la taille de l'objet que lorsque celui-ci est monocristallin, et ne présente pas de défauts.

- la microscopie électronique permet de visualiser les objets par leur contraste électronique.

Nous allons ici évaluer la cohérence des résultats obtenus par ces deux méthodes.

---

[133] A. Weibel, R. Bouchet, F. Boulc'h, P. Knauth, Chem. Mater., 2005, 17 (9), 2378-2385

B.1 Taille des domaines monocristallins : DRX

Le diagramme des Rayons X obtenu Figure II-3 montre des pics élargis par rapport aux pics obtenus pour une poudre massive. Cet élargissement des raies de diffraction est dû principalement à la taille finie des domaines cristallins, mais des déformations de la maille, ainsi que des défauts cristallins étendus peuvent également y participer.

En négligeant la contribution des défauts cristallins dans les nanoparticules de $Y_{1-x}Eu_xVO_4$, l'élargissement des raies de diffraction dépend seulement de la longueur de cohérence monocristalline, qui peut alors être calculée par la formule de Debye-Scherrer.

a   Formule de Debye-Scherrer

La longueur de cohérence monocristalline peut être déterminée à partir du diagramme de diffraction de la Figure II-3 par la formule de Debye-Scherrer,[134,135,136] reliant la taille des domaines monocristallins à la largeur à mi-hauteur des pics de diffraction selon l'équation :

$$D = \frac{K\lambda}{\beta \cos(\theta)}$$

Où **D** est la longueur de cohérence des domaines monocristallins (en nm),
λ la longueur d'onde de la raie K_α du cuivre (en nm),
K la constante de Scherrer (en radians) dont la valeur est proche de 1,
β la largeur à mi-hauteur du pic de diffraction (en radians),
θ l'angle de diffraction (en radians).

La valeur de la constante de Scherrer dépend de la forme des particules, et varie entre 0,89 et 1,39 radians.[134] Nous avons considéré ici que les particules sont sphériques[137] et avons pris la valeur de la constante de Scherrer pour des sphères, à savoir K=0,9.

De plus, nous avons pris pour valeur de β la différence de la largeur à mi-hauteur mesurée β_{mes} et de la valeur limite de résolution β_0 : $\beta = \beta_{mes} - \beta_0$. Cette limite de résolution du diffractomètre, déterminée en prenant le diagramme de diffraction d'une poudre d'un échantillon massif de silicium, est de $\beta_0 = 0,1°$, ce qui correspond à une longueur de cohérence de l'ordre de 100 nm. Ceci signifie qu'une longueur de cohérence de plus de 100 nm ne peut pas être mesurée.

---

[134] P. Scherrer, Gött. Nachr., 1918, 2, 98
[135] H.P. Klug, L.E. Alexander, X-Ray Diffraction Procedures, Wiley, New York, 1962, chapitre 9, 491-538
[136] A. Guinier, théorie et technique de la radiocristallographie, 3ème édition, Dunod, 1964, 462-465
[137] et ceci même si la microscopie nous montre des particules ovoïdes, car l'influence devrait être relativement minime

b   Mesures expérimentales de la longueur de cohérence

La longueur de cohérence monocristalline déduite à partir de la formule de Debye-Scherrer varie en fonction du pic de diffraction pris pour la mesure. Les valeurs sont montrées sur le Tableau II-1.

2θ (en °)	Largeur à mi-hauteur β_{mes} (en °)	Taille déduite D (en nm)	Direction cristallographique
18,780	0,557	17	**(101)***
24,951	0,818	11	**(200)°**
33,569	0,656	14	**(112)'**
35,543	0,842	11	**(220)**
38,147	0,543	18	**(202)***
40,560	0,743	12	**(301)**
45,071	0,487	21	**(103)**
48,325	1,291	7	**(321)**
49,742	0,797	11	**(312)**
51,194	1,227	7	**(400)°**
57,820	1,014	9	**(420)**
58,742	0,531	18	**(004)**
62,659	1,008	9	**(332)**
64,803	0,676	14	**(323)**
70,597	0,787	12	**(224)'**

Tableau II-1 : longueurs de cohérence des domaines monocristallins de nanocristaux de composition $Y_{0,95}Eu_{0,05}VO_4$. les familles de plans ont notées *, °,et '.

La longueur de cohérence moyenne mesurée est de 13 nm, mais une grande dispersion des valeurs est observée. Ainsi, la famille de plans réticulaires (101) (*) semble présenter une longueur de cohérence de l'ordre $l_{c\,n(101)} = 17$ nm, tandis que celle des plans réticulaires (200) (°) est $l_{c\,n(200)} = 10$ nm et pour (112) ('), $l_{c\,n(112)} = 13$ nm. Ainsi, nous notons que selon la direction cristallographique, la longueur de cohérence monocristalline varie. [138]

Une disparité de vitesse de croissance des plans cristallographiques de surface (cf Figure II-4) induirait une anisotropie des domaines monocristallins, et donc une dispersion des longueurs de cohérence en fonction du plan cristallographique en diffraction.

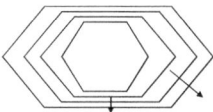

Figure II-4 : représentation schématique de l'évolution d'un cristal lorsque la croissance n'est pas homogène. Les vitesse de croissance sont schématisées par des flèches plus ou moins longues.

Cette anisotropie des domaines monocristallins pourrait induire une anisotropie des nanoparticules. Nous avons donc observé les nanoparticules par Microscopie Electronique en Transmission.

---

[138] La mesure de la longueur de cohérence moyenne par un diagramme de Williamson-Hall permettant de négliger l'effet des défauts cristallins n'est pas appropriée dans un tel cas.

B.2 Taille des nanoparticules : Microscopie Electronique

a Préparation des échantillons

Des clichés de microscopie électronique en transmission ont été réalisés au Laboratoire des Solides Irradiés à l'Ecole Polytechnique, sur un microscope électronique à transmission Philips CM 30, muni d'une cathode de LaB_6, fonctionnant à 300 KeV, et présentant une résolution de 0,235 nm. Une goutte de la solution colloïdale est déposée sur une grille de MET en cuivre recouverte d'une peau de carbone amorphe, puis séchée à l'étuve à 120°C. Sur les clichés obtenus, une forte inhomogénéité de densité des particules est observée, ainsi que de nombreux agrégats. Ceci peut être dû à une faible mouillabilité de la peau de carbone, entraînant une inhomogénéité de densité de particules sur la grille. Afin de permettre un meilleur dépôt sur les grilles de carbone, les particules sont transférées dans un autre solvant, l'éthylèneglycol, mouillant mieux la peau de carbone. Les clichés de microscopie montrent une meilleure dispersion des particules sur la peau de carbone, ce qui permet de visualiser les nanoparticules, leur forme, et de mesurer leur distribution en taille.

b Distribution en taille des nanoparticules

Des clichés de microscopie de nanoparticules en solution dans de l'éthylèneglycol sont donc réalisés, leur aspect général est montré sur la Figure II-5.a.

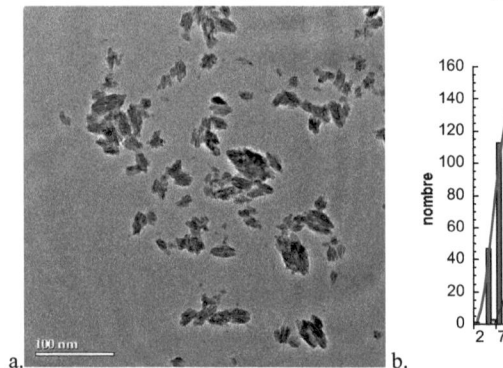
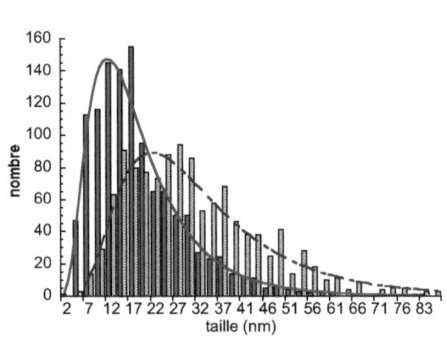

a.   b.

Figure II-5 : a. cliché de microscopie électronique en transmission réalisé sur une solution de nanoparticules $Y_{0,6}Eu_{0,4}VO_4$ dans l'éthylèneglycol. b. distribution en taille des nanoparticules calculée à partir de ces clichés.

Sur ce cliché, nous distinguons des nanoparticules individuelles, et d'autres agrégées. Elles sont ovoïdes, très polydisperses en taille. Afin de calculer leur distribution en taille, nous sélectionnons sur les clichés de microscopie les nanoparticules qui ne semblent pas être agrégées, et nous mesurons la longueur et la largeur de chacune de ces nanoparticules. La distribution en taille est ainsi calculée à partir des mesures prises sur 1180 nanoparticules d'un même échantillon.[139] Les courbes de distribution des longueurs caractéristiques peuvent être modélisées relativement bien par une loi Log-Normale :

$$P(d) = \frac{\alpha}{d\sigma_{\ln}\sqrt{2\pi}} \exp\left[-\frac{1}{2}\left(\frac{\ln(d)-m}{\sigma_{\ln}}\right)^2\right]$$

Où $P(d)$ représente la probabilité d'obtenir la taille d,
α est une constante,
σ_{ln} la déviation standard de la distribution de ln(d),
m_{ln} la valeur moyenne de la distribution de ln(d).

La distribution de taille peut alors être définie par :

une valeur moyenne
$$m = \exp\left[m_{\ln} + \frac{\sigma_{\ln}^2}{2}\right]$$

et une déviation standard
$$\sigma = m_{\ln}\sqrt{\exp\left(-\sigma_{\ln}^2\right) - 1}$$

Nous déduisons donc des distributions en taille obtenues que la largeur moyenne des nanoparticules est de 19 nm (σ = 7 nm), tandis que leur longueur moyenne est de 33 nm (σ = 12 nm).

Une comparaison de ces valeurs avec les longueurs de cohérence déterminées par diffraction des rayons X montre que les nanoparticules sont polycristallines, ou que leur structure cristalline présente de nombreux défauts. Nous avons donc visualisé la cristallinité des nanoparticules par microscopie électronique en transmission à haute résolution.

B.3 Visualisation de la cristallinité des nanoparticules

La cristallinité des objets peut être visualisée sur un cliché de microscopie électronique en transmission, en haute résolution. La haute résolution permet d'obtenir un niveau de résolution de l'image de l'ordre de quelques angströms (2 Å) par des réglages précis de l'alignement et de l'astigmatisme de l'optique du microscope, ce qui permet de distinguer les structures cristallines par diffraction des plans cristallins. Un tel cliché a été réalisé au Laboratoire des Solides Irradiés à l'Ecole Polytechnique, et est montré sur la Figure II-6.

---

[139] Les mesures de longueur et largeur ont ici été mesurées à la main, ce qui est assez fastidieux, car un logiciel n'aurait pas pu faire la distinction entre des objets individuels et agrégés.

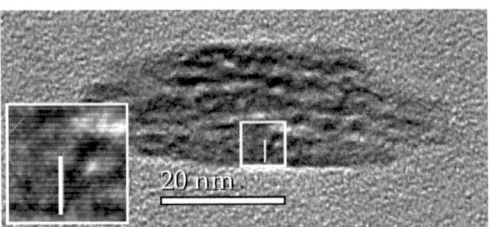

Figure II-6 : cliché de microscopie électronique à transmission à haute résolution d'une nanoparticule $Y_{0,95}Eu_{0,05}VO_4$ chauffée. La structure cristalline apparaît par franges.

Sur ce cliché nous voyons une nanoparticule ovoïde unique, de 60 nm de longueur et 25 nm de large,[140] cristalline. Nous pouvons distinguer une direction cristallographique. La distance entre deux plans, mesurée en utilisant les fonctions d'analyse du logiciel Gatan Digital Micrograph, est de 3,5 Å. Cette distance correspond au plan cristallin de direction simple (101) (pour laquelle d = 3,56). Cette nanoparticule est monocristalline, mais l'existence de nombreux défauts cristallins, révélée par la présence d'une inhomogénéité du contraste, explique la différence mesurée entre la longueur de cohérence et la taille des objets.

Ainsi, l'orthovanadate d'yttrium dopé europium $Y_{1-x}Eu_xVO_4$ synthétisé sous forme colloïdale par simple coprécipitation des sels métalliques en milieu aqueux cristallise dans la même structure que le matériau massif, la structure quadratique de type zircon. Les nanoparticules obtenues sont ovoïdes, et de longueurs caractéristiques moyennes (déduites de l'analyse des clichés de MET) de 19 et 33 nm, relativement polydisperses.

La visualisation d'une nanoparticule à haute résolution montre un objet bien cristallisé, et monocristallin. L'anisotropie de forme observée explique la grande polydispersité de longueurs de cohérence mesurées par DRX. De plus, les faibles longueurs de cohérence des domaines monocristallins (obtenues par analyse du diagramme de DRX) peuvent être expliquées par la présence de défauts cristallins, qui entraînent un élargissement supplémentaire des pics de DRX.

C Dispersion des solutions colloïdales

Malgré la formation d'objets de faible taille, les solutions colloïdales obtenues après synthèse sont laiteuses, et après quelques jours, un dépôt blanc se forme au fond du pot. La couleur blanche de la solution traduisant de manière générale la diffusion d'objets de taille supérieure à 100 nm, les nanoparticules semblent être agrégées en solution. Après une sonification, la solution devient moins laiteuse : les objets ont diminué de taille et diffusent moins la lumière. L'agrégation des particules après la synthèse semble donc être due à des

---

[140] La structure cristalline des nanoparticules de telle taille est généralement mieux définie que pour les petites nanoparticules.

liaisons faibles. Sur les clichés de MET, certains objets semblent être agrégés également, mais l'origine de cette agrégation (méthode de préparation ou état de la solution) ne peut être déterminée par simple analyse des clichés. Afin de caractériser l'état de dispersion des nanoparticules en solution, des mesures *in situ* de leur taille dans la suspension sont nécessaires.

Après un bref rappel des forces en présence dans un système colloïdal, nous nous attacherons à caractériser l'état de dispersion de nos objets après synthèse.

C.1 **Stabilisation de particules : théorie DLVO**

Une solution colloïdale est par définition une suspension d'une phase dans une autre, dans notre cas une phase solide dans un liquide. L'obtention d'une solution colloïdale stable de particules ne peut être envisagée que dans certaines conditions, décrites par la théorie DLVO (Deyarguin, Landau, Verwey et Overbeek). Cette théorie s'appuie sur un bilan des forces attractives et répulsives s'exerçant en solution entre particules :[141]

a Les forces attractives

Les principales forces attractives entre particules sont les interactions de Van der Waals, dont l'origine provient de la fluctuation de distribution de charge électronique autour d'un atome. L'interaction de deux atomes distants de r est alors de type dipôle induit/dipôle induit et varie en r^{-6}. Dans le cas de deux particules sphériques identiques de rayon a, situées à une distance d l'une de l'autre, Hamaker a montré que ce potentiel attractif s'écrit :

$$V = -A\frac{a}{12d}$$

Où A est la constante de Hamaker, dépendant fortement de la nature des particules et du milieu. Sa valeur est généralement comprise entre 0,25 et 25 $k_B T$.

La zone d'action des forces de Van der Waals est typiquement comprise entre 0,2 et 10 nm.

b Les forces répulsives

Il existe deux types de forces répulsives qui peuvent s'opposer aux forces de Van der Waals et permettre ainsi de stabiliser une solution colloïdale : les forces électrostatiques et l'encombrement stérique.

---

[141] J.Th.G. Overbeek, « Colloidal dispersions », édité par J.W. Goodwin, The Royal Society of Chemistry (1982)

• La **répulsion électrostatique** est due à l'existence d'une charge nette à la surface des particules. Cette charge peut provenir soit de l'adsorption préférentielle d'ions chargés sur la surface, soit de la dissociation ou de l'ionisation de groupements de surface. Compte tenu de la nécessité de conserver l'électroneutralité au sein de la solution, la situation est complexe et peut être décrite par un modèle de double-couche, schématisé sur la Figure II-7.

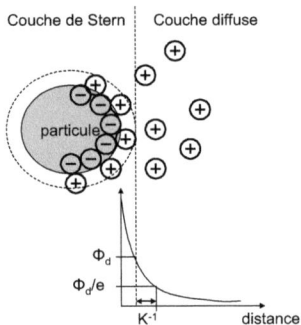

Figure II-7 : Modèle de la double-couche et évolution du potentiel électrique

La couche interne est appelée couche de Stern. Elle est constituée de contre-ions fortement adsorbés et de molécules de solvant structurées à la surface des particules. Le rayon extérieur de cette couche de Stern correspond sensiblement au rayon hydrodynamique de la particule (délimitation du plan de cisaillement du solvant lorsque la particule est en mouvement). Le potentiel électrique correspondant Φ_d est sensiblement égal au potentiel ζ (zéta) mesuré par mobilité électrophorétique des particules.

La couche externe est appelée couche diffuse. Elle est constituée de contre-ions qui sont soumis au potentiel électrique de la surface et à l'agitation thermique. Au sein de cette couche, le potentiel décroît exponentiellement en fonction de la distance à la surface, avec une distance caractéristique κ^{-1}. κ, qui est l'inverse de la longueur d'écrantage de Debye-Hückel, est proportionnelle à la racine carrée de la force ionique du milieu.

Lorsque deux particules chargées sont en interaction, leurs couches diffuses s'interpénètrent, ce qui provoque une augmentation locale de la concentration en contre-ions. Le potentiel répulsif résultant est alors donné approximativement par la relation suivante :[141]

$$V_{rép} = 2\pi a \varepsilon \left(\frac{4RT}{zF} \gamma \right)^2 e^{-\kappa d} , \gamma = \tanh\left(\frac{zF\phi_d}{4RT} \right)$$

où ε désigne la constante diélectrique du milieu, a le rayon de la particule, d la distance entre les deux particules, z la charge des contre-ions et Φ_d le potentiel électrique à l'interface de la couche de Stern et de la couche diffuse.

Le bilan des forces attractives et électrostatiques est reporté sur la Figure II-8. Aux courtes et aux grandes distances entre particules, ce sont les forces de Van der Waals qui prédominent. En revanche, pour des distances voisines de la longueur d'écrantage de Debye-Hückel, la répulsion électrostatique peut prévaloir et conduire à l'existence d'une barrière d'énergie. La stabilité de la solution colloïdale dépend alors de la comparaison de la hauteur de cette barrière avec l'énergie d'activation thermique $k_B T$.

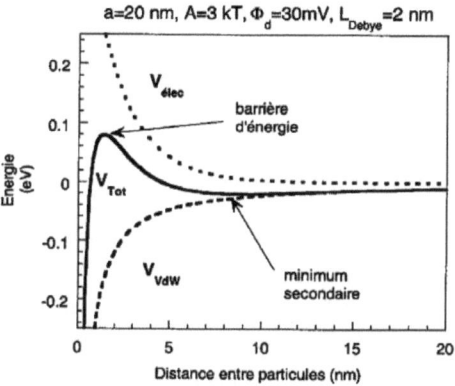

Figure II-8 : bilan des forces attractives et répulsives.

La hauteur de cette barrière d'énergie dépend essentiellement de la charge de surface et de la force ionique du milieu, cette dernière fixant la longueur d'écrantage de Debye-Hückel. Ainsi, une force ionique faible et une charge de surface élevée permettront une meilleure stabilisation de la solution colloïdale.

- La présence de molécules organiques adsorbées ou chimiquement liées à la surface des particules est une deuxième voie de stabilisation des solutions colloïdales : c'est la stabilisation par **encombrement stérique**. Ces molécules organiques permettent de limiter la distance d'approche entre particules jusqu'à rendre négligeables les forces attractives de Van der Waals, comme montré sur la Figure II-9.

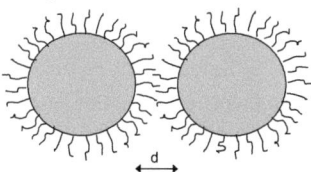

Figure II-9 : Limitation de la distance d'approche entre deux particules par répulsion stérique.

Le traitement semi-quantitatif de ce type de répulsion est plus complexe que celui de la répulsion électrostatique et fait appel à des notions développées en chimie des polymères.

Les principales conditions nécessaires à l'obtention d'une solution colloïdale stabilisée par répulsion stérique sont alors les suivantes :

    - les molécules organiques utilisées, qui sont des molécules simples ou des polymères, doivent avoir une forte interaction avec la surface des particules.

    - il doit exister une affinité élevée entre le solvant de redispersion et les molécules greffées à la surface des particules.

C.2 Stabilité colloïdale de la suspension après synthèse

Pour l'application visée, les nanoparticules doivent être bien dispersées en solution. Nous avons donc déterminé l'état de dispersion des nanoparticules après la synthèse.

a   *Diffusion dynamique de la lumière*

Les méthodes de détermination de la stabilité colloïdale sont par exemple la diffusion des rayons X aux petits angles (SAXS), ou la diffusion dynamique de la lumière (ddl). L'accès aux expériences de SAXS n'était pas facile, et nous avons donc déterminé la stabilité de nos solutions par diffusion dynamique de la lumière en utilisant un PCS Malvern 4700 fonctionnant avec la raie à 488 nm d'un laser à Argon. Les mesures ont été réalisées à 90°, dans une cuve rectangulaire, et sont basées sur la diffusion de la lumière par les objets en solution.

La fonction d'autocorrélation permet de relier l'intensité diffusée par les nanoparticules et leur coefficient de diffusion par la relation :

$$G(t) = \sum_{i=1}^{n} c_i \cdot e^{(-\gamma_i t)} \quad \text{avec} \quad \gamma_i = Dq^2 \quad \text{et} \quad q = \frac{4\pi n_1}{\lambda_0} \sin \frac{\theta}{2}$$

    où $G(t)$ est la fonction d'autocorrélation

              c_i est l'intensité diffusée par la nanoparticule i

              t est le temps d'échantillonnage

              D est le coefficient de diffusion

              n_1 est l'indice de réfraction des nanoparticules. n=1,824 pour YVO_4.[121,122]

              λ_0 est la longueur d'onde du laser (488 nm)

              θ est l'angle d'observation (90°)

A partir du coefficient de diffusion de la particule, le diamètre hydrodynamique $d_{hydrodynamique}$ peut être déterminé par la loi de Stokes-Einstein :

$$d_{hydrodynamique} = \frac{kT}{3\pi\eta D}$$

    avec k la constante de Boltzmann

             T la température

             η la viscosité du milieu

             D le coefficient de diffusion

Il est nécessaire pour cette mesure de travailler avec des solutions diluées afin d'éviter la diffusion multiple. Une dilution de la suspension colloïdale est donc préconisée.

b   Diagramme de tailles obtenu

L'analyse d'un échantillon après synthèse est réalisée en utilisant l'algorithme Contin itératif, mis en place par Provencher. L'utilisation d'un tel algorithme[142] est nécessaire dans le cas d'échantillons polydisperses. Cette méthode permet d'analyser un échantillon de trois façons différentes. L'« analyse en intensité » est proportionnelle à l'intensité de diffusion, c'est-à-dire au rayon R^6, et donc limite l'influence des petits objets sur la distribution en taille ; la seconde analyse, « en volume », est proportionnelle à R^3 ; la dernière, « en nombre », est proportionnelle au rayon des particules R, et minimise l'influence des gros objets sur la distribution en taille.

Lorsqu'un échantillon est monodisperse, ces trois analyses donnent des résultats comparables. En revanche, lorsque l'échantillon est polydisperse ou présente plusieurs populations, les analyses diffèrent. Ainsi, nous pouvons déterminer la présence d'agrégats dans la solution colloïdale par ces mesures. Les résultats de telles analyses sur une solution colloïdale après synthèse sont montrés sur la Figure II-10 et les distributions de taille obtenues ont été modélisées par une loi Log-normale[143].

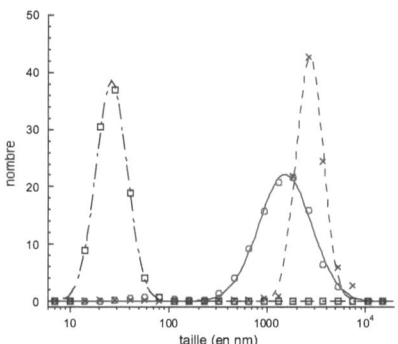

Figure II-10 : distribution en taille des nanoparticules, déterminée par analyse Contin (x) analyse en intensité ; (o) analyse en volume ; (□) analyse en nombre.

L'analyse en nombre nous montre la présence de nombreux objets d'une taille moyenne de 26 nm ($\sigma = 0,36$), qui sont vraisemblablement les nanoparticules. En effet, cette valeur est conforme à la taille des nanoparticules déterminée par microscopie électronique en transmission.

---

[142] Préférentiellement à la méthode des cumulants, valable seulement pour des solutions monomodales.
[143] Cette loi a déjà été décrite dans le paragraphe sur la distribution en taille déterminée par MET.

En revanche, les analyses en volume et en intensité montrent la présence d'agrégats de 1500 nm (σ = 0,61). La taille des objets individuels peut être déterminée par l'analyse en nombre, tandis que la taille des agrégats par l'analyse en intensité.

Les nanoparticules obtenues en fin de synthèse sont donc instables dans l'eau. Elles s'agrègent et forment des gros objets qui floculent, comme le montrent les analyses de diffusion dynamique de la lumière.

La raison de cette floculation est vraisemblablement une charge de surface trop faible pour permettre une stabilisation des nanoparticules par répulsion électrostatique. Nous avons donc caractérisé la charge de surface des nanoparticules.

C.3 Charge de surface des nanoparticules

a *Principe de mesure de zétamétrie[144]*

Le potentiel de surface de particules a été déterminé par une mesure électrophorétique en utilisant l'appareil Malvern Zetasizer 5000.[145] Un système de franges lumineuses est créé par deux faisceaux laser au sein d'une cellule, aux extrémités de laquelle se trouvent des électrodes. Lorsqu'une tension alternative est établie entre ces deux électrodes, les particules chargées présentes dans la cellule entrent en mouvement et traversent le système de franges à une fréquence qui est directement reliée à la vitesse des particules selon l'effet Doppler. Les photons détectés sont ensuite analysés par un corrélateur, ce qui permet de retrouver les valeurs de la mobilité électrophorétique des particules. L'équation de Smoluchowski permet alors de calculer le potentiel ζ. On admet généralement que si le potentiel ζ est tel que $|\zeta| > 30$ mV, les nanoparticules sont stables en solution ; sinon, elles sont instables.

Ce potentiel caractérise la valeur de la charge de surface de la double couche en surface de la particule, il dépend de la valeur du pH de la solution. Plus le pH augmentera, plus la charge de surface des particules sera négative. L'allure des courbes de potentiel ζ en fonction du pH sera donc toujours la même, passant d'une valeur positive aux faibles pH à une valeur négative aux forts pH. L'intersection de la courbe avec 0 est appelée point de charge nulle (PCN).

b *Stabilité des colloïdes en fonction du pH*

La Figure II-11 présente les variations du potentiel ζ des particules en fonction du pH.

---

[144] Notice d'utilisation Malvern (http://www.malvern.co.uk)
[145] Il peut également être déterminé par acoustophorèse.

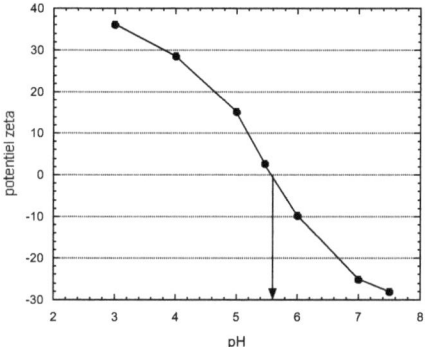

Figure II-11 : variation du potentiel ζ de nanoparticules de Y$_{0,6}$Eu$_{0,4}$VO$_4$ en fonction du pH

Ces mesures ont été réalisées à partir d'une solution de particules à pH 8,3, diluée dans de l'eau dont le pH a été ajusté avec de l'acide. Lors de ces mesures, la force ionique varie (ajout d'ions en changeant le pH), mais le point de charge nulle n'est pas modifié. Le PCN observé de 5,6 est donc une caractéristique de la surface des particules.

La solution colloïdale après synthèse se trouve à pH 8,3. A un tel pH, le potentiel ζ des particules peut être extrapolé à -30 mV, ce qui se situé juste à la limite de stabilité des particules, expliquant leur floculation après quelques jours.

D'après les résultats obtenus par diffusion dynamique de la lumière, la solution obtenue après la synthèse est constituée de nanoparticules individuelles en solution, ainsi que de gros agrégats. Une faible charge de surface des nanoparticules semble être à l'origine de cette agrégation. Afin de caractériser la surface des particules, une mesure de potentiel ζ en fonction du pH a été réalisée. Cette mesure nous a donné deux informations :

- *la valeur de potentiel de charge nulle : à pH 5,6.*
- *la valeur du potentiel de charge des particules dans leur solution initiale à pH 8 : -30 mV.*

Cette valeur élevée devrait permettre une stabilisation des objets. Cependant, les nanoparticules floculent après quelques jours. Nous envisageons donc de stabiliser les particules en modifiant leur surface.

III *Stabilisation de la solution colloïdale*

Afin de stabiliser les nanoparticules en solution, nous avons envisagé d'augmenter leur charge de surface (Figure II-12) par un traitement de surface.

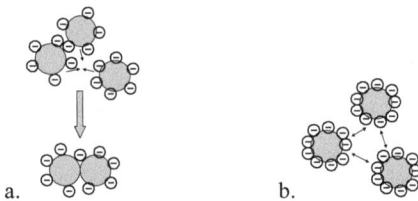

Figure II-12 : représentation d'une agrégation due à une charge de surface insuffisante (a.), et stabilisation par répulsion électrostatique entre particules suffisamment chargées en surface (b.).

Nous avons choisi de stabiliser les nanoparticules par des ions silicates $SiO_4{}^{4-}$. Ces ions peuvent s'adsorber à la surface des Y^{3+}, et stabiliser la surface en augmentant la charge de surface. De plus, la fonctionnalisation des particules envisagée se fait par condensation d'alcoxysilanes sur la surface, formant des liaisons Si-O-Si. Les silicates peuvent ainsi servir de couche primaire d'accrochage, comme ceci a déjà été présenté dans la littérature pour l'enrobage de particules magnétique par de la silice.[146,147]

La stabilisation de la surface par des silicates a été réalisée par une simple addition de silicates en excès dans une solution de nanoparticules. Un travail important a consisté à suivre l'élimination de cet excès de silicates introduits, puis à caractériser l'état de surface final des particules. Nous allons dans cette partie détailler ces différents points.

A   Mode opératoire

Le mode opératoire est le suivant :

> Un volume d'une solution colloïdale de nanoparticules est sonifié pendant 5 minutes à 450 W afin de permettre une redispersion partielle des agrégats. 9 équivalents de silicate de tétraméthylammonium[148] dilués dans un volume d'eau sont alors introduits rapidement dans la solution, sous agitation vigoureuse. La solution est ensuite laissée une nuit sous agitation.

Le grand excès de silicates introduit permet de déplacer l'équilibre des espèces libres et adsorbées vers l'adsorption des silicates à la surface des particules. Cependant, les silicates en solution peuvent former des entités polymériques de silice. Il est donc nécessaire de purifier la solution, afin d'éliminer l'excès de silicates.

> La purification de la solution est réalisée par dialyse contre de l'eau distillée. Le bain de dialyse est renouvelé toutes les 12 heures, et la dialyse est arrêtée lorsque la conductivité de la solution est inférieure à 100 µS.cm^{-2}. La

[146] A.P. Philipse, A.-M. Nechifor, C. Pathmamanoharan, Langmuir, 1994, 10, 4451-4458
[147] A.P. Philipse, M.P.B. van Bruggen, C. Pathmamanoharan, Langmuir, 1994, 10, 92-99
[148] Le silicate de tétraméthylammonium est utilisé préférentiellement au silicate de sodium pour permettre un transfert ultérieur des particules dans l'éthanol sans engendrer une agrégation due à la présence des contre-ions.

solution est alors moins diffusante qu'après l'étape de synthèse, ce qui signifie que les nanoparticules sont mieux dispersées.

Un suivi par différentes techniques de caractérisation des propriétés de la solution au cours de la dialyse a alors été effectué.

B Suivi de la purification

Les méthodes de caractérisation choisies afin de suivre la dialyse permettent de décrire le système assez précisément : le pH, la conductivité de la solution et la concentration en vanadates sont mesurés,[149] ils permettent de contrôler le temps de dialyse ; la taille des objets en suspension dans la solution est déterminée par diffusion dynamique de la lumière ; leur état de surface est sondé par la mesure de leur potentiel de surface ; et une mesure quantitative du nombre de siliciums apportés au cours de cette étape est réalisée par absorption InfraRouge et analyse élémentaire.

B.1 Efficacité de la dialyse

L'efficacité de la dialyse peut être évaluée par différentes mesures :

Tout d'abord, la conductivité de la solution colloïdale nous donne une information concernant l'élimination d'objets chargés de taille inférieure à la taille des pores de la membrane de dialyse. Des mesures de pH permettent également de contrôler l'élimination de certains ions, notamment les ions silicates, en solution. Enfin, la conservation de toutes les particules lors de la dialyse est montrée par des mesures de la concentration en vanadates.

Les résultats donnés par ces méthodes sont résumés sur le Tableau II-2 en fonction de la durée de la dialyse.

Temps de dialyse (h)	σ (μS.cm^{-2})	pH	[VO$_4$] (mM)	Volume (%)
0	6300	11,0	36,6	100
24	1380	10,2	28	/
48	334	9,1	20,7	/
72	137	8,6	17,8	/
96	53	8,3	14,9	/
120	154	8,0	15,4	230

Tableau II-2 : suivi des mesures de concentration, conductivité et pH au cours de la purification par dialyse de l'étape de silicatation

Au début de la dialyse, la conductivité très élevée, de $\sigma = 6,3$ mS.cm^{-2}, est due à l'énorme excès de silicate de tétraméthylammonium introduit lors de l'étape de silicatation. La présence du silicate de tétraméthylammonium est aussi à l'origine de la valeur très élevée du pH.

---

[149] Les silicates introduits n'absorbant pas dans l'UltraViolet, des mesures de concentration en vanadate peuvent être réalisées au cours de la purification par dialyse de la solution.

Lors de la dialyse, les concentrations ioniques de part et d'autre de la membrane tendent à s'égaliser par élimination des ions de faible taille (comme SiO_4^{4-} et Na^+) hors du boudin de dialyse et introduction d'eau. Si les pores de la membrane laissent traverser ces molécules de petite taille, en revanche les nanoparticules, plus grosses, restent dans la partie interne du boudin de dialyse. Nous assistons ainsi à la diminution de la conductivité de la solution au cours de la dialyse jusqu'à 53 $\mu S.cm^{-2}$. Cette valeur est relativement proche de celle de l'eau permutée (18 $\mu S.cm^{-2}$). La diminution du pH observée rend également compte de cette diminution des concentrations ioniques internes.

La diffusion contraire des molécules d'eau se traduit par la diminution de la concentration en particules à l'intérieur du boudin de dialyse. Cependant, par comparaison des quantités de vanadates initiales et finales, nous voyons que sur 3,66 mmoles de vanadates introduits, 3,54 mmoles sont récupérées après la dialyse. Ceci traduit le fait que tous les vanadates font partie intégrante des particules.

Après 96 heures, la dialyse semble être terminée, la conductivité de la solution est relativement faible (σ = 53 $\mu S.cm^{-2}$). Cependant, si on la poursuit plus longtemps, on note une augmentation de la conductivité de la solution. Cette augmentation peut traduire une désorption des silicates de la surface des particules, qui augmenterait alors la conductivité de la solution.

B.2 Stabilité et taille des objets

a Suivi en taille au cours de la purification

La stabilité des particules au cours de la dialyse est déterminée d'une part par le rayon hydrodynamique des particules mesuré par diffusion dynamique de la lumière (ddl), et d'autre part par le potentiel de surface mesuré par zétamétrie. Ceux-ci sont donnés dans le Tableau II-3.

		Potentiel ζ (mV)	ddl (analyse en volume)
Après synthèse		-30	1500
Temps de dialyse (h) après l'ajout des silicates	0	-36	50
	24	-36	59
	48	-36	55
	72	-31	49
	96	-23	46
	120	-32	62

Tableau II-3 : suivi de la dialyse après l'étape de silicatation : mesures de potentiel ζ et de diffusion dynamique de la lumière.

Avant même de purifier la solution colloïdale par dialyse, les nanoparticules semblent être bien dispersées dans le milieu : l'analyse en volume du diamètre hydrodynamique des particules donne une valeur de 50 nm. Cette dispersion semble être le résultat d'une augmentation de la charge de surface des particules (en valeur absolue), qui atteint -36 mV.

Au cours de la dialyse, la taille des objets reste constante, et la charge de surface change légèrement, mais de manière non-significative. Ce changement peut être corrélé à la diminution du pH, limitant l'ionisation des silicates ($pH_{initial} = 11$, $pH_{final} = 8$). Cependant, après 96 heures de dialyse, on observe une augmentation de la taille des objets, qui semble confirmer l'hypothèse d'une désorption des silicates en surface des particules, favorisant leur agrégation.

b   Etat de surface des particules

Afin de caractériser la surface des particules, une mesure du point de charge nulle est réalisée sur des particules silicatées après une purification par dialyse de 96 heures. Cette mesure est montrée sur la Figure II-13.

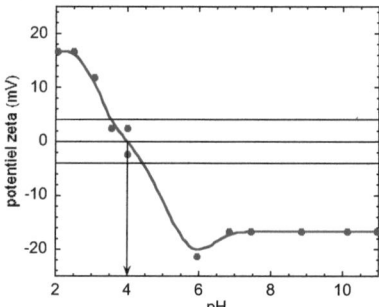

Figure II-13 : variation du potentiel ζ de nanoparticules $Y_{0,6}Eu_{0,4}VO_4$ silicatées en fonction du pH.

Le point de charge nulle à pH 4, plus bas que le point de charge nulle des particules nues (5,6), traduit une modification de l'état de surface des nanoparticules. Le point isoélectrique de la silice étant de 1,9,[150,151] nous nous attendions à obtenir cette valeur du point de charge nulle caractérisant alors une surface des nanoparticules totalement recouverte de silicates. Le point de charge nulle observé expérimentalement montre ainsi la présence de silicates ne recouvrant que partiellement la surface des nanoparticules.

c   Taille des particules

Des images des nanoparticules sont réalisées par MET, comme le montre la Figure II-14.a.

---

[150] M.W. Daniels, J. Sefcik, L.F. Francis, A.V. McCormick, J. Coll. Inter. Sci., 1999, 219, 351-356
[151] les densités sont données ici par rapport à celle de l'eau.

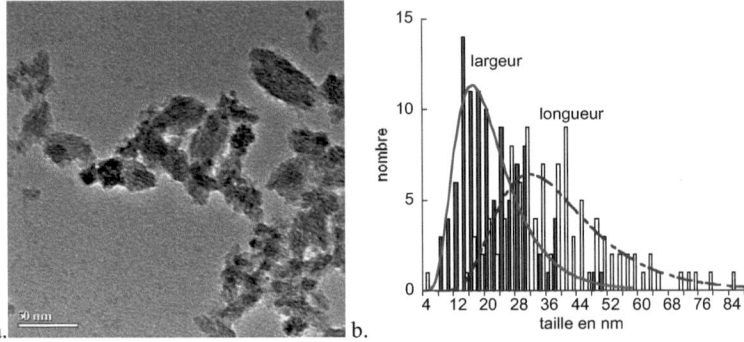

Figure II-14 : a. cliché de microscopie électronique en transmission réalisé sur des nanoparticules Y$_{0,6}$Eu$_{0,4}$VO$_4$ silicatées en solution dans l'éthylèneglycol. b. distribution en taille des nanoparticules calculée à partir de ces clichés.

Nous observons sur ce cliché des particules qui semblent être bien différenciées, mais agrégées entre elles. Les mesures de diffusion dynamique de la lumière donnant une taille hydrodynamique des objets en solution faible, cette agrégation semble provenir de la préparation de l'échantillon sur la grille de carbone.

Il est possible de calculer une distribution en taille des particules à partir des clichés de microscopie selon le même protocole que précédemment.[152] Cette distribution, dont les résultats apparaissent sur la Figure II-14.b., présente la même allure que la distribution de taille des particules nues, mais est moins belle car peu de particules ont été mesurées (102). La largeur est de 20 nm ($\sigma = 10$ nm), et la longueur de 36 nm ($\sigma = 16$ nm). La taille des particules n'a pas changé, les silicates ne semblent pas avoir formé de coquille épaisse autour des particules au vu des clichés de microscopie électronique.

C   Quantifications

Des mesures quantitatives du nombre de silicates présents en surface des nanoparticules sont réalisées en utilisant deux méthodes : la spectroscopie InfraRouge et l'analyse élémentaire.

C.1 Spectroscopie InfraRouge

Nous voulons quantifier la proportion entre vanadates et silicates par spectroscopie InfraRouge. Pour cela, nous avons dû déterminer quelles étaient les vibrations caractéristiques de l'orthovanadate et du silicate.

---

[152] ce protocole consiste à mesurer la taille des objets bien distincts sur les clichés de MET.

a   Vibrations caractéristiques de V-O et Si-O

La liaison V-O est caractérisée par des vibrations dans l'InfraRouge. En solution, 2 modes de vibration de valence[153] des V-O sont actifs : le mode V_1 symétrique à 824 cm^{-1}, et le mode V_3 asymétrique à 790 cm^{-1}.[154] De manière générale, ces bandes sont déplacées vers les hautes fréquences et dégénérées dans des structures condensées.[154,155] Cependant, dans le cas de structures quadratiques (comme notre structure), aucune dégénérescence des modes de vibration n'est attendue, et les 2 modes de vibration devraient se situer vers 786 cm^{-1} et 830 cm^{-1}.[156] De plus, une autre bande de déformation V_4 est centrée autour de 440 cm^{-1}.[157]

La liaison Si-O-Si se caractérise par une bande intense de vibration de valence asymétrique centrée autour de 1100 cm^{-1}. D'autres bandes à 960 cm^{-1} (vibration de valence des Si-OH), 800 cm^{-1} et 470 cm^{-1} sont également présentes,[158,159,160,161] mais de plus faible intensité.

b   Etalonnage

Nous avons donc réalisé une calibration du rapport des hauteurs de bandes sur le spectre en absorbance en fonction des rapports de concentrations en silicate et en vanadate. Cette calibration, réalisée en mesurant des hauteurs et non des aires n'est donc pas quantitative. Nous pouvons néanmoins estimer par cette méthode le rapport entre silicates et vanadates.

Une solution aqueuse contenant du silicate de sodium et de l'orthovanadate de sodium à raison de 1,35 silicates par vanadate est préparée. Une goutte de solution est déposée sur une plaque de silicium, et mise à sécher à l'étuve à 120 °C. L'appareil de spectroscopie InfraRouge utilisé est un Bomem MB100 fonctionnant entre 4000 et 400 cm^{-1}, avec une résolution de 4 cm^{-1} sous atmosphère d'azote. 100 acquisitions sont réalisées pour le spectre.

Les vibrations de référence choisies sont la vibration la plus intense des vanadates centrée autour de 812 cm^{-1} et correspondant à une vibration de valence V-O-V,[156] et la liaison Si-O-Si se caractérisant par une bande intense de vibration de valence asymétrique centrée

[153] Vibrations dans le plan des liaisons
[154] A. Šurca, B. Orel, U. Opara Krašovec, U. Lavrenčič Štangar, G. Dražič, J. Electrochem. Soc., 2000, 147, 6, 2358-2370
[155] A. Šurca Vuk, U. Opara Krašovec, B. Orel, P. Colomban, J. Electrochem. Soc., 2001, 148, 6, H49-H60
[156] M. Touboul, A. Popot, Rev. Chim. Minér. 1985, 22, 610
[157] U. Opara Krašovec, B. Orel, A. Šurca, N. Bukovec, R. Reisfeld, Sol. St. Ionics, 1999, 118, 195-214
[158] R. M. Almeida, C. G. Pantano, J. Appl. Phys., 1990, 68, 4225
[159] J. W. De Haan, H. M. Van Den Bogaert, J. J. Ponjeé, L. J. M. Van De Ven, J. Coll. Int. Sci., 1986, 110, 2, 591-600
[160] P. Innocenzi, G. Brusatin, F. Babonneau, Chem. Mater., 2000, 12, 3726-3732
[161] J. Lin, J. A. Siddiqui, R. M. Ottenbrite, Polym. Adv. Technol., 2001, 12, 285-292

autour de 1100 cm^{-1}.[161] Le rapport des hauteurs des bandes à 1100 cm^{-1} et 800 cm^{-1} mesuré est de 0,68 pour 1,35 silicates par vanadate en solution.

c   Résultats quantitatifs

Ainsi, l'effet de la dialyse est suivi par spectroscopie InfraRouge. Les spectres obtenus en fonction du temps de dialyse sont présentés sur la Figure II-15.

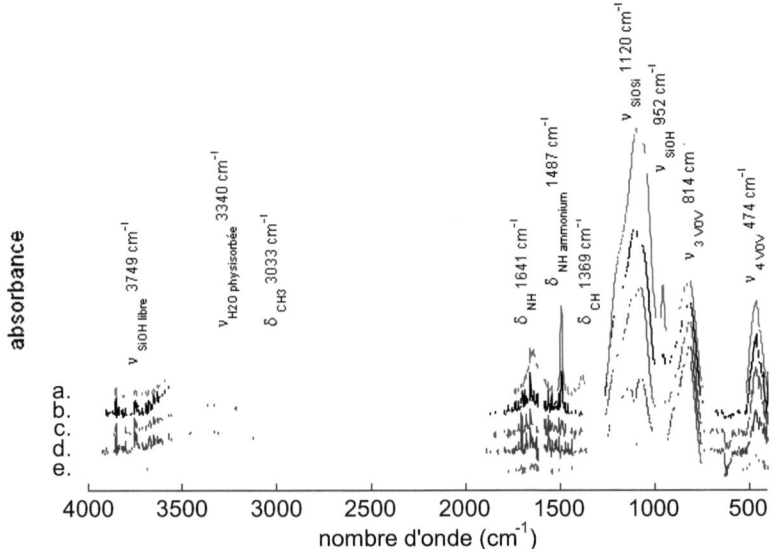

Figure II-15 : spectres InfraRouge en absorbance de la solution colloïdale après l'étape de silicatation et une dialyse de 24h (a.), 48 h (b.), 72 h (c.) 96 h (d.) et 120 h (e.).

Sur ces spectres, nous pouvons distinguer différentes bandes qui ont été attribuées aux vibrations des contre-ions tétraméthylammonium, des liaisons Si-O-Si et V-O-V. Ainsi, nous pouvons constater que les bandes caractéristiques des vibrations N-H et C-H ont disparu après 72 heures de dialyse, montrant que l'élimination des ions tétraméthylammonium est terminée. Nous remarquons également que l'intensité relative de la bande à 1090 cm^{-1} diminue par rapport à la bande à 814 cm^{-1} : des silicates sont éliminés. De plus, nous pouvons également noter une modification des rapports d'intensité entre le pic à 1080 cm^{-1} et celui à 1120 cm^{-1}, tous deux attribués à la déformation asymétrique de valence des Si-O-Si. Ceci peut induire une erreur supplémentaire dans la détermination quantitative du rapport $silicate/vanadate$.

Les mesures de ce rapport sont reportées sur la Figure II-16.a..

Temps de dialyse (h)	Rapport des hauteurs 1090 cm^{-1}/814 cm^{-1}
0	3,1
24	4,5
48	3,3
72	2,5
96	1,3
120	0,5

a.

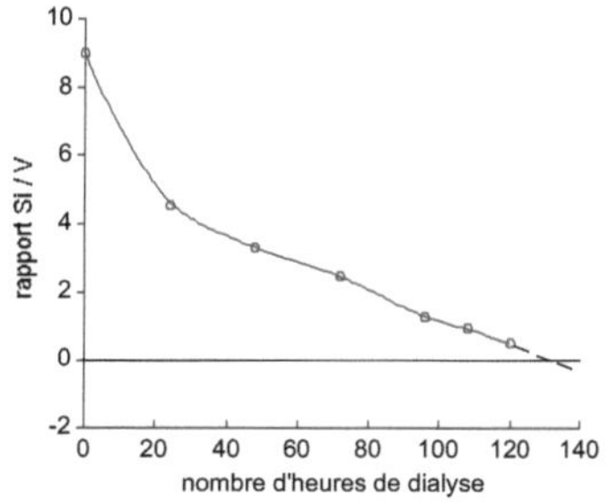

b.

Figure II-16 : a. rapports molaires Si / V calculés à partir des spectres InfraRouge en fonction du temps de dialyse. b. suivi de ce rapport en fonction du temps de dialyse.

Initialement, nous avons introduit 9 équivalents molaires de silicium par rapport au vanadium, que nous ne retrouvons pas par InfraRouge où la valeur mesurée est de 3,1 équivalents. Ceci est vraisemblablement dû à la présence de contre-ions en solution qui interfèrent avec la mesure des hauteurs, ainsi qu'à la présence de la vibration des silicates à 800 cm^{-1}. Ces deux contributions peuvent être négligées une fois leur concentration diminuée, autrement dit dès 24 heures de dialyse.

La Figure II-16.b. nous montre que le rapport des hauteurs diminue très rapidement dans un premier temps, puis linéairement pour atteindre une valeur de 1,3 après 96 heures, puis de 0,5 après 120 heures de dialyse. Cette diminution linéaire du rapport des hauteurs traduit une élimination de silicates libres, ou une désorption des silicates de la surface des nanoparticules. En accord avec les mesures de diffusion dynamique de la lumière montrant une augmentation de la taille des objets en solution après 120 heures de dialyse, nous pouvons penser que l'élimination des silicates observée correspond à une désorption des silicates de la surface des nanoparticules.

Nous nous sommes alors intéressés à caractériser de manière plus précise la quantité de silicates adsorbés en surface des nanoparticules, après 96 heures de dialyse. Un tel échantillon sera appelé dans la suite échantillon silicaté.

C.2 Analyse élémentaire

Une analyse élémentaire est réalisée sur un échantillon silicaté dilué dans une solution aqueuse d'acide nitrique concentré. Le rapport des concentrations est de $Si/V = 1,5$. Nous trouvons donc un rapport comparable à celui déterminé par analyse InfraRouge, qui est de 1,3. La mesure semi-quantitative réalisée par InfraRouge donne donc une estimation correcte du rapport Si/V.

En supposant que les silicates se condensent en formant une couche de silice de densité égale à 1,9, l'épaisseur de cette couche est de 4,1 nm. Cependant, aucune observation de cette couche de silice n'est faite sur les clichés de MET.

Philipse *et al.* ont travaillé sur des particules de Fe_3O_4 silicatées en surface, et malgré une modification de la surface, ils n'observaient aucune couche de silice sur les particules. Leur couche était cependant nettement moins importante que la notre d'après des mesures d'analyse élémentaire (1 nm d'épaisseur).[147]

Ces deux mesures quantitatives montrent que du silicate est bien présent en surface des nanoparticules, en proportion de 1,3 - 1,5 silicates par vanadate environ après 96 heures de dialyse.

Ainsi, les différentes mesures réalisées au cours de la purification par dialyse montrent une modification de la surface. Les particules silicatées présentent un potentiel ζ d'environ -30 mV, et sont bien dispersées en solution. Le point de charge nulle a diminué à pH 4, la surface étant vraisemblablement constituée de silicates ne recouvrant pas totalement la surface. Cependant, ce silicate semble être simplement adsorbé en surface des particules, comme le montre l'augmentation de taille observée si la dialyse se prolonge au-delà de 96 heures. Nous avons donc décidé d'arrêter la dialyse après 96 heures, afin de limiter la désorption des silicates de la surface des particules, et conserver une certaine stabilité.

La solution après 96 heures de dialyse a alors été plus amplement analysée. Elle contient 1,5 équivalents molaires de silicates par vanadate.

D Purification de la solution colloïdale

La dialyse réalisée après la silicatation des nanoparticules permet d'éliminer les molécules dont la taille est inférieure à celle des pores de la membrane. Cependant, au cours de cette dialyse, le pH diminue, pouvant entraîner une polymérisation des silicates. Si la taille des entités polymériques ainsi formées est supérieure à celle des pores, alors ils ne sont pas éliminés au cours de la dialyse.

Une seconde purification de la solution de nanoparticules silicatées a donc été envisagée par centrifugation, afin de séparer les éventuelles entités de silice polymériques et les nanoparticules silicatées. En effet, les entités polymériques de silice vont être peu denses (d = 1,8 - 2) et de faible taille, tandis que les particules sont de taille et de densité plus importantes (d = 4,24).

D.1 Mode opératoire

La purification suivante est réalisée :

Une centrifugation à 11000 g pendant 4 heures de la solution colloïdale de nanoparticules silicatées est réalisée. Le surnageant récupéré est très peu luminescent ([V] = 0,08 mM), les nanoparticules ont sédimenté. La distribution du rayon hydrodynamique des objets en suspension dans le surnageant est mesurée par diffusion dynamique de la lumière et le culot et le surnageant sont analysés par spectroscopie InfraRouge afin de quantifier la perte en silicates au cours de la purification.

D.2 Ségrégation des objets en fonction de leur densité

La Figure II-17 présente les mesures de diffusion dynamique de la lumière réalisées sur le surnageant de la centrifugation.

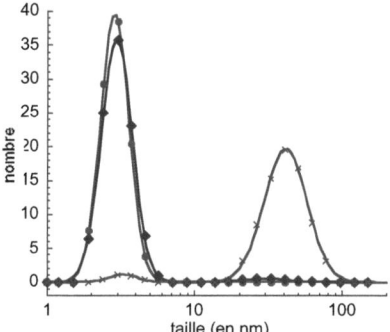

Figure II-17 : distribution en taille des nanoparticules, déterminée par analyse Contin. analyse en intensité (x) ; analyse en volume (♦) ; analyse en nombre (●).

Nous observons deux populations d'objets : l'une de petits objets dont le rayon hydrodynamique est de l'ordre de 3 nm : vraisemblablement les entités polymériques de silice, et la seconde dont le rayon hydrodynamique est de l'ordre de 40 nm : les nanoparticules. Cette seconde population n'apparaît que sur l'analyse en intensité, tendant à montrer la faible concentration en particules de $Y_{1-x}Eu_xVO_4$ dans le surnageant.

La proportion de silicium par rapport au vanadium est alors quantifiée, dans ce surnageant, ainsi que dans le culot de centrifugation.

D.3 Quantification des silicates adsorbés sur les particules

L'analyse par spectroscopie InfraRouge du surnageant et du culot de centrifugation est présentée sur la Figure II-18.

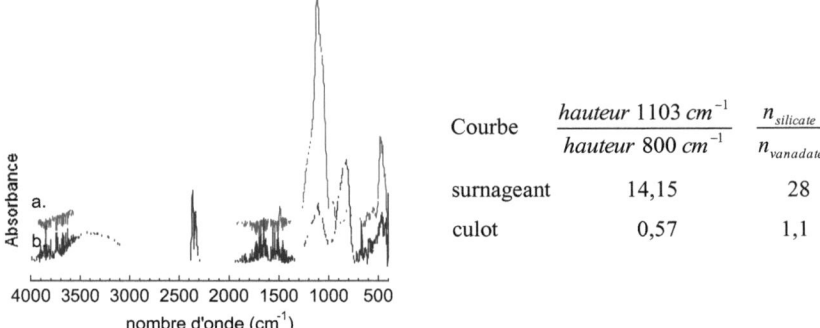

Courbe	$\dfrac{hauteur\ 1103\ cm^{-1}}{hauteur\ 800\ cm^{-1}}$	$\dfrac{n_{silicate}}{n_{vanadate}}$
surnageant	14,15	28
culot	0,57	1,1

Figure II-18 : spectres InfraRouge du culot de centrifugation (a.) et du surnageant de centrifugation (b.)

Le spectre du surnageant présente une bande intense attribuée à une déformation de la liaison Si-O-Si, semblant montrer la présence de silicates dans le surnageant. La bande due à la vibration des vanadates à 796 cm^{-1} est de très faible intensité : les silicates présents dans le surnageant étaient vraisemblablement sous forme d'entités polymériques en solution. Nous estimons alors un rapport molaire $Si/_V$ de 28 dans le surnageant.

Sur le spectre du culot, nous mesurons 1,1 équivalents de silicates par vanadate, c'est-à-dire une valeur légèrement inférieure à celle obtenue après la purification par dialyse (1,3 Si / V). Il semble donc que l'on a éliminé une faible partie des silicates présents dans la solution. Nous pouvons donc penser que peu de silicates sont sous forme d'entités polymériques en solution, la plupart étant greffés sur les nanoparticules.

Une stabilisation des particules par adsorption de silicates a été réalisée. L'ajout d'un excès de silicates en solution dans la solution colloïdale suivi d'une purification par dialyse a permis d'obtenir des nanoparticules présentant une taille hydrodynamique compatible avec des objets bien dispersés en solution. Ces objets, observés au microscope électronique, ne présentaient pas de couche superficielle de silice visible. Cependant, des mesures quantitatives du rapport des concentrations silicate / vanadate ont permis d'affirmer que des silicates sont bien liés à la surface, à raison d'1,5 silicates par vanadate après 96 heures de dialyse. Ceci est également confirmé par des purifications supplémentaires par centrifugation, qui ne diminuent que très légèrement la proportion silicates/vanadates (-15 %).

Néanmoins, la liaison entre les silicates et la surface est une liaison faible, vraisemblablement une simple adsorption. Ceci est déduit des mesures de diffusion dynamique de la lumière et des mesures d'InfraRouge, qui montrent une déstabilisation des particules au-delà de 96 heures de dialyse, due à une élimination des silicates. Cette désorption justifie l'arrêt de la dialyse après 96 heures, afin de conserver des objets stables en solution pour l'étape de fonctionnalisation.

IV Conclusion

La synthèse de nanoparticules d'orthovanadate d'yttrium dopé avec des ions europium par simple coprécipitation des sels métalliques d'orthovanadate de sodium et de nitrate de lanthanide à température ambiante a été décrite et amplement caractérisée. Elle donne naissance à des nanoparticules d'orthovanadate d'yttrium cristallisées, ovoïdes, de longueurs caractéristiques de $19 \pm 3,5$ nm sur 33 ± 6 nm. La suspension colloïdale dans l'eau n'est pas stable, et flocule après quelques jours.

Une stabilisation par adsorption d'ions chargés négativement a donc été réalisée. Nous avons utilisé pour cela des silicates de tétraméthylammonium servant également à préparer la surface pour la fonctionnalisation future des nanoparticules par des alcoxysilanes.

Les silicates permettent une stabilisation des objets en suspension, comme le montrent les tailles déterminées par diffusion dynamique de la lumière compatibles avec des objets bien dispersés en solution. La mesure du potentiel de charge nulle à pH = 4 montre que la surface des particules a été modifiée. Des mesures quantitatives, réalisées par InfraRouge et par analyse élémentaire indiquent environ 1,5 silicates par vanadate après une purification par dialyse de 96 heures.

En corrélant les informations obtenues par différentes méthodes, notamment par diffusion dynamique de la lumière, par conductivité, par InfraRouge et par zétamétrie, nous pouvons supposer que les silicates sont liés de manière faible à la surface des particules. Cette liaison pourrait être une simple adsorption des silicates sur la surface. En effet, nous notons après 96 heures de dialyse une augmentation de la taille des particules et une diminution du nombre de silicates par vanadate qui indiquent une déstabilisation des nanoparticules du fait de l'élimination de silicates.

Nous avons donc obtenu après synthèse, stabilisation par des silicates, et purification, des objets bien dispersés en solution présentant 1,5 silicates par vanadate. La fonctionnalisation de ces objets a ensuite été réalisée.

III
Fonctionnalisation des nanoparticules : enrobage par de la silice

Fonctionnalisation des nanoparticules : enrobage par de la silice

L'application des nanoparticules comme sondes en biologie requiert de la part des nanoparticules une réactivité spécifique vis-à-vis de l'objet ciblé. Cette réactivité est généralement obtenue par une fonctionnalisation de surface des nanoparticules avec une biomolécule, comme ceci est schématisé sur la Figure III-1.

Nanoparticule

biomolécule →

Entité biologique ciblée

Figure III-1 : représentation schématique d'une sonde biologique constituée de la nanoparticule et de la biomolécule permettant le ciblage d'une entité biologique.

Afin de générer une attache forte de cette biomolécule sur les nanoparticules, nous avons envisagé de lier de manière covalente la biomolécule sur la nanoparticule. Pour cela, nous devons préalablement modifier la surface des nanoparticules avec des fonctions apportant une certaine réactivité face à la molécule à accrocher.

La plupart des biomolécules présentent des fonctions alcool, amine, thiol ou acide carboxylique. Afin de créer des liaisons avec de telles biomolécules, nous avons décidé de fonctionnaliser la surface des nanoparticules avec deux fonctions distinctes : une fonction époxy et une fonction amine, comme ceci est schématisé sur la Figure III-2.

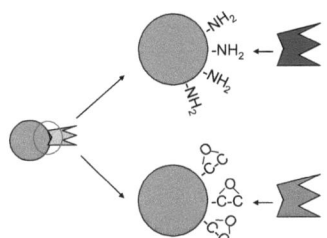

Figure III-2 : schéma de principe de la fonctionnalisation des nanoparticules par des époxy ou des amines.

Le choix de ces deux fonctions a été motivé par la versatilité des réactions pouvant ensuite être envisagées.

Pour greffer ces deux fonctions en surface des nanoparticules, nous avons utilisé une approche consistant à enrober les nanoparticules dans un réseau polymérique fonctionnalisé d'alcoxysilanes condensés.

Cette approche s'appuie sur le principe suivant : des alcoxysilanes, de formule générale $Si(OR)_x R'_{(4-x)}$[162] sont utilisés comme précurseurs de silice. En effet, les groupes alcoxy OR peuvent s'hydrolyser en silanols SiOH, puis se condenser en formant des ponts siloxanes SiOSi, comme montré sur la Figure III-3. Dans le cas où le nombre de groupes

---

[162] Selon le nombre n de groupements OR, ils sont appelés monoalcoxysilanes (x = 1), bialcoxysilanes (x = 2), trialcoxysilanes (x = 3) ou tétraalcoxysilanes (x = 4).

alcoxy x est supérieur à 2, la condensation entraîne la réticulation d'alcoxysilanes entre eux, et ainsi la formation d'un réseau polymérique d'alcoxysilanes condensés.

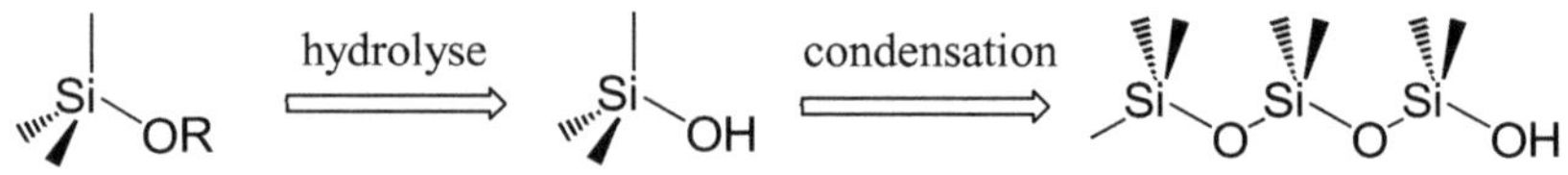

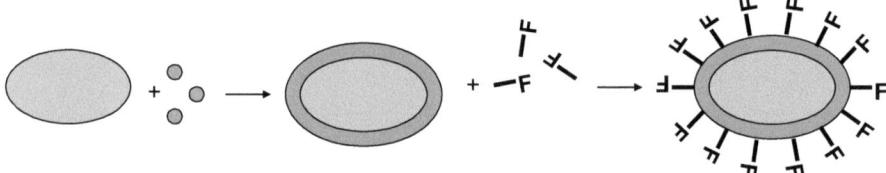

Figure III-3 : schéma d'hydrolyse et condensation des alcoxysilanes

La présence d'un ou plusieurs groupes alkyls R liés au silicium pouvant porter les fonctions amines ou époxy permet d'apporter la fonctionnalité au réseau polymérique.

La formation autour des nanoparticules d'un réseau polymérique fonctionnalisé d'alcoxysilanes peut être envisagée de différentes manières. Nous avons étudié deux méthodes de fonctionnalisation des nanoparticules :

• une première approche consiste à traiter en deux temps la formation d'un réseau polymérique d'alcoxysilanes et la fonctionnalisation de la surface.

La formation d'un réseau polymérique d'alcoxysilanes non fonctionnalisé (donc de silice) se fait par l'utilisation de tétraalcoxysilanes $Si(OR)_4$. Afin de fonctionnaliser ensuite la surface, nous utilisons des monoalcoxysilanes de type $Si(OR)Me_2R''$, où la fonction F est apportée par le groupement R''. Une telle approche est schématisée sur la Figure III-4.

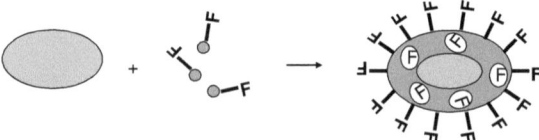

Figure III-4 : schéma de l'enrobage de nanoparticules par de la silice, puis fonctionnalisation de la surface par des monoalcoxysilanes.

• une seconde approche consiste à former autour des nanoparticules un réseau polymérique de polysiloxanes fonctionnalisés en volume. La Figure III-5 schématise cette approche.

Figure III-5 : schéma de principe de l'approche par formation d'un réseau polymérique de polysiloxanes fonctionnalisés.

Ceci peut être réalisé en utilisant des trialcoxysilanes Si(OR)₃R', la fonction amine ou époxy étant portée par le groupe R'. Nous formons alors un réseau polymérisé dans son volume.

La condensation des alcoxysilanes sur les nanoparticules, et non de manière indépendante dans la solution est une condition nécessaire à une fonctionnalisation efficace de la surface. En outre, l'accroche de biomolécules éventuelles ne peut se faire que sur les fonctions accessibles, situées en surface des nanoparticules.

Nous avons donc essayé dans un premier temps de caractériser le mieux possible la couche polymérique déposée, et notamment le nombre d'alcoxysilanes déposés, l'état de condensation de siliciums constitutifs de la couche et l'épaisseur de cette couche résultante.

Dans un second temps, l'état de surface des nanoparticules a été plus amplement étudié, afin d'estimer l'efficacité de la fonctionnalisation de la surface.

I Enrobage des particules

Le principe de fonctionnalisation que nous avons retenu repose sur la condensation de précurseurs alcoxysilanes en solution. La principale difficulté de cette approche est de pouvoir contrôler que les polysiloxanes formés vont bien se déposer en surface des nanoparticules et non former de nouveaux germes. Dans cette partie nous allons discuter des modèles pouvant permettre de comprendre les mécanismes mis en jeu lors d'un tel enrobage, puis nous discuterons des expériences nous ayant permis d'optimiser les différents paramètres.

A Rappels généraux

A.1 Modèle de germination-croissance

La formation et la croissance de nanoparticules peut être développée à partir de la théorie de germination et croissance développée par LaMer et Dinegar, dont nous allons rappeler ici les grandes lignes.

a Formation de particules

LaMer et Dinegar ont expliqué par un modèle simple comment des particules pouvaient être obtenues à partir d'une solution aqueuse sursaturée en ions précurseurs correspondants.[163] Ils ont pour cela introduit une source d'ions en solution, et regardé l'évolution de la concentration en ions en fonction du temps. La courbe obtenue est appelée diagramme de LaMer et est présentée sur la Figure III-6.

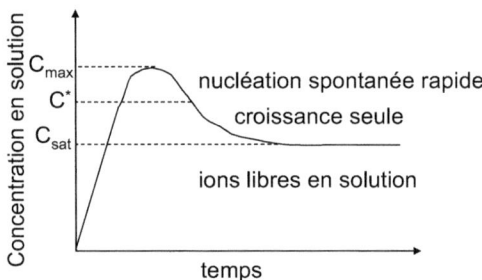

Figure III-6 : diagramme de LaMer

Ce diagramme peut être décomposé en quatre parties :

-        Lorsque la source d'ions est introduite, les ions sont peu à peu solubilisés : leur concentration en solution augmente jusqu'à atteindre une concentration à saturation C_{sat}. Au-delà de cette valeur, le système se trouve en sursaturation.

-        Quand la concentration en ions atteint et dépasse la valeur critique C^*, il se produit la formation de germes spontanée et rapide : c'est l'étape de germination.

-        La solution est alors sursaturée en ions et contient également des germes. Afin de revenir à l'équilibre, c'est-à-dire à une concentration en ions à saturation, les ions se déposent alors sur les germes : c'est la croissance.

-        Enfin, lorsque la concentration en ions atteint sa valeur à saturation, le grossissement s'arrête.

Dans ce modèle, le paramètre principal est la concentration ionique en solution. La production des ions est assurée par la solubilisation, tandis que leur consommation se fait par formation du solide.

b   Croissance de germes

Ce modèle de germination et croissance de LaMer peut également être appliqué dans le cas d'une croissance de germes préformés. Si l'on se reporte au diagramme, la croissance de germes se produit dès que la concentration en ions dépasse sa valeur à saturation C_{sat}. Deux cas se présentent alors :

-        si les ions sont consommés par la réaction de dépôt sur les germes préformés bien plus vite qu'ils ne sont solubilisés, alors il est possible de limiter leur concentration à une valeur inférieure à C^*. Il n'y a donc pas de formation de nouveaux germes, et la solution finale contient uniquement les germes préformés ayant grossi (Figure III-7.a.).

[163] V.K. LaMer, R.H. Dinegar, J. Am. Chem. Soc., 1950, 72, 11, 4847-4854

- si en revanche les ions sont solubilisés plus rapidement qu'ils ne sont consommés, alors la concentration en ions peut dépasser la valeur critique C^* à partir de laquelle de nouveaux germes sont formés. Dans ce cas, il y a création de nouveaux germes parallèlement au grossissement des germes initiaux (Figure III-7.b.).

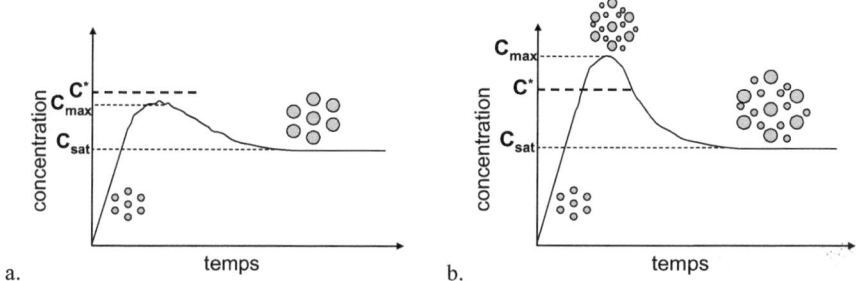

Figure III-7 : représentations schématiques de la dispersion en taille des particules lors d'une croissance en présence de germes a. dans le cas où la consommation de l'entité active est supérieure à sa production ; b. dans le cas inverse.

Pour favoriser la croissance de germes préformés sans en former de nouveaux, les paramètres pertinents sont ceux permettant de ne pas dépasser la valeur critique de concentration ionique en solution C^*.

Ainsi, il semble évident qu'une diminution de la concentration en ions en solution permet de limiter la formation de nouveaux germes.

De même, une augmentation du nombre de germes préformés dans la solution permet une consommation plus rapide des ions, et limite ainsi la concentration des ions en solution.

A.2 **Enrobage des particules**

La réaction de précipitation de la silice (ou formation d'un réseau polymérique de polysiloxanes) repose sur des réactions successives d'hydrolyse et de condensation

$$Si - OR + H_2O \rightarrow Si - OH + ROH$$
$$Si - OH + HO - Si \rightarrow Si - O - Si + H_2O$$

Par rapport au modèle précédent, l'hydrolyse peut s'apparenter à la solubilisation des espèces à précipiter, et la condensation à la précipitation du solide lui-même.

Ainsi, afin d'enrober des nanoparticules par de la silice à partir de solutions d'alcoxysilanes en évitant la formation de germes de silice en solution, nous devons limiter la concentration en fonctions silanols dans la solution. Différents paramètres permettent de limiter cette concentration :

- la concentration en alcoxysilane peut être réduite, ce qui limitera la concentration maximale en fonctions silanols pouvant être atteinte.

- la concentration en nanoparticule peut être augmentée, ce qui augmentera la surface de dépôt sur laquelle peut se produire la condensation. Ceci augmente alors la consommation des silanols par condensation sur les nanoparticules.

- La vitesse d'hydrolyse de l'alcoxysilane peut également être modifiée en limitant la réactivité du silicium.[164]

- Des conditions basiques augmentent le rapport condensation sur hydrolyse et permettent donc de consommer plus de silanols qu'il n'en est créé.

- Une concentration en eau faible, permettant de limiter l'hydrolyse des alcoxysilanes permet d'augmenter le rapport consommation sur formation dans des conditions où l'hydrolyse est l'étape cinétiquement déterminante.

Nous avons alors cherché à optimiser les paramètres de réaction lors de l'enrobage des nanoparticules par une couche de silice.

a   *Milieu de réaction*

Le milieu de prédilection pour la formation de nanoparticules de polysiloxane à partir d'alcoxysilanes est un milieu hydro-alcoolique basique.[165] En effet, les alcoxysilanes sont solubles en milieu alcoolique pur, comme en milieu hydro-alcoolique. De plus, l'hydrolyse et la condensation des alcoxysilanes sont catalysées en milieu acide ou basique. Un milieu basique favorise la formation de particules, tandis qu'un milieu acide mène à la formation d'un sol polymérique. Il semble donc favorable de travailler en solution alcoolique basique afin de permettre la condensation d'une couche d'enrobage d'alcoxysilanes autour de nanoparticules.

De leur côté, les nanoparticules obtenues après synthèse ne sont stables ni dans l'eau, comme nous l'ont montré les mesures de diffusion dynamique de la lumière, ni dans l'alcool. Lors des différents enrobages envisagés, la stabilisation préalable des nanoparticules dans différents milieux s'est donc avérée nécessaire. Cette stabilisation a été réalisée par l'ajout d'un ion chargé, un silicate ou un citrate, permettant une stabilisation par répulsion électrostatique.

b   *Affinité de la surface pour la silice*

Des études d'enrobage de particules par des alcoxysilanes condensés menées par les équipes d'Alivisatos, de Liz-Marzán et Mulvaney et de Philipse ont montré qu'il est possible de rendre la surface de nanoparticules « vitréophile », c'est-à-dire apte au dépôt futur de silice. Pour cela, Alivisatos et son équipe ont complexé la surface de nanoparticules semi-

---

[164] la réactivité du silicium dépend de sa charge partielle positive, qui diminue lors d'un échange entre un groupe alcoxy et un groupe alkyle.
[165] W. Stöber, A. Fink, E. Bohn, J. Coll. Inter. Sci., 1968, 26, 62-69

conductrices de CdSe par des alcoxysilanes thiolés.[166,167] Le thiol complexe la surface tandis que les fonctions alcoxy ou silanol sont dirigées vers l'extérieur, simulant la surface de particules de silice, comme montré sur la Figure III-8.

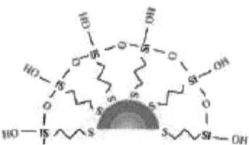

**Figure III-8 : modification d'une surface par un
trialcoxysilane afin de la rendre vitréophile**

Liz-Marzán *et al.* ont quant à eux travaillé sur des nanoparticules métalliques d'or et d'argent, qu'ils ont complexées avec des alcoxysilanes aminés (l'amine complexe la surface d'or), afin de produire un effet similaire à celui d'Alivisatos.[168,169,170] Philipse *et al.* ont pour leur part enrobé par une couche épaisse de silice des particules d'oxyde de titane ou de fer, après en avoir modifié la surface par adsorption de silicates.[171,172] La formation d'une couche de silice sur des particules peut ainsi être favorisée en travaillant à partir de nanoparticules $Y_{1-x}Eu_xVO_4$ stabilisées par des silicates.

Cependant, les nanoparticules de $Y_{1-x}Eu_xVO_4$ étant composées d'oxydes, nous pouvons penser que le caractère ionique des liaisons permet le dépôt de silice en surface des particules sans préalablement adsorber des silicates à leur surface.

Selon les conditions opératoires, nous choisirons alors de travailler avec des nanoparticules sans modification de leur surface ou dont la surface aura été rendue vitréophile.

Notre but est donc d'enrober des particules de $Y_{1-x}Eu_xVO_4$ par condensation d'alcoxysilanes en surface de ces particules. Afin de favoriser le dépôt sur la surface des particules vis-à-vis de la formation de germes d'alcoxysilanes en solution, nous devons donc limiter la concentration en fonctions silanols en solution. Pour cela, nous devons réduire l'hydrolyse des groupes alcoxy, et accélérer la condensation des silanols. Différents paramètres peuvent influencer ces vitesses, notamment la concentration en eau et le pH de la solution, la concentration en nanoparticules, et celle en alcoxysilanes.

[166] M. Bruchez Jr., M. Moronne, P. Gin, S. Weiss, A.P. Alivisatos, Science, 1998, 281, 2013-2015
[167] D. Gerion, F. Pinaud, S.C. Williams, W.J. Parak, D. Zanchet, S. Weiss, A.P. Alivisatos, J. Phys. Chem. B, 2001, 105, 8861-8871
[168] T. Ung, L.M. Liz-Marzán, P. Mulvaney, Langmuir, 1998, 14, 3740-3748
[169] Y. Kobayashi, M.A. Correa-Duarte, L.M. Liz-Marzán, Langmuir, 2001, 17, 6375-6379
[170] L.M. Liz-Marzán, M. Giersig, P. Mulvaney, Langmuir, 1996, 12, 4329-4335
[171] A.P. Philipse, M.P.B. van Bruggen, C. Pathmamanoharan, Langmuir, 1994, 10, 92-99
[172] A.P. Philipse, A.-M. Nechifor, C. Pathmamanoharan, Langmuir, 1994, 10, 4451-4458

c   Concentration en nanoparticules

Chen *et al.* ont vérifié par l'étude de la croissance de nanoparticules de silice à partir de tétraalcoxysilanes[173] que plus la surface totale initiale des particules est importante, plus la formation de germes secondaires est inhibée. En effet, la surface de dépôt étant plus importante, tous les alcoxysilanes hydrolysés peuvent s'y condenser, ce qui limite la concentration en solution des silanols. Ainsi, il sera plus aisé d'enrober avec de la silice des particules très concentrées.

Nous avons travaillé avec des solutions colloïdales relativement diluées, présentant une concentration maximale de l'ordre de 300 nM en nanoparticules, car une plus forte concentration déstabilise les nanoparticules qui floculent. La taille des nanoparticules utilisées étant de l'ordre de 30 nm, la surface totale initiale des nanoparticules atteint au maximum $600 \ m^2 / L$.

Comparons cette valeur avec les valeurs de concentrations surfaciques initiales en nanoparticules trouvées dans la littérature. Les équipes de Liz-Marzán et Mulvaney utilisent des concentrations en surface totale initiale de l'ordre de $2 \ m^2 / L$ pour enrober leurs nanoparticules d'or avec de la silice.[174] De même, l'équipe de Mann a travaillé avec des solutions de nanoparticules d'or à des concentrations surfaciques de l'ordre de $0,5 \ m^2 / L$.[175] Philipse a quant à lui utilisé des concentrations initiales surfaciques de l'ordre de $50 \ m^2 / L$ pour enrober des particules de Fe_3O_4 avec de la silice.[171] Nous constatons que la gamme de surface initiale des nanoparticules permettant d'obtenir une fonctionnalisation de surface est large, entre 0,5 et $50 \ m^2 / L$.

Nous avons donc décidé de travailler à une concentration de 5-10 nM en nanoparticules, ce qui nous donne une concentration surfacique initiale disponible de l'ordre de 6-18 m^2 / L.

d   Concentration en alcoxysilane

Selon la nature et la concentration de l'alcoxysilane utilisé, l'enrobage des particules peut être plus ou moins efficace.

- Nature du groupement alcoxy

Stöber et Fink ont étudié la formation de particules de silice à partir de tétraalcoxysilanes dans l'alcool en conditions basiques.[176] Ils ont montré que la nature des groupements alcoxy permettait de contrôler la taille des objets formés. Plus le groupement alcoxy est de faible taille, plus la formation de particules est rapide et les tailles obtenues faibles. Une plus forte réactivité favorise donc la germination vis-à-vis de la croissance. Elle diminue lorsque la longueur des groupes alkyles augmente.

[173] S.L. Chen, P. Dong, G.H. Yang, J.J. Yang, J. Coll. Inter. Sci., 1996, 180, 237-241
[174] L.M. Liz-Marzán, M. Giersig, P. Mulvaney, Langmuir, 1996, 12, 4329-4335
[175] S.R. Hall, S.A. Davis, S. Mann, Langmuir, 2000, 16, 1454-1456
[176] W. Stöber, A. Fink, E. Bohn, J. Coll. Inter. Sci., 1968, 26, 62-69

De plus, dans des conditions opératoires similaires à celles utilisées par Stöber, Van Blaaderen *et al.* ont montré que l'hydrolyse du méthyltriéthoxysilane était réalisée à 10 % tandis que dans le même temps celle du tétraéthoxysilane était terminée.[164,177] L'échange d'un groupe alcoxy par un groupe alkyle sur un silicium diminue donc la réactivité de l'alcoxysilane.

Afin de limiter la formation de nouveaux germes lors de l'enrobage, nous pouvons donc travailler avec des tétraalcoxysilanes présentant des chaînes longues, ou avec des trialcoxysilanes, ce qui ralentit la cinétique globale d'hydrolyse et de condensation.

- rapport de $\dfrac{[alcoxysilane]}{surface\ des\ germes}$

Afin de regarder l'influence du rapport $\dfrac{[alcoxysilane]}{surface\ des\ germes}$, nous nous sommes appuyés sur le travail de Kobayashi *et al.* concernant l'enrobage de particules d'argent par une couche épaisse de silice.[178] Lors de cette étude, ils ont établi le diagramme montré sur la Figure III-9 représentant schématiquement l'effet de la concentration en tétraalcoxysilane sur la nature des objets obtenus lors d'un enrobage de nanoparticules (surface initiale de germes = 0,1 m^2 / L).

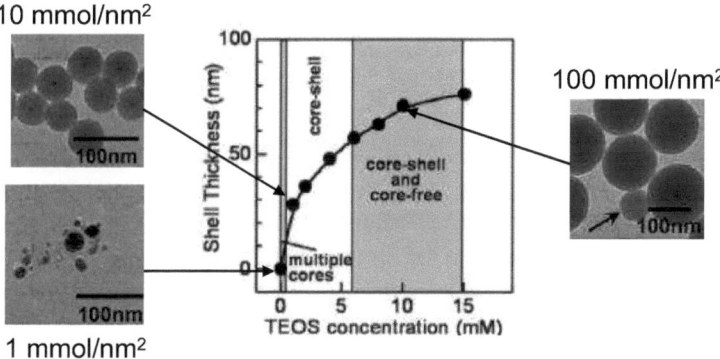

10 mmol/nm^2

100 mmol/nm^2

1 mmol/nm^2

Figure III-9 : effet de la concentration en tétraalcoxysilane sur la nature des objets obtenus en présence de nanoparticules d'argent à 0,1 m^2/L.

La formation d'une coquille de silice de faible épaisseur autour des nanoparticules s'accompagne souvent de la formation d'objets constitués de plusieurs nanoparticules enrobées dans une même coquille de silice. Kobayashi a observé ce phénomène jusqu'à une concentration de tétraalcoxysilane de 5 mmol / m^2 de surface initiale.

[177] A. Van Blaaderen, A. Vrij, J. Coll. Inter. Sci., 1993, 156, 1-18
[178] Y. Kobayashi, H. Katakami, E. Mine, D. Nagao, M. Konno, L.M. Liz-Marzán, J. Coll. Inter. Sci., 2005, 283, 392-396

Notre objectif étant d'enrober les particules par une couche d'alcoxysilanes d'épaisseur faible, nous nous plaçons à une concentration faible en alcoxysilane, de l'ordre de 0,5 mmol / m^2 de surface initiale. Cette concentration favorise *a priori* la formation d'objets présentant plusieurs cœurs, en plus de la formation d'objets présentant un seul cœur, et nous avons donc dû trouver un compromis entre l'obtention d'une faible couche d'alcoxysilane déposée et la formation d'objets enrobant une seule nanoparticule à la fois.

Après avoir brièvement rappelé le principe de germination et croissance, nous nous sommes intéressés aux paramètres essentiels à maîtriser lors de l'enrobage de particules de $Y_{1-x}Eu_xVO_4$ par un réseau polymérique d'alcoxysilanes condensés.

Partant des considérations précédentes, nous avons décidé de nous placer dans les conditions réactionnelles suivantes :
-le milieu de réaction est un milieu alcoolique ou hydro-alcoolique basique.
-la concentration initiale en nanoparticules est fixée entre 5 et 10 nM, soit une surface de nanoparticules de 6 à 18 m^2/L.
-cette surface peut avoir été chargée préalablement afin de stabiliser les nanoparticules dans le milieu de réaction, ou encore afin de favoriser la croissance de silice à sa surface.
-la concentration en alcoxysilane introduit est de l'ordre de 0,5 mmol / m^2 de surface de nanoparticule, et la nature des groupes alcoxy peut être modifiée afin de moduler la réactivité des alcoxysilanes.

Ainsi, si les concentrations en nanoparticules et en alcoxysilanes sont déterminées, il reste différents paramètres à définir pour réaliser les enrobages avec des tétraalcoxysilanes et avec des trialcoxysilanes, notamment la nature exacte du milieu.

Nous allons tout d'abord mettre au point et caractériser un enrobage des particules par une couche de silice, en s'appuyant sur le procédé de Stöber. Nous testerons ensuite une approche différente en enrobant les nanoparticules par une couche polymérique fonctionnalisée.

B   Enrobage par une couche de silice

L'approche qui a été développée dans cette partie est la formation d'une couche de silice sur des nanoparticules à partir de tétraalcoxysilanes par voie sol-gel. Nous avons choisi dans cette partie de travailler avec du tétrapropoxysilane, qui s'hydrolyse moins vite que le tétraéthoxysilane, couramment utilisé.

Une fonctionnalisation a ensuite été réalisée par condensation d'aminopropyl-diméthyléthoxysilanes, suivant le même mode opératoire.

Cette approche peut être schématisée comme montré sur la Figure III-10.

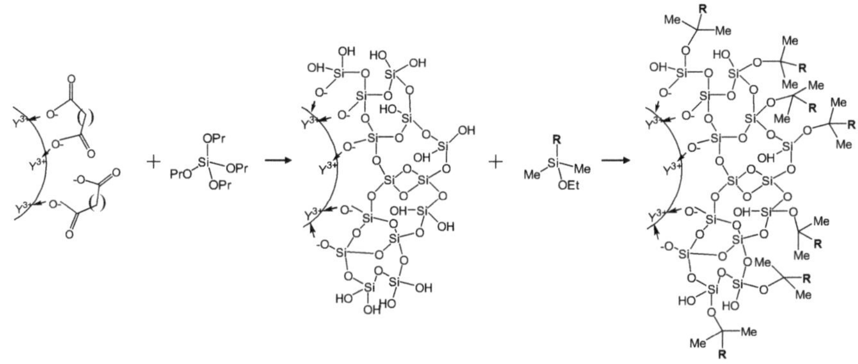

Figure III-10 : schéma de la formation d'une couche de silice fonctionnalisée sur les nanoparticules de $Y_{1-x}Eu_xVO_4$ stabilisées avec du citrate en deux étapes : la formation d'une couche de silice, puis la fonctionnalisation de cette couche de silice.

Afin de réaliser cet enrobage, nous nous sommes inspirés des travaux réalisés précédemment sur la condensation de tétraalcoxysilanes par voie sol-gel.

Stöber, Fink et Bohn ont décrit les premiers la synthèse sol-gel de nanoparticules de silice dans un milieu alcoolique à partir de tétraalcoxysilanes en présence contrôlée d'ammoniaque et d'eau.[179] Cette voie de synthèse a ensuite fait l'objet de nombreuses études, tant expérimentales,[179,180,181,182] que théoriques.[183,184,185,186,187]

La présence d'eau et d'ammoniaque, catalysant les réactions d'hydrolyse et de condensation des tétraalcoxysilanes, est nécessaire à la formation de nanoparticules de silice selon la méthode Stöber. Ces concentrations ont les effets suivants :

-     une augmentation de la concentration en ammoniaque accélère les cinétiques d'hydrolyse et de condensation des alcoxysilanes. Cependant, en augmentant majoritairement la condensation, elle permet de limiter la formation de germes, ce qui mène à la formation de moins d'objets de taille plus importante.

Dans le cas d'une croissance en présence de nanoparticules, l'ammoniaque a donc pour effet de permettre une croissance rapide de silice sur ces nanoparticules, et inhibe la formation de nouveaux germes au cours de la réaction.[188].

[179] W. Stöber, A. Fink, E. Bohn, J. Coll. Inter. Sci., 1968, 26, 62
[180] A.K. Van Helden, J.W. Jansen, A. Vrij, J. Coll. Inter. Sci., 1981, 81, 2, 354-368
[181] G.H. Bogush, M.A. Tracy, C.F. Zukoski IV, J. Non-Crystalline Solids, 1988, 104, 95-106
[182] A.Van Blaaderen, A.P.M. Kentgens, J. Non-Crystalline Solids, 1992, 149, 161-178
[183] T. Matsoukas, E. Gulari, J. Coll. Inter. Sci., 1989, 132, 1, 13-21
[184] T. Matsoukas, E. Gulari, J. Coll. Inter. Sci., 1989, 124, 1, 252-261
[185] G.H. Bogush, C.F. Zukoski IV, J. Coll. Inter. Sci., 1991, 142, 1, 1-18
[186] G.H. Bogush, C.F. Zukoski IV, J. Coll. Inter. Sci., 1991, 142, 1, 19-34
[187] A. Van Blaaderen, J. Van Geest, A. Vrij, J. Coll. Inter. Sci., 1992, 154, 2, 481-501
[188] S.M. Chang, M. Lee, W.S. Kim, J. Coll. Inter. Sci., 2005, 286, 536-542

- une concentration en eau plus importante augmente également les vitesses d'hydrolyse et de condensation des alcoxysilanes, mais en favorisant préférentiellement l'hydrolyse des alcoxysilanes. La formation de nouveaux germes peut se produire alors au-dessus d'une certaine proportion $eau/_{tétraalcoxysilane}$.

A partir d'une étude de la croissance de particules de silice, Chang *et al* ont montré que le meilleur compromis entre une réaction rapide et la croissance de silice exclusivement sur les particules est obtenu pour un rapport de concentrations $eau/_{tétraalcoxysilane}$ de l'ordre de 100 à 400.[188]

<u>Application au système étudié.</u>

Afin de favoriser la condensation des tétraalcoxysilanes en surface des particules, nous choisissons donc de nous placer au rapport de concentration $eau/_{tétraalcoxysilane} = 250$ préconisé par Chang *et al*.

Ce rapport de concentration, très faible, nécessite alors un transfert des nanoparticules de leur solution aqueuse initiale dans un autre solvant. Le solvant de réaction étant l'éthanol, nous avons tenté de transférer les nanoparticules en milieu éthanolique. Les nanoparticules ne sont pas stables dans une telle solution. Nous avons donc cherché à transférer les particules dans un autre solvant, miscible avec l'éthanol, et permettant de stabiliser les nanoparticules. Du fait de sa miscibilité avec l'éthanol, l'éthylèneglycol semble être un solvant approprié.[189] Nous réaliserons ainsi l'enrobage des particules dans un mélange éthanol : éthylèneglycol.

L'apport en eau et en ammoniaque a alors pu être contrôlé par ajout d'une solution à 28 % en ammoniaque. Nous nous sommes ainsi systématiquement placés à $[NH_3]/_{[H_2O]} = 0,4$.

Nous avons ainsi fixé les paramètres permettant a priori d'obtenir un enrobage des nanoparticules par des tétraalcoxysilanes condensés. Le mode opératoire a ainsi été mis en place.

B.1 **Protocole**

Le protocole adopté consiste donc en une première étape de transfert des nanoparticules dans l'éthylèneglycol :

Après synthèse, les nanoparticules de vanadate d'yttrium sont transférées dans l'éthylèneglycol, sans dilution ([V] = 45 mM, [nanoparticule] = 340 nM). Ceci

---

[189] l'éthylèneglycol est un solvant protique polaire très visqueux ($\eta = 17,4$)

se fait par ajout d'un volume d'éthylèneglycol sur un volume de la solution colloïdale, et évaporation à chaud sous vide de l'eau. 0,05 équivalents de citrate de sodium par rapport au vanadate sont alors ajoutés dans la solution qui est ensuite sonifiée. Cet ajout permet de stabiliser les particules dans l'éthylèneglycol en apportant des charges de surface aux particules.

L'enrobage des particules par de la silice est ensuite réalisé selon le protocole suivant :

Un mélange éthanol : éthylèneglycol 9 : 1 à [V] = 1 mM (25 ml ; 25 µmol) soit [nanoparticule] = 7,5 nM et [surface initiale] = 8,8 m^2 / L est mis sous agitation à température ambiante. 7 équivalents de tétrapropoxysilane (50 µl ; 173 µmol ; M_w = 264,34 g.mol^{-1} ; d = 0,916) par rapport au vanadate sont ajoutés, ainsi que 1,2 ml d'ammoniaque aqueux à 28 % dans l'eau ([NH$_3$] = 0,67 M ; [H$_2$O] = 1,64 M). Le mélange est alors agité vigoureusement pendant quelques minutes, puis laissé à reposer à température ambiante pendant une nuit.[190] L'ammoniaque est ensuite évaporé sous vide, ainsi qu'une partie du solvant. Le tétrapropoxysilane n'ayant pas réagi est alors éliminé par ultrafiltrations successives dans l'éthanol sous 0,5 bar, avec une membrane de 10 kDaltons.[191]

La fonctionnalisation de la surface est réalisée suivant le même principe. Lors de cette fonctionnalisation, la formation de disiloxanes peut se produire, qui sont alors facilement éliminés par la purification.

Sur 10 ml de ces nanoparticules enrobées de silice à 1 mM en vanadates (7,5 nM en nanoparticules), sont additionnés rapidement 0,2 ml d'aminopropyl-diméthyléthoxysilane (M_w = 161,32 g.mol^{-1} ; d = 0,857) et 0,4 ml d'ammoniaque aqueux à 28 %. Le tout est laissé à température ambiante une nuit sous agitation. L'eau et l'ammoniaque sont ensuite éliminés par trois centrifugations successives à 11000 g de 30 minutes, 70 minutes et 45 minutes, chacune étant suivie d'une redispersion. Les redispersions intermédiaires se font dans l'éthanol absolu sauf la dernière dans 10 ml d'eau à pH 4.

Nous allons maintenant nous intéresser seulement à la formation de la couche de silice autour des nanoparticules.

B.2 Formation de la couche de silice

L'enrobage des nanoparticules par des tétraalcoxysilanes a été caractérisé par l'épaisseur de la couche déposée. La formation de la couche de silice a été suivie au cours du

---

[190] L'effet d'une agitation continue pendant la réaction s'est révélé nul par des observations en microscopie électronique à transmission.
[191] L'évolution des objets lors de la purification est suivie par microscopie électronique à transmission. Il n'y a pas de modification de l'état de dispersion des solutions après la purification

temps de réaction par diffusion dynamique de la lumière (ddl) ainsi que par microscopie électronique à transmission. Des clichés de microscopie électronique en transmission réalisés au cours du temps permettent effectivement d'observer la formation d'une coquille autour des nanoparticules, de contraste inférieur à celui des nanoparticules. Les clichés de la Figure III-11 illustrent la formation de cette coquille.

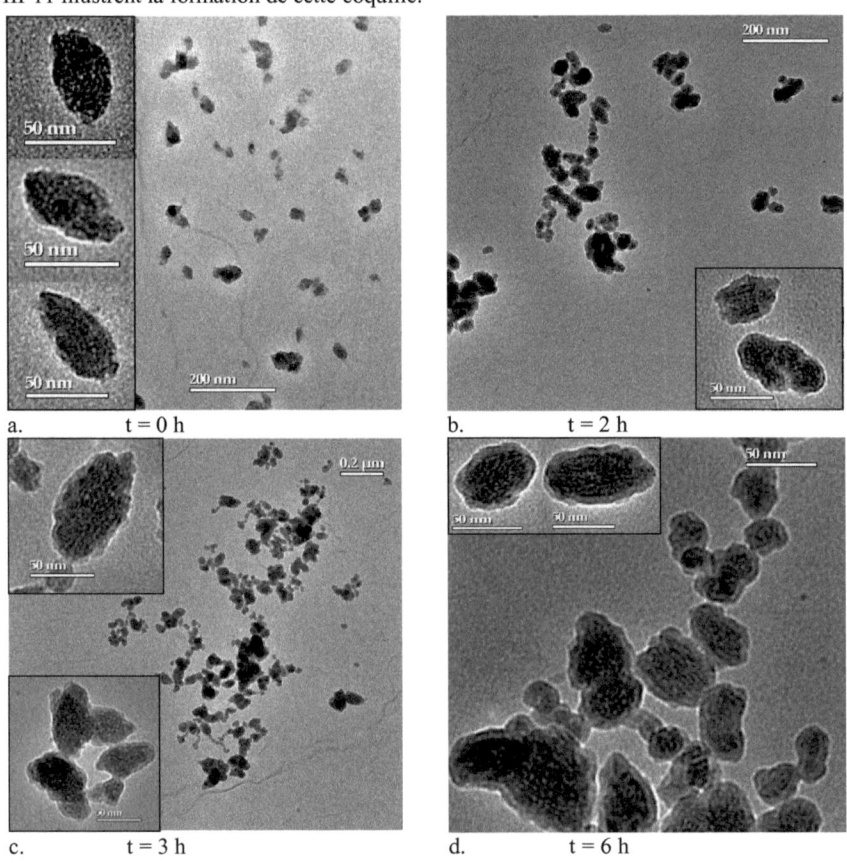

a.　　　　t = 0 h　　　　　　　b.　　　　t = 2 h

c.　　　　t = 3 h　　　　　　　d.　　　　t = 6 h

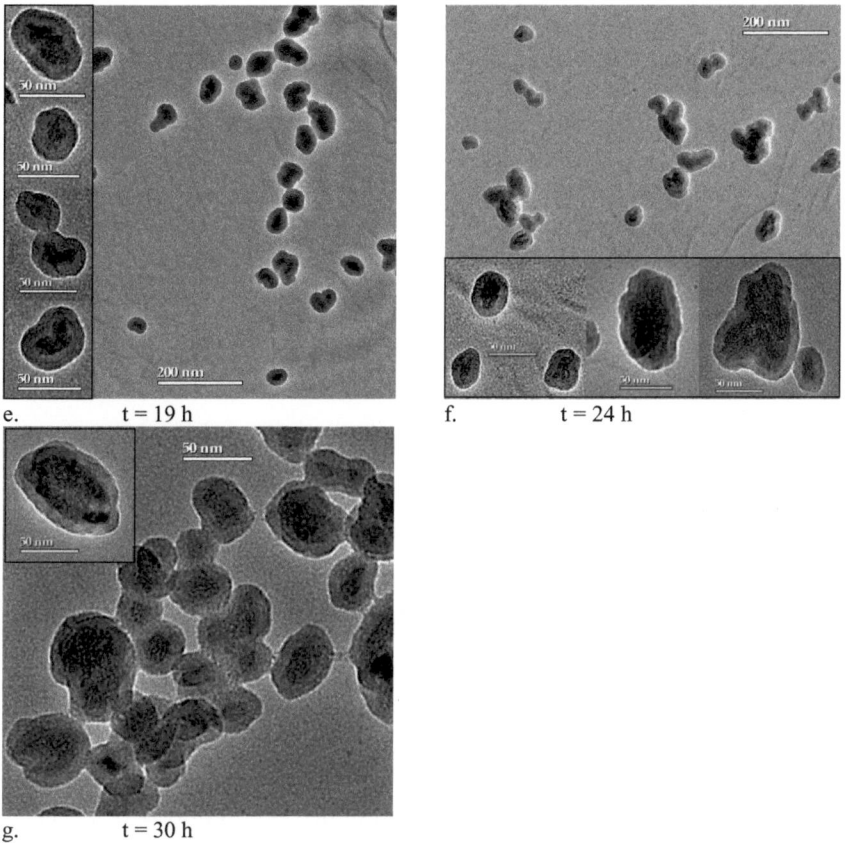

e.　　　　t = 19 h　　　　　　f.　　　　　　t = 24 h

g.　　　　t = 30 h

Figure III-11 : clichés de microscopie électronique à transmission des objets au cours de l'enrobage de silice. a. à t = 0h ; b. à t = 2h ; c. à t = 3h ; d. à t = 6h ; e. à t = 19h ; f. à t = 24h et g. à t = 30h.

Sur ces clichés, nous observons des objets qui changent d'aspect selon le temps de réaction. Le cliché a. présente l'état de la solution en début de réaction : nous observons des objets contrastés (les nanoparticules) bien dispersés sur la grille de MET.

Les clichés b. et c. présentent l'état de la solution dans les premières étapes de formation de la couche de silice, c'est-à-dire après 2 et 3 heures de réaction. Des objets similaires, autour desquels on devine la formation d'une couche peu contrastée (silice) sur les encarts du cliché c. sont visibles. Ils semblent être moins bien dispersés, ce qui est sûrement dû à la préparation de la grille. En effet, une goutte de la solution brute est déposée sur la grille et les solvants sont évaporés à l'étuve. La solution contient beaucoup d'alcoxysilanes non condensés en début de réaction, qui peuvent condenser lors de l'évaporation à l'étuve et agréger les nanoparticules entre elles.

De même, les nanoparticules semblent être mal dispersées sur la grille de MET après 6 heures de réaction (cliché d.). En revanche, la formation d'une couche peu contrastée en surface des nanoparticules est bien visible sur le cliché : une couche de silice s'est déposée en surface des particules.

Les clichés e., f. et g. montrent l'aspect des objets finaux, relativement bien dispersés en solution, et constitués essentiellement d'une nanoparticule (cœur noir) enrobée de silice (coquille grise). Tous les objets observés sont de type cœur-coquille, et aucune bille de silice seule n'est observée. Quelques objets présentent néanmoins plusieurs nanoparticules dans une même coquille de silice, ce qui peut être expliqué par la faible proportion $[alcoxysilane]/_{surface\ des\ germes}$. En effet, nous nous sommes volontairement placés dans une situation favorisant la formation de tels objets, afin de limiter l'épaisseur de la couche déposée.[169]

Ainsi, au cours de la réaction nous enrobons les particules par une couche de silice, que l'on peut détecter sur les clichés de microscopie électronique à transmission. Les caractéristiques de cette couche ont été étudiées.

B.3 **Epaisseur de la couche de silice**

Les conditions opératoires ont été choisies afin de permettre la formation d'une couche de silice de faible épaisseur en surface des nanoparticules. Nous avons donc voulu déterminer l'épaisseur de la couche déposée en surface des nanoparticules lors de cette expérience.

Nous avons tout d'abord déterminé l'épaisseur théorique de la couche qui peut être déposée en surface des nanoparticules. D'après les expériences de Van Blaaderen *et al.*,[187] lors du dépôt de tétraalcoxysilanes sur des germes polydisperses dans des conditions de Stöber, l'épaisseur de la couche déposée est indépendante de la taille initiale du germe. Nous pouvons ainsi calculer l'épaisseur théorique obtenue si le tétrapropoxysilane se dépose exclusivement en surface des particules, et si la réaction de condensation est totale.

Le dépôt de silice sur les nanoparticules se faisant suivant un procédé proche de celui mis en place par Stöber, nous nous attendons à obtenir une couche présentant une densité de 1,9-2,[192,193,194] inférieure à celle de la silice dense, qui est de l'ordre de 2,2.[195] La présence de groupes silanols et alcoxy internes explique cette différence de densité. Pour les calculs, nous avons pris une densité de 1,9.

Le volume de silice pouvant être créé lors de l'enrobage est donc de 5,5 mm^3. La quantité de nanoparticules est de 0,188 nmol, soit $1,13.10^{14}$ nanoparticules. Le volume moyen

[192] A. Van Blaaderen, A. Vrij, Langmuir, 1992, 8, 2921-2931
[193] A. Van Blaaderen, A.P.M. Kentgens, J. Non-Crystalline Solids, 1992, 149, 161-178
[194] A.K. Van Helden, J.W. Jansen, A. Vrij, J. Coll. Inter. Sci., 1981, 81, 2, 354-368
[195] R.K. Iler, « the chemistry of silica », Wiley, New York, 1979

d'une nanoparticule étant de 10600 nm^3,[196] on en déduit l'épaisseur théorique de la couche déposée en surface des particules :

$$e_{théorique} = 11,7nm$$

Pour vérifier que nos conditions opératoires favorisent le dépôt sur la surface des particules, nous avons comparé l'épaisseur de la couche de silice expérimentale à la valeur théorique. Afin d'obtenir une quantification de l'épaisseur de silice autour des particules, nous avons utilisé trois méthodes :

• des analyses élémentaires permettant de connaître le rapport molaire entre les siliciums et les vanadiums.

• par différence des mesures de taille mesurées par diffusion dynamique de la lumière en fonction du temps, nous avons déterminé l'augmentation de taille des particules lors de l'enrobage. Elle correspond à deux fois l'épaisseur de la coquille de silice. Cette mesure de rayon hydrodynamique dépend de l'état de surface des nanoparticules, et n'est donc pas très précise. La barre d'erreur des mesures est déterminée expérimentalement à partir des épaisseurs obtenues par l'analyse en intensité et l'analyse en nombre.

• sur les clichés de microscopie électronique à transmission, nous avons mesuré l'épaisseur de la couche faiblement contrastée entourant la nanoparticule. Des mesures sur 35 à 85 objets ont été réalisées pour chaque échantillon, et la valeur moyenne d'épaisseur a été retenue. L'erreur lors de la mesure est de 1 nm.

Les analyses élémentaires réalisées nous ont donné le rapport molaire $Si/_V = 7,2 - 7,3$. Ceci correspond au dépôt de tous les tétrapropoxysilanes en surface des nanoparticules. L'épaisseur de la couche déposée est alors de 12 nm. Comparons cette épaisseur avec les valeurs trouvées par mesures de diffusion dynamique de la lumière et de microscopie électronique en transmission.

Sur la Figure III-12, nous avons reporté les mesures d'épaisseur de la couche de silice déposée sur la surface des particules en fonction du temps, par mesures de diffusion dynamique de la lumière (♦) et par Microscopie Electronique à Transmission (-).

---

[196] Ce volume moyen a été calculé à partir des mesures de taille des particules après synthèse par MET.

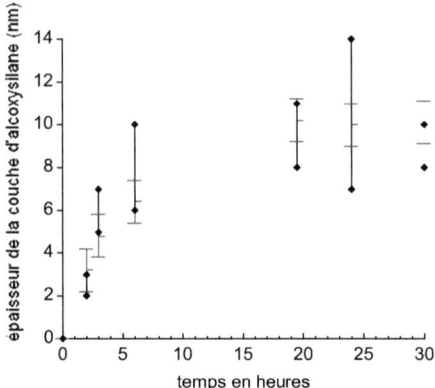

Figure III-12 : courbes d'épaisseur de la couche de silice déterminée par diffusion dynamique de la lumière (♦), et par microscopie électronique à transmission (-) en fonction du temps de réaction

Les deux méthodes de mesures donnent des valeurs en bon accord. L'épaisseur finale de la couche de silice déposée est de 10±1 nm, d'après les mesures de MET. Cette épaisseur est inférieure à la valeur déterminée par analyse élémentaire, ainsi qu'à celle donnée par le calcul théorique (11,7 nm), mais en reste proche. Un calcul rapide de la proportion des tétrapropoxysilanes greffés par rapport au nombre initial introduit nous donne une fourchette entre 67 et 92 % de tétrapropoxysilanes greffés.[197] Ainsi, la majorité des tétrapropoxysilanes a condensé en surface des particules.

La différence entre l'épaisseur mesurée par MET et les analyses élémentaires laisse penser que des tétrapropoxysilanes ont condensé en dehors de la surface des nanoparticules. La présence de germes constitués seulement de tétrapropoxysilanes devrait alors être visible sur les clichés de microscopie. En effet, le suivi de la formation de la silice par MET a été réalisé sur les solutions brutes déposées sur une grille de MET. Les observations réalisées reflètent ainsi l'état brut de la solution à l'instant t.[198] Nous n'observons pas d'objet constitué seulement de silice, qui présenterait un contraste faible. Les éventuels germes formés sont donc de très petite taille.

L'équipe de Matijević a étudié la formation d'une couche de silice de faible épaisseur à partir de tétraéthoxysilanes sur des particules d'argent de 60 nm dans des conditions de concentrations similaires aux nôtres (surface totale des nanoparticules de 4 m²/L ; [tétraéthoxysilane] = 2,6 mM ; [NH₃] = 0,9 M; [H₂O] = 2,8 M).[199] Il a observé la formation

---

[197] Cette fourchette est déterminée à partir de la fourchette d'épaisseur obtenue par MET.
[198] Le nombre important de clichés réalisés nous permet d'affirmer ceci, malgré le fait que l'observation par MET étant une observation locale de la solution colloïdale, elle représente seulement un échantillon de cette solution.
[199] V.V. Hardikar, E. Matijević, J. Coll. Inter. Sci., 2000, 221, 133-136

d'une couche enrobant les particules après 2 heures de réaction, ainsi que l'apparition de germes de silice. La cinétique élevée de la réaction semble ainsi favoriser l'apparition de germes secondaires. Nous nous sommes alors proposés de déterminer la constante globale de cinétique de la réaction.

B.4 Constante cinétique de la réaction

Afin de calculer la constante globale de formation de la couche de silice sur les nanoparticules, nous nous sommes appuyés sur des modèles développés par Matsoukas et Gulari[200,201] d'une part et Bogush et Zukoski[202,203] d'autre part. Ces deux équipes ont mis en évidence que lors de la croissance de germes par hydrolyse et condensation d'alcoxysilanes dans des conditions de Stöber, l'hydrolyse des alcoxysilanes est l'étape cinétiquement déterminante. En présence d'excès d'eau, comme dans notre étude, la cinétique globale de dépôt d'alcoxysilanes est alors une cinétique d'ordre un par rapport à la concentration en alcoxysilanes. Le volume des nanoparticules est alors régi par l'équation :[204]

$$\ln\left(\frac{V_{max} - V}{V_{max} - V_0}\right) = -kt$$

où V est le volume des nanoparticules au temps t
V_{max} le volume maximal des nanoparticules
V_0 le volume initial des nanoparticules
k la constante cinétique globale de la réaction de condensation

Cette réaction peut être réécrite :

$$V = V_{max} \cdot \left(1 - e^{-kt}\right) - V_0 \cdot e^{-kt}$$

Soit, en posant $V = V_0 + V_e$ et $V_{max} = V_0 + V_{e\,max}$

$$\boxed{V_e = V_{e\,max} \cdot \left(1 - e^{-kt}\right)}$$

V_e représentant le volume de silice déposée
$V_{e\,max}$ représentant le volume maximal de silice déposée

Nous avons donc calculé le volume de silice déposé en surface des nanoparticules au cours du temps à partir des mesures d'épaisseur. Les valeurs sont reportées sur la Figure III-13.

---

[200] T. Matsoukas, E. Gulari, J. Coll. Inter. Sci., 1989, 132, 1, 13-21
[201] T. Matsoukas, E. Gulari, J. Coll. Inter. Sci., 1989, 124, 1, 252-261
[202] G.H. Bogush, C.F. Zukoski IV, J. Coll. Inter. Sci., 1991, 142, 1, 1-18
[203] G.H. Bogush, C.F. Zukoski IV, J. Coll. Inter. Sci., 1991, 142, 1, 19-34
[204] A. Van Blaaderen, J. Van Geest, A. Vrij, J. Coll. Inter. Sci., 1992, 154, 2, 481-501

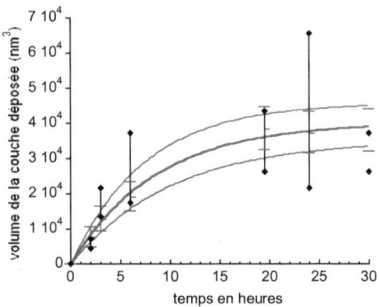

Figure III-13 : volume de silice déposé par nanoparticule en fonction du temps de réaction, déterminé par diffusion dynamique de la lumière (♦), et par microscopie électronique à transmission (-).

Nous avons reporté sur cette figure les courbes de modélisation limites de la croissance de la couche de silice. A partir de ces courbes, nous pouvons déterminer la valeur de la constante cinétique globale k de la croissance des nanoparticules. Cette constante k est comprise entre 0,1 et 0,134 h^{-1}, soit entre 1,6 et 2,2.10^{-3} min^{-1}.

Cette valeur est du même ordre de grandeur que la condensation du tétraéthoxysilane dans le propanol dans des conditions similaires en eau et en ammoniaque ($k = 6.10^{-3}$ min^{-1}), et nettement plus faible que dans des conditions habituelles de formation de silice Stöber dans l'éthanol ($k = 10\text{-}45.10^{-3}$ min^{-1}).[187] D'après les observations réalisées par différentes équipes, nous pouvons penser que cette cinétique très lente permet de limiter la formation de germes de silice au cours de la réaction.

Ainsi, nous observons la formation lente d'une couche de silice autour des nanoparticules d'une épaisseur de 10 ± 1 nm. Cette épaisseur est légèrement inférieure à l'épaisseur de 12 nm calculée d'après les résultats de l'analyse élémentaire. L'épaisseur théorique de la couche déposée étant de 11,7 nm, nous pouvons considérer qu'au cours de la réaction, 67 à 100 % du tétrapropoxysilane initialement introduit se dépose en surface des particules. La vitesse de dépôt des tétrapropoxysilanes est relativement lente, de 1,9 ± 0,3 min⁻¹, ce qui favorise le dépôt des tétraalcoxysilanes en surface des nanoparticules, et inhibe ainsi la formation de germes secondaires.

L'épaisseur de la couche de silice déposée peut *a priori* être modifiée par un arrêt précoce de la réaction, ou en modifiant le rapport $\left[tétraalcoxysilane\right]/surface\ des\ germes$. Pour l'utilisation de nos nanoparticules comme sondes biologiques, la taille des objets doit être limitée, et l'épaisseur de silice déposée sur les nanoparticules doit donc être contrôlée.

B.5 **Variation de l'épaisseur de la couche déposée**

Afin de modifier l'épaisseur de la couche de silice sur les nanoparticules, deux types d'expériences ont été menées :

● la première a consisté à prélever une partie de la solution après quelques heures de réaction (2 heures et 4 heures), et à la purifier par centrifugation et redispersion dans un mélange éthanol : éthylèneglycol. Le choix de cette méthode de purification est discutable. A cette phase de l'enrobage des nanoparticules, la quantité d'alcoxysilanes libres encore en solution est très importante (de l'ordre de 70 à 90 % de la quantité introduite), et leur élimination délicate. La proximité des nanoparticules induite par la centrifugation peut engendrer leur agrégation, comme schématisé sur la Figure III-14.

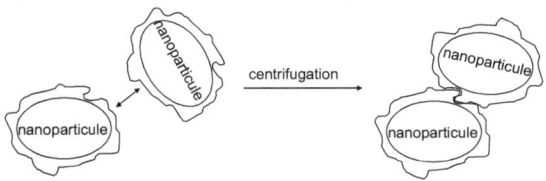

Figure III-14 : schéma de l'agrégation lors de la centrifugation

C'est en effet ce que l'on a observé par des mesures de diffusion dynamique de la lumière sur les essais réalisés.

● une autre méthode de modification de l'épaisseur de la couche de silice a alors été envisagée. Le rapport des concentrations en tétrapropoxysilane et en nanoparticules, autrement dit le rapport entre entité à déposer et surface initiale de dépôt, a été varié.

Pour faire ceci, deux possibilités s'offraient à nous :

- augmenter la concentration en nanoparticules, tout autre paramètre étant constant,
- diminuer la concentration en tétrapropoxysilanes.

Nous avons décidé de conserver la quantité de tétrapropoxysilane constante, et d'augmenter celle en nanoparticules. Ceci permet de ne pas modifier la cinétique globale d'hydrolyse et de condensation des alcoxysilanes qui dépend des rapports de concentrations entre alcoxysilanes, eau et ammoniaque.

Trois expériences ont été menées, mettant en jeu les concentrations en nanoparticules suivantes : 7,5 nM, 18 nM et 26,5 nM.

Après purification, les solutions colloïdales obtenues ont été analysées par Microscopie Electronique en Transmission, dont les clichés sont montrés sur la Figure III-15.

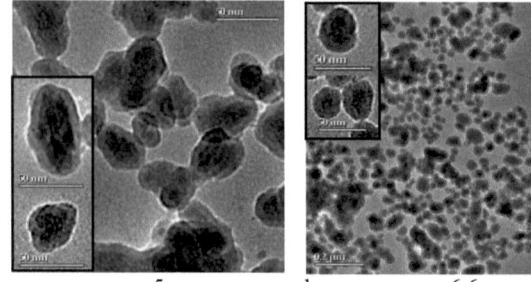 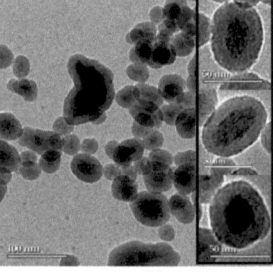

a.   e théorique = 5 nm   b.   e théorique = 6,6 nm   c.   e théorique = 11,7 nm

Figure III-15 : variation de l'épaisseur de la couche de silice déposée sur la surface des particules. L'épaisseur théorique attendue est de 5 nm (a.), 6,6 nm (b.) et 11,7 nm (c.).

En augmentant le nombre initial de nanoparticules, la surface de dépôt disponible augmente, et une couche de silice de plus faible épaisseur devrait se déposer en surface des nanoparticules. Les épaisseurs de couche de silice attendues sont respectivement de 5, 6,6 et 11,7 nm pour les concentrations initiales en nanoparticules de 26,5, 18 et 7,5 nM.

Nous n'avons observé qu'une faible différence d'épaisseur de la couche de silice entre les trois expériences sur les clichés de microscopie. En revanche, les nanoparticules se sont agrégées quand leur concentration a été augmentée, comme l'atteste le cliché de microscopie de la Figure III-15.a. Il est possible que la concentration en nanoparticules très élevée ait entraîné leur agrégation. La surface réelle sur laquelle le dépôt de tétraalcoxysilanes pouvait avoir lieu était en ce cas inférieure à la surface théorique de dépôt, et ainsi la variation de l'épaisseur de la couche de silice observée a été de moindre importance que la variation attendue.

Une étude a été réalisée par Kobayashi *et al.* concernant la variation de l'épaisseur de la couche de silice déposée sur des particules d'argent dans des conditions de Stöber. Pour varier l'épaisseur de la couche déposée, ils ont conservé les concentrations initiales en nanoparticules, eau et ammoniaque constantes, et changé la concentration en alcoxysilane. Ils observent alors, à faible rapport alcoxysilane / surface initiale, l'apparition d'objets constitués d'un enrobage de silice commun à plusieurs nanoparticules. Cette méthode ne semble donc pas être probante pour limiter l'épaisseur de la couche déposée.

En revanche, la variation systématique des concentrations en eau et en ammoniaque proportionnellement avec la concentration en alcoxysilane pourrait permettre de varier l'épaisseur de la couche de silice déposée sur les nanoparticules, en limitant la formation de tels objets, mais reste à tester.

Nous n'avons donc pas réussi à former autour des particules une couche de silice d'épaisseur plus faible que 10±1 nm de manière contrôlée. Nous avons utilisé deux

approches : la première, consistant à stopper la réaction avant son terme par purification, a entraîné l'agrégation des objets pendant cette purification ; la seconde, consistant à varier les rapports de concentration en tétrapropoxysilane et nanoparticules, n'a pas permis un contrôle de l'épaisseur de la couche de silice déposée sur les nanoparticules.

A notre connaissance, la formation d'une couche de silice de très faible épaisseur (inférieure à 10 nm) selon le procédé Stöber n'a pas été décrite dans la littérature.

Ainsi, nous avons mis au point un protocole permettant d'enrober les nanoparticules de vanadate d'yttrium par une couche de silice. Ce protocole est basé sur la formation de silice en milieu alcoolique en présence contrôlée d'ammoniaque et d'eau selon le procédé mis en place par Stöber. Les conditions opératoires choisies, à savoir l'utilisation de tétrapropoxysilane (au lieu du tétraéthoxysilane) à faible concentration, la concentration surfacique élevée des nanoparticules (9 m^2 / L) et la faible concentration en eau ont permis la formation d'une couche de silice enrobant la nanoparticule tout en inhibant la formation de germes secondaires au cours de la réaction. Ceci a été réalisé sans avoir recours à une étape préliminaire permettant de rendre la surface « vitréophile ».

Plus précisément, ce mode opératoire permet de déposer lentement (en un temps de l'ordre de 20 heures) en surface des particules une couche de silice de 10 ± 1 nm. Cette épaisseur, déjà faible, n'a pas pu être diminuée davantage de manière contrôlée par arrêt précoce de la réaction ou par variation du rapport des concentrations en tétraalcoxysilanes et nanoparticules.

Les objets en fin de réaction sont bien séparés et peuvent être schématisés de la manière suivante : une nanoparticule ovoïde de 33 nm sur 19 nm, recouverte d'une coquille de silice de 10 nm.

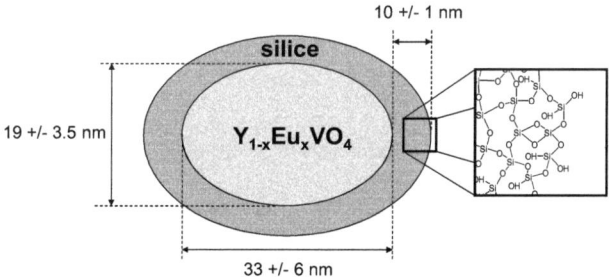

Cette couche peut alors être fonctionnalisée en surface par l'utilisation de monoalcoxysilanes, ce qui fera l'objet de la deuxième partie du chapitre. Cependant, cette méthode de fonctionnalisation engendre une augmentation importante de la taille des objets, de l'ordre de 20 nm. Cette augmentation peut apparaître comme une limite pour l'utilisation d'une telle voie de fonctionnalisation. Nous avons alors testé une seconde méthode de fonctionnalisation.

C   Couche polymérique de trialcoxysilanes

Afin d'enrober les nanoparticules par une couche polymérique plus fine que 10 nm, une deuxième voie d'enrobage a été testée, consistant à former un réseau polymérique d'alcoxysilanes fonctionnalisés enrobant les nanoparticules. Pour cela, nous avons voulu condenser des trialcoxysilanes en surface des nanoparticules.

Le schéma de principe de la fonctionnalisation est montré sur la Figure III-16.

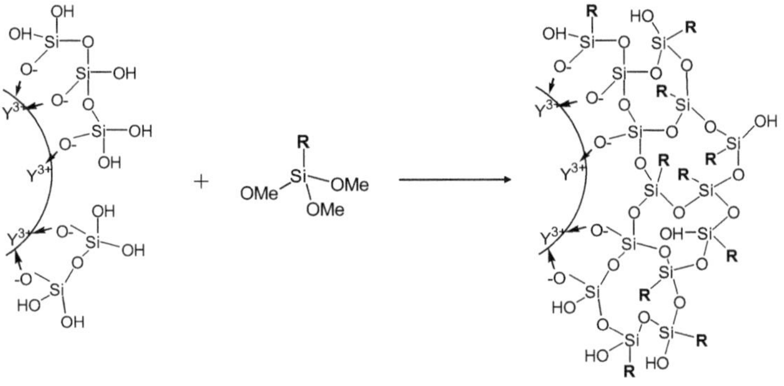

Figure III-16 : schéma de la formation d'une couche fonctionnalisée de silice sur les nanoparticules de $Y_{1-x}Eu_xVO_4$ silicatées avec des alcoxysilanes trifonctionnels. Les flèches indiquent une complexation sur les yttriums.

Les deux fonctions R à greffer sont le cycle époxy d'une part et la fonction amine primaire d'autre part. Nous utilisons ainsi le glycidoxypropyltriméthoxysilane portant la fonction époxy et l'aminopropyltriéthoxysilane possédant une fonction amine. Les formules développées de ces deux alcoxysilanes sont données sur la Figure III-17.

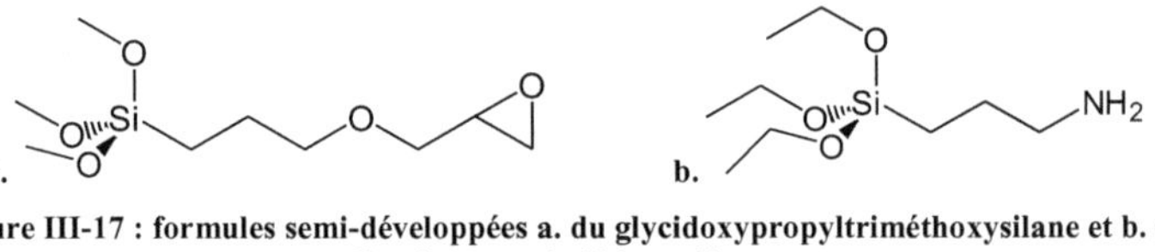

Figure III-17 : formules semi-développées a. du glycidoxypropyltriméthoxysilane et b. de l'aminopropyltriéthoxysilane.

C.1 Protocole de fonctionnalisation par des trialcoxysilanes

Nous avons tout d'abord essayé de réaliser la fonctionnalisation des nanoparticules suivant un mode opératoire identique à celui utilisé pour l'enrobage avec des tétraalcoxysilanes, mais en remplaçant simplement le tétraalcoxysilane par un trialcoxysilane fonctionnalisé.

Cependant, les observations réalisées par microscopie électronique en transmission ont montré que les nanoparticules n'étaient pas enrobées par une couche épaisse après 3 jours de réaction, et apparaissaient sous forme de particules condensées, comme ceci est montré sur la Figure III-18.

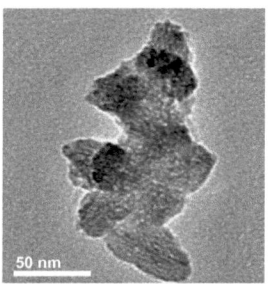

Figure III-18 : cliché de microscopie électronique en transmission obtenu après 3 jours de réaction par la première voie de fonctionnalisation décrite, en utilisant un trialcoxysilane au lieu du tétrapropoxysilane.

Une cinétique de condensation très lente permettrait d'expliquer la formation de tels agrégats de nanoparticules. En effet, le remplacement d'un tétraalcoxysilane par un trialcoxysilane diminue la réactivité des fonctions alcoxy.

Afin d'accélérer la cinétique globale de la réaction, tout en conservant un enrobage de faible épaisseur, nous avons modifié les paramètres de réaction de la manière suivante :

- une concentration en trialcoxysilane plus élevée que précédemment permettrait *a priori* d'accélérer la réaction globale de condensation des espèces. Cependant, afin de conserver un enrobage de faible épaisseur sur les nanoparticules, le rapport des concentrations en alcoxysilane et en nanoparticules n'a pas été modifié.

- L'hydrolyse de l'alcoxysilane étant l'étape cinétiquement déterminante lors de la réaction de Stöber, la nature du groupement alcoxy du trialcoxysilane est modifiée de manière à accélérer l'hydrolyse du trialcoxysilane. Nous avons donc travailler avec des tri(m)éthoxysilanes.

- L'hydrolyse de l'alcoxysilane est accélérée lorsque la concentration en eau augmente. Nous avons donc décidé de nous placer dans un milieu hydro-alcoolique basique.

De telles conditions opératoires accélèrent l'hydrolyse des trialcoxysilanes et favorisent la formation de germes au cours de la réaction de fonctionnalisation. Afin de limiter la formation de ces germes, il nous a semblé utile de rendre la surface des nanoparticules « vitréophile ». Le milieu de réaction envisagé est un milieu hydro-alcoolique, dans lequel les nanoparticules issues de la synthèse sont peu stables. La stabilisation des nanoparticules par des silicates permet alors l'obtention de nanoparticules dispersées dans un tel milieu, tout en rendant la surface des nanoparticules « vitréophile ».

Les observations réalisées au cours de cette stabilisation par des silicates montrent la présence de silicates sur les nanoparticules. Elles laissent également penser que ces silicates sont simplement adsorbés en surface des nanoparticules, et peuvent se désorber. Pour permettre une fonctionnalisation stable de ces nanoparticules, un réseau polymérique de surface doit alors être développé, ce qui justifie l'utilisation d'alcoxysilanes trifonctionnels.

a   Protocole adopté

Le protocole adopté pour réaliser une fonctionnalisation de la surface des nanoparticules avec des trialcoxysilanes est similaire à celui mis en place par Huignard pour greffer du méthacrylate de triméthoxysilylpropyle sur des nanoparticules de $Y_{1-x}Eu_xVO_4$.[205]

> Dans un tricol de 500 ml sont introduits 225 ml d'éthanol absolu et 5 équivalents de trialcoxysilanes par rapport au nombre de vanadates introduits ensuite.[206] Le mélange est chauffé à reflux à 80 °C, et une solution colloïdale de nanoparticules ([V] = 3 mM) dans 75 ml d'eau à pH 9 est ajoutée goutte à goutte à la pompe péristaltique. Le tout est mis sous agitation à reflux pendant 24 heures, puis laissé deux jours à température ambiante.

L'ajout des nanoparticules en solution aqueuse sur une solution éthanolique contenant les trialcoxysilanes permet de limiter la vitesse d'hydrolyse et de condensation des trialcoxysilanes. Un schéma du montage est présenté sur la Figure III-19.

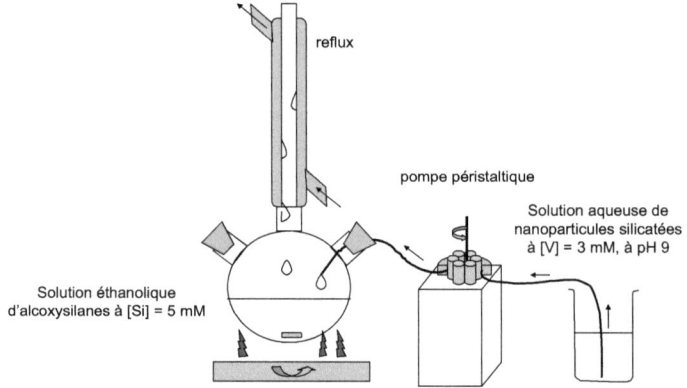

Figure III-19 : schéma du montage de réaction

b   Elimination des germes de trialcoxysilanes

Comme nous l'avons discuté précédemment, il est probable que des germes de silice se forment au cours de la réaction de fonctionnalisation des particules.[207] Afin de s'affranchir de la présence de tels germes, nous effectuons une purification après la fonctionnalisation elle-même.

[205] Thèse de A. Huignard, « Nanoparticules de vanadate d'yttrium : synthèse colloïdale et luminescence des ions lanthanides », soutenue le 9 novembre 2001, Ecole polytechnique.
[206] pour le greffage de l'aminopropyltriéthoxysilane, dont la densité est de 0,949 et la masse molaire de 221,37 g.mol^{-1}, introduction de 264 µl de solution, et pour le greffage du glycidoxypropyltriméthoxysilane dont la densité est de 1,07 et la masse molaire de 236,34 g.mol^{-1}, introduction de 250 µl
[207] L. Chu, M.W. Daniels, L.F. Francis, Chem. Mater, 1997, 9, 2577-2582

La méthode de purification la plus adaptée semble être la centrifugation (11000 g, 60 mn), étant donnée la forte différence de masse attendue entre des particules fonctionnalisées (taille de l'ordre de 30 nm, $d = 4,24$[208]) et des germes de trialcoxysilanes (taille de l'ordre de quelques nm, $d = 1,5$[209]). Cependant, la proximité des particules dans le culot de centrifugation peut favoriser le pontage entre différentes particules par condensation des alcoxysilanes,[210,211] comme ceci a été expliqué précédemment.

Une ultrafiltration[212] contre un mélange de solvants éthanol : eau 3 : 1 sous 0,5 bar est alors réalisée. Au cours de cette ultrafiltration sont éliminés les germes de trialcoxysilanes de petite taille et les trialcoxysilanes qui n'ont pas réagi.

Les deux techniques de purification, centrifugation et ultrafiltration sont schématisées sur la Figure III-20.

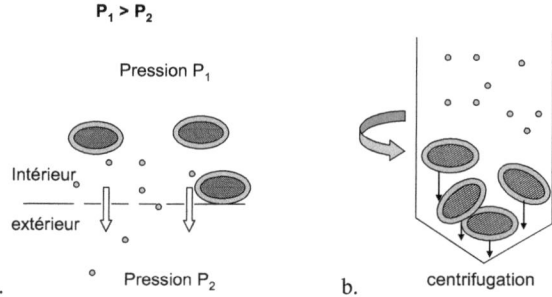

Figure III-20 : méthodes de purification : a. ultrafiltration et b. centrifugation

Afin de tester l'efficacité de chacune de ces deux méthodes de purification, des mesures d'analyse thermogravimétrique, caractérisant la perte de glycidoxypropyl-triméthoxysilanes dans l'échantillon, ont été réalisées avant et après purification sur des particules greffées avec du glycidoxypropyltriméthoxysilane, et comparées qualitativement entre elles.

---

[208] Schwarz, Z. Anorg. Allg. Chem., 1963, 322, 143.

[209] A. Van Blaaderen, A. Vrij, J. Coll. Inter. Sci., 1993, 156, 1-18

[210] R. Inoubli, S. Dagréou, A. Khoukh, F. Roby, J. Peyrelasse, L. Billon, Polymer, 2005, 46, 2486-2496

[211] L'agrégation pourrait être limitée par une faible vitesse de centrifugation, qui permettrait une élimination partielle du solvant dans le culot, et éviterait l'agrégation des particules.

[212] Le principe de la purification par ultrafiltration est le même que celui d'une dialyse, à savoir le passage à travers une membrane d'ions de taille inférieure aux pores de la membrane, mais cette fois sous pression, ce qui permet d'accélérer la purification.

Ces mesures sont montrées sur la Figure III-21.

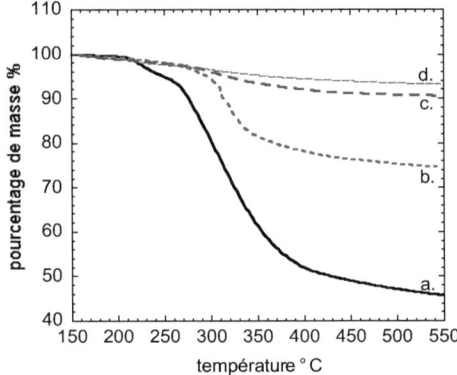

Figure III-21 : Analyse ThermoGravimétrique sur des poudres de particules fonctionnalisées avec du glycidoxypropyltriméthoxysilane a. brutes ; b. purifiées par ultrafiltration ; c. purifiées par centrifugation ; et d. particules silicatées.

Sur les courbes d'ATG présentées sur la Figure III-21, la présence de glycidoxypropyl-triméthoxysilane (seule partie organique introduite lors des réactions) est mise en évidence par le pourcentage de masse perdue.[213] Nous notons que pour des particules silicatées (d.), la perte est pratiquement nulle, elle correspond seulement à la condensation des silicates en silice. Pour des particules fonctionnalisées, une perte de masse plus importante est observée : du glycidoxypropyltriméthoxysilane est présent. Cependant, cette perte est nettement plus importante dans le cas de particules fonctionnalisées brutes (a.) que purifiées par dialyse (b.) ou encore par centrifugation (c.). Nous éliminons donc la majorité du glycidoxypropyl-triméthoxysilane introduit initialement par purification : ce glycidoxypropyltriméthoxysilane éliminé n'est donc pas lié à la surface des particules.

Les trialcoxysilanes se condensent donc majoritairement en formant de nouveaux germes. Nous pouvons penser que la présence d'énormément d'eau a favorisé la condensation des trialcoxysilanes en solution. Ceux-ci ont été éliminés partiellement par ultrafiltration, et de manière plus efficace par centrifugation.

Le mode opératoire est alors complété par l'étape de purification suivante :

La solution obtenue est purifiée par trois centrifugations successives à 11000 g pendant 60 minutes, chacune étant suivie de la redispersion du culot dans un mélange éthanol :eau 3 : 1.

---

[213] Ceci sera développé plus amplement et justifié plus loin.

L'élimination des alcoxysilanes en solution étant plus efficace en réalisant une purification par centrifugations vis-à-vis d'une purification par ultrafiltrations, nous avons choisi de purifier la solution colloïdale par centrifugations.

L'élimination complète des germes présents en solution a alors permis de caractériser la quantité de trialcoxysilanes présents sur la surface des nanoparticules.

C.2 Caractérisation de l'enrobage

Afin de caractériser la quantité de trialcoxysilanes greffés sur les nanoparticules, nous pouvons *a priori* utiliser différentes méthodes :

- La spectroscopie InfraRouge permet l'identification des fonctions présentes dans l'échantillon. Nous pourrons alors déterminer qualitativement si une modification des particules s'est produite lors de la fonctionnalisation.

- La RMN solide du silicium permet d'obtenir des informations sur la quantité de trialcoxysilanes et silicates dans l'échantillon, ainsi que sur l'état de condensation de ces espèces.

- L'analyse thermogravimétrique d'une poudre renseigne sur la proportion massique des espèces organiques contenues dans cette poudre. En faisant certaines hypothèses, la quantité d'alcoxysilanes greffés peut être déterminée.

- L'analyse élémentaire permet également de doser la quantité totale de silicium greffé sur les nanoparticules.

Ces différentes techniques de caractérisation ont été utilisées, et les résultats obtenus analysés et discutés. La méthode la plus simple pour caractériser l'enrobage des nanoparticules est d'analyser par spectroscopie InfraRouge les nanoparticules.

a   Mise en évidence de l'enrobage par absorbance InfraRouge

L'enrobage des particules par des trialcoxysilanes peut être caractérisée en InfraRouge par la présence de chaînes organiques, ou par l'augmentation de la vibration de la silice.

Les spectres de nanoparticules avant et après la fonctionnalisation avec du glycidoxy-propyltriméthoxysilane, ainsi que celui du glycidoxypropyltriméthoxysilane seul sont reportés sur la Figure III-22.

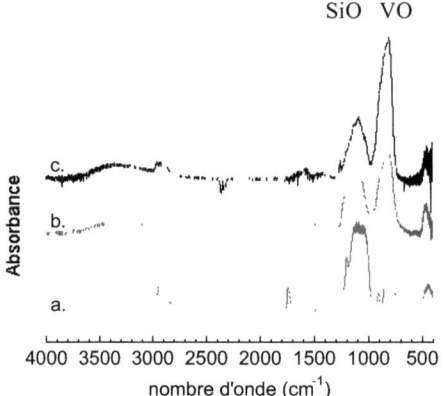

Nombre d'onde	attribution
3200 cm^{-1}	ν_{H2O}
2960-2760 cm^{-1}	$\nu_{CH2\ CH3}$
2363-2333 cm^{-1}	CO_2
1100 cm^{-1}	δ_{SiOSi}
810 cm^{-1}	$\nu_{3\ VOV}$
474 cm^{-1}	$\nu_{4\ VOV}$

Figure III-22 : spectres InfraRouge en absorbance a. du glycidoxypropyltriméthoxysilane, b. des nanoparticules de $Y_{1-x}Eu_xVO_4$ silicatées et c. greffées avec du glycidoxypropyltriméthoxysilane.

Le spectre a. est celui du glycidoxypropyltriméthoxysilane pur. Sur ce spectre, nous pouvons attribuer les vibrations des alkyles de la chaîne carbonée à 2760, 2875, 2937 et 2991 cm^{-1}, une vibration de l'eau à 1740 cm^{-1} et une bande à 1100 cm^{-1} comme étant la vibration d'élongation δ_{SiOCH3}.[214,215] Les autres bandes sont plus faibles.

Sur les spectres b. et c., nous pouvons observer des bandes caractéristiques des vanadates et de la silice situées respectivement à 810 cm^{-1} et à 1100 cm^{-1}. En comparant les spectres b. et c., c'est-à-dire les spectres obtenus avant et après greffage du glycidoxypropyl-triméthoxysilane, la bande caractéristique des vibrations SiOSi à 1100 cm^{-1} diminue comparativement à la bande caractéristique des vibrations VOV à 800 cm^{-1}. Il y a moins de siliciums présents sur les nanoparticules après l'étape de fonctionnalisation qu'avant. Cette observation est en accord avec une simple adsorption des silicates en surface des nanoparticules lors de l'étape de stabilisation des nanoparticules, qui se sont en partie désorbés au cours de la réaction de fonctionnalisation.

La présence de glycidoxypropyltriméthoxysilane sur les nanoparticules a alors été déterminée par la présence sur le spectre c. des bandes de vibration caractéristiques des liaisons C-H, situées à 2860, 2930 et 2960 cm^{-1}. Les autres bandes caractéristiques du glycidoxypropyltriméthoxysilane, notamment les vibrations du cycle époxy situées à 950 et 810 cm^{-1}, ainsi qu'une élongation de la liaison C-H des carbones du cycle à 865 et 785 cm^{-1} [216] ne sont pas distinctes de la bande des vanadates. Cependant, nous n'avons pas pu réaliser de mesure quantitative du nombre d'alcoxysilanes greffés en surface des particules par analyse de l'intensité de ces bandes.

[214] J. Lin, J.A. Siddiqui, R.M. Ottenbrite, Polym. Adv. Technol., 2001, 12, 285-292
[215] H. Yim, M.S. Kent, D.R. Tallant, M.J. Garcia, J. Majewski, Langmuir, 2005, 21(10), 4382-4392
[216] P. Innocenzi, G. Brusatin, F. Babonneau, Chem. Mater. 2000, 12, 3726-3732

De la même manière, les nanoparticules greffées avec de l'aminopropyltriéthoxy-silane ont été analysées par spectroscopie InfraRouge, et comparées aux nanoparticules silicatées, ainsi qu'à l'aminopropyltriéthoxysilane.

La Figure III-23 montre les spectres obtenus.

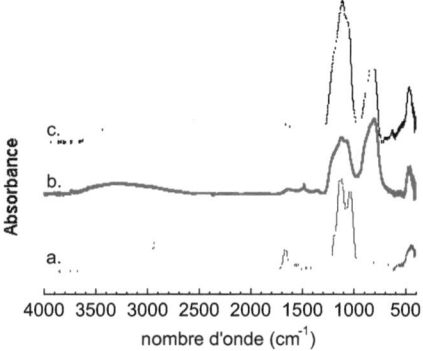

Nombre d'onde	attribution
3200 cm^{-1}	ν $_{H2O\ physisorbée}$
2940-2870 cm^{-1}	ν $_{CH2\ CH3}$
1600 cm^{-1}	δ $_{NH2}$
1120 cm^{-1}	δ $_{SiOSi}$
814 cm^{-1}	ν $_{3\ VOV}$
474 cm^{-1}	ν $_{4\ VOV}$

Figure III-23 : spectres InfraRouge en absorbance a. de l'aminopropyltriéthoxysilane , b. des nanoparticules de vanadate d'yttrium dopé europium silicatées, et c. greffées avec de l'aminopropyltriéthoxysilane.

Le spectre a. est celui de l'aminopropyltriéthoxysilane. Nous y distinguons les bandes caractéristiques des alkyles à 2940 et 2870 cm^{-1}, la vibration caractéristique des amines (δ $_{NH2}$, 1665 cm^{-1}),[226,217] des bandes caractéristiques des vibrations Si-O-C à 1194 et 1133 cm^{-1}, et des Si-O-Si à 1039 cm^{-1}. Les anneaux de silice vibrent également à 794 cm^{-1}. Sur les spectres b. et c. apparaissent principalement deux bandes, la bande des vanadates à 827 cm^{-1}, et celle de la silice à 1116 cm^{-1}. Cette bande est en réalité constituée de trois contributions, à 1205 cm^{-1}, à 1116 cm^{-1} et 1066 cm^{-1}, indissociables.

Une comparaison rapide des spectres b. et c. semble montrer que la proportion de silice dans l'échantillon a augmenté. Des vibrations caractéristiques des chaînes alkyles sont également présentes sur le spectre c., ainsi que des bandes à 1744, 1650 et 1550 cm^{-1} pouvant être attribuées aux modes de vibration des amines et des ammoniums.

La présence de ces bandes permet de caractériser la présence d'aminopropyltriéthoxy-silanes sur les nanoparticules de manière qualitative mais non de réaliser des mesures quantitatives. Ainsi, l'intensité relative des bandes de la silice et du vanadate, respectivement à 1100 cm^{-1} et à 800 cm^{-1}, semble montrer que la quantité d'aminopropyltriéthoxysilanes greffés est plus importante que la quantité de glycidoxypropyltriméthoxysilane greffés.

La présence de trialcoxysilanes sur les nanoparticules a été mise en évidence par spectroscopie InfraRouge. En effet, la présence de vibrations caractéristiques de chaînes carbonées à 2800-3000 cm^{-1} prouve la présence des trialcoxysilanes. De plus, les analyses

---

[217] C.W. Chiang, H. Ishida, J. Koenig, J. Coll. Inter. Sci., 1980, 74, 2, 396-404

ont montré une diminution du nombre de siliciums sur les nanoparticules dans le cas du greffage du glycidoxypropyltriméthoxysilane, qui pourrait être dû à une désorption des silicates de surface. Cette diminution n'étant pas observée dans le cas du greffage de l'aminopropyltriéthoxysilane, nous pensons que ce greffage est plus efficace.

La spectroscopie InfraRouge permettant seulement de déterminer qualitativement la présence des trialcoxysilanes, nous avons caractérisé nos échantillons par d'autres méthodes.

b   Etat de condensation des siliciums mesuré par RMN ^{29}Si

Afin de confirmer la présence de trialcoxysilanes, et d'obtenir une information quant à la formation d'un réseau polymérique autour des nanoparticules, nous avons regardé l'état de condensation des siliciums présents dans l'échantillon par résonance magnétique nucléaire du silicium, dont nous allons brièvement rappeler le principe.

i   Rappels de Résonance magnétique nucléaire

La Résonance Magnétique Nucléaire est une méthode permettant d'analyser un échantillon liquide ou solide contenant des éléments présentant un spin nucléaire non nul.[218,219,220] Lorsque l'on travaille avec des échantillons solides, certaines interactions entre spins ne peuvent pas être moyennées, ce qui mène à un élargissement des pics de RMN. Afin de limiter cet élargissement, il faut moyenner ces interactions en faisant tourner l'échantillon à 54,7°, angle appelé Angle Magique (RMN MAS).

La spectroscopie par Résonance Magnétique Nucléaire permet la caractérisation d'échantillons contenant du silicium.[221,222,223] En effet, le silicium a un isotope de spin nucléaire $\frac{1}{2}$ en proportion naturelle de 4,7 %, pouvant être détecté par RMN. La fréquence de résonance du silicium pour un spectromètre à 360 MHz (champ magnétique permanent de 8,4 T) est de 71,4 MHz. L'environnement de chaque silicium, et notamment ses premiers et seconds voisins, modifie son déplacement chimique, donné en ppm (partie par million).

Les alcoxysilanes de formule générale $Si(OR)_x R'_{4-x}$ peuvent ainsi être différenciés par RMN en fonction de leur nombre de liaisons alcoxydes x. Les tétraalcoxysilanes (x = 4) sont ainsi notés Q, les trialcoxysilanes (x = 3) notés T, les dialcoxysilanes (x = 2) notés D et les monoalcoxysilanes notés M. Chacune de ces catégories se subdivise ensuite en fonction du nombre de siliciums seconds voisins (Q^0 : aucun Si second voisin, Q^1, Q^2, Q^3 et Q^4 : 4 siliciums seconds voisins). En première approximation, les déplacements chimiques des

[218] A. Abragam, "The Principles of Nuclear Magnetism", Oxford University Press, London, (1961)
[219] D. Canet, « La RMN, Concepts et méthodes », InterEditions, Paris, (1991)
[220] C.P. Schlichter, "Principles of magnetic resonance", Harper, New York, (1963)
[221] E.A. Williams, Annual reports on NMR Spectroscopy, 1983
[222] NMR and the periodic table, R.K. Harris, B.E. Mann, Eds., Academic Press, 1978, chapitre 10, 309-341.
[223] T.I. Suratwala, M.L. Hanna, E.L. Miller, P.K. Whitman, I.M. Thomas, P.R. Ehrmann, R.S. Maswell, A.K. Burnham, J. Non-Cryst. Sol., 2003, 316, 349-363

siliciums ne dépendent que de ces deux paramètres.[227] De manière générale, l'hydrolyse d'une fonction alcoxysilane se traduit par un déblindage des signaux (décalage vers les grandes valeurs de ppm) et la condensation par un blindage des signaux (décalage vers les faibles valeurs de ppm). Les signaux qui nous intéressent sont donnés sur la Figure III-24, avec leur déplacement chimique.

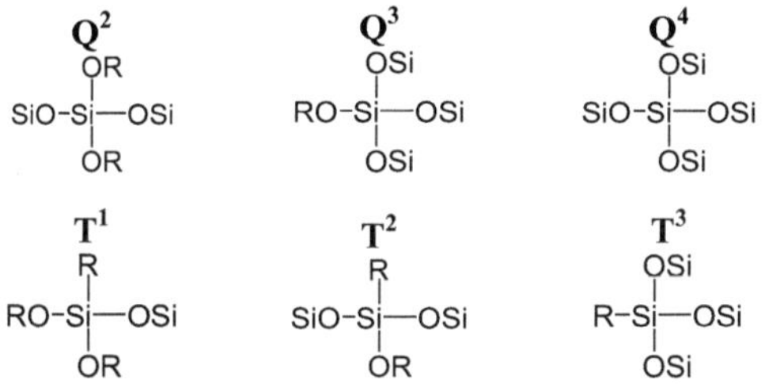

Figure III-24 : représentation schématique des siliciums Q et T selon la nature de leurs premiers et seconds voisins, et déplacements chimiques attribués en accord avec la littérature.[177,221,222,224,225,226,227]

Les silicates SiO_4^{4-} introduits lors de la stabilisation des particules sont des siliciums Q^i, tandis que les alcoxysilanes greffés sont des siliciums T^i. Ceci nous permet alors de différencier les silicates et les alcoxysilanes. L'état de condensation des silicates est obtenu par le rapport des aires $\dfrac{2 \cdot Q^2 + Q^3}{\sum Q^i}$, tandis que celui des trialcoxysilanes est obtenu par le rapport $\dfrac{T^2}{T^3}$. Les aires respectives de chaque type de silicium peuvent être attribuées après une modélisation du signal avec des gaussiennes.

ii **Mesures du rapport** $trialcoxysilane \big/ silicate$

Afin d'obtenir des informations concernant la surface de particules solides, il est nécessaire de travailler à l'angle magique. La spectroscopie RMN n'étant pas une mesure sensible et la quantité de siliciums sur les nanoparticules étant faible, nous avons dû travailler avec des poudres, obtenues par séchage à l'évaporateur rotatif des solutions colloïdales, pour avoir un signal important.

Nous avons analysé par RMN MAS du ^{29}Si des nanoparticules de $Y_{0,95}Eu_{0,05}VO_4$ silicatées d'une part et fonctionnalisées avec du glycidoxypropyltriméthoxysilane d'autre part. Les spectres RMN MAS ^{29}Si, obtenus après quelques jours d'accumulation sont présentés sur la Figure III-25.

[224] M.W. Daniels, L.F. Francis, J. Coll. Inter. Sci., 1998, 205, 191-200
[225] M. Abboud, M. Turner, E. Duguet, M. Fontanille, J. Mater. Chem, 1997, 7 (8), 1527-1532
[226] J.W. de Haan, H.M. Van den Bogaert, J.J. Ponjeé, L.J.M. Van de Ven, J. Coll. Inter. Sci., 1986, 110, 591-600
[227] T.L. Metroke, O. Kachurina, E.T. Knobbe, Progress in Organic Coatings, 2002, 44, 295-305.

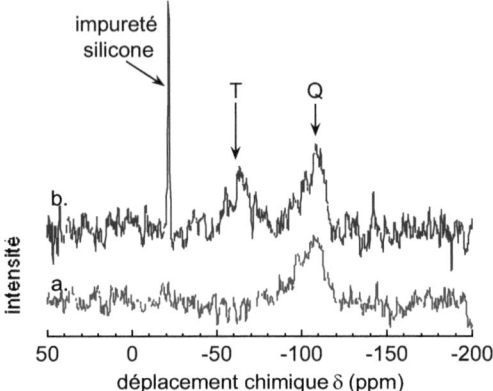

Figure III-25 : spectres RMN MAS ^{29}Si a. des nanoparticules $Y_{0,95}Eu_{0,05}VO_4$ silicatées et b. des nanoparticules silicatées et greffées avec du glycidoxypropyltriméthoxysilane, purifiées.

Le spectre a. représente le spectre RMN MAS ^{29}Si des nanoparticules silicatées. Une bande large est présente à -110 ppm, caractéristique des siliciums tétrafonctionnels, relativement condensés (Q^4 ou Q^3). De même, la courbe b. représente le spectre RMN MAS ^{29}Si des nanoparticules silicatées et greffées par du glycidoxypropyltriméthoxysilane, après purification. Deux bandes larges sont présentes, l'une correspondant aux siliciums tétrafonctionnels (centrée à -110 ppm) et l'autre aux trifonctionnels (centrée à -55 ppm).

Nous constatons sur ces deux spectres que, malgré un nombre d'acquisitions très important,[228] le signal obtenu est de très faible intensité, et donc le rapport signal sur bruit très bas. Ceci est expliqué par une faible quantité de siliciums présents dans les échantillons. De ce fait, les signaux sont très larges et les états de condensation des silicates et des trialcoxysilanes n'ont pu être déterminés sur les spectres.

Une mesure semi-quantitative de la proportion de trialcoxysilanes par rapport aux silicates est néanmoins possible à partir du rapport T^i / Q^i. Ce rapport est de l'ordre de 0,75, ce qui signifie que nous avons en surface des nanoparticules moins de trialcoxysilanes que de silicates.[229]

iii   Etat de condensation en solution

Afin de déterminer l'état de condensation global des alcoxysilanes après la réaction, nous avons regardé le spectre de RMN MAS ^{29}Si des particules greffées par du glycidoxypropyltriméthoxysilane non purifié.

---

[228] Et donc un temps total d'acquisition de l'ordre de plusieurs jours

[229] Ceci est d'autant plus vrai que la quantité de siliciums Q peut être sous-estimée. En effet, le temps de relaxation des siliciums Q^4 est très long, et certains de ces siliciums peuvent ne pas être détectés.

Un agrandissement du spectre est montré sur la Figure III-26.

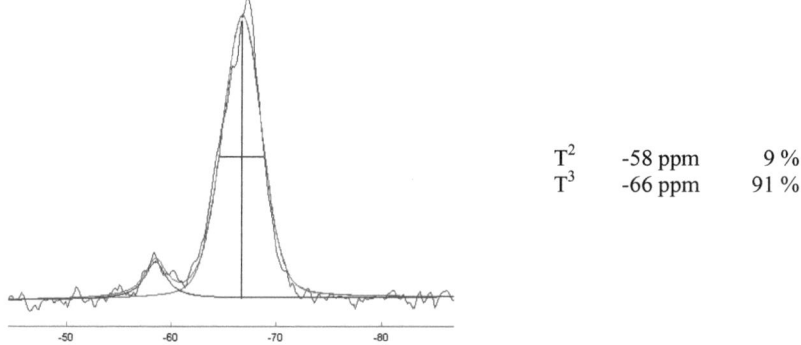

$$T^2 \quad -58 \text{ ppm} \quad 9\,\%$$
$$T^3 \quad -66 \text{ ppm} \quad 91\,\%$$

Figure III-26 : modélisation par le logiciel DMFit[230] des bandes correspondant aux siliciums T lors du greffage du glycidoxypropyltriméthoxysilane. Cet échantillon n'a pas été purifié.

Sur ce spectre, les signaux des siliciums T^i issus de l'alcoxysilane se décomposent de la manière suivante : 91 % de T^3, totalement condensés et 9 % de T^2. Cet état de condensation est très important, et semble montrer la formation de nombreux petits germes au cours de la réaction. En effet, lors de la formation d'une couche polymérique à partir d'alcoxysilanes, nous pouvons nous attendre à un état de condensation relativement faible (la silice Stöber présente ainsi 65 % de silicium Q^4, 30 % de silicium Q^3 et 5 % de silicium Q^2 en moyenne).[231,232] L'état très condensé ici caractérise la formation d'entités cycliques ou polyédriques en solution.

Cette analyse confirme donc la formation de petits germes lors de la réaction de fonctionnalisation. La purification par centrifugations devrait être suffisante pour permettre l'élimination de ces germes de très faible taille.

L'analyse par RMN MAS ^{29}Si d'un échantillon de nanoparticules fonctionnalisées avec du glycidoxypropyltriméthoxysilane purifié nous montre bien la présence des glycidoxypropyltriméthoxysilanes. La fonctionnalisation des nanoparticules par notre protocole est donc possible. Une mesure semi-quantitative de la proportion alcoxysilane / silicate par RMN MAS ^{29}Si est réalisée, nous donnant une valeur de 0,75.

Une mesure réalisée sur un échantillon fonctionnalisé non purifié permet de déterminer l'état de condensation global des alcoxysilanes. 90 % de ces alcoxysilanes sont totalement condensés. Ceci laisse supposer la formation de nombreuses entités de faible taille, très condensées. Leur faible taille rend donc leur élimination relativement aisée par centrifugations.

[230] D. Massiot, F. Fayon, M. Capron, I. King, S. Le Calvé, B. Alonso, J.-O. Durand, B. Bujoli, Z. Gan, G. Hoatson, Magnetic Resonance in Chemistry, 2002, 40, 70-76
[231] A. Van Blaaderen, J. van Gest, A. Vrij, J. Coll. Inter. Sci., 1992, 154, 2, 481-501
[232] A. Van Blaaderen, A.P.M. Kentgens, J. Non-Cryst. Sol., 1992, 149, 161-178

c   *Quantité d'alcoxysilanes déposés en surface des nanoparticules*

Après avoir caractérisé de manière semi-quantitative les proportions relatives des trialcoxysilanes et des silicates greffés, nous avons caractérisé nos échantillons par Analyse ThermoGravimétrique afin d'obtenir des informations quantitatives sur le nombre d'alcoxysilanes greffés sur les nanoparticules. Des analyses élémentaires ont également été faites au laboratoire d'analyse de Vernaison pour le greffage du glycidoxypropyltriméthoxy-silane.[233]

i   **Analyse ThermoGravimétrique**

L'Analyse ThermoGravimétrique (ATG) est une méthode de caractérisation généralement couplée à l'Analyse Thermique Différentielle (ATD). Un échantillon est introduit dans un four, sous atmosphère contrôlée. Sa masse est mesurée au cours d'une montée en température. La variation de masse correspond à l'occurrence d'une réaction, dont le caractère endothermique ou exothermique est révélé par l'allure de la courbe d'ATD. De manière générale, cette méthode permet de caractériser le pourcentage de matière organique présent dans un échantillon, sous réserve de faire quelques hypothèses :

-   nous travaillons sous atmosphère oxydante, ce qui signifie que toute partie organique perdue est remplacée par un hydroxyl (OH) qui condense ensuite au cours du chauffage.

-   La température évolue de 30 °C à 800 °C, mais en dessous de 150 °C, nous supposons que seuls les solvants physisorbés à la surface des particules sont éliminés.[234]

-   L'état final à 800 °C est composé de matière inorganique, et dans notre cas d'oxydes vu la nature oxydante de l'atmosphère. Ainsi, nous supposons que tous les silicates sont transformés au cours de l'analyse en silice pure totalement condensée. Cette hypothèse est justifiée par la perte de masse relativement faible que nous observons pour des températures supérieures à 800 °C.

Afin de caractériser le nombre d'alcoxysilanes présents sur la surface des nanoparticules, des mesures d'analyse thermogravimétrique en atmosphère oxydante ont été réalisées sur plusieurs échantillons : les nanoparticules silicatées et les nanoparticules greffées avec des trialcoxysilanes après purification. La température évolue de 30 °C à 800 °C, mais seules les variations de masse aux températures supérieures à 150 °C nous intéressent. Elles sont montrées sur la Figure III-27.

---

[233] cette analyse n'a pu être réalisée dans le cas de l'aminopropyltriéthoxysilane par manque de quantité de produit.
[234] M. Mikhaylova, D.K. Kim, C.C Berry, A. Zagorodni, M. Toprak, A.S.G. Curtis, M. Muhammed, Chem. Mater., 2004, 16, 2344-2354

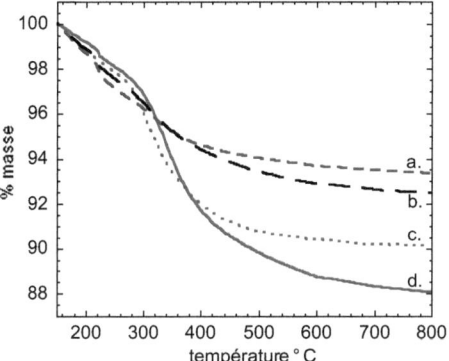

Figure III-27 : courbes de pourcentage de masse en fonction de la température obtenue par analyse thermogravimétrique de nanoparticules $Y_{0,6}Eu_{0,4}VO_4$ a. silicatées et d. greffées par de l'aminopropyl-triéthoxysilane après purification, et $Y_{0,95}Eu_{0,05}VO_4$ b. silicatées et c. greffées par du glycidoxypropyl-triméthoxysilane après purification.

Les courbes des échantillons de nanoparticules silicatées présentent une perte continue de 150 °C à 800 °C, due à la condensation des fonctions silanols selon la réaction :[235]

$$2Si - OH \xrightarrow[150°C-800°C]{} Si - O - Si + H_2O$$

Les pertes massiques totales des échantillons silicatés entre 150 °C et 800 °C sont pour les courbes a. et b. respectivement de 6,6 % et 7,7 %.

Les courbes des échantillons de nanoparticules greffées par des trialcoxysilanes présentent quant à elles une perte en masse similaire jusqu'à 300 °C, puis une forte perte en masse entre 300 °C et 500 °C. La perte en masse totale entre 150 et 800 °C correspond à la perte de la chaîne organique par rupture de la liaison Si-C remplacée par un pont siloxane entre deux siliciums, et à la condensation des silanols et des alcoxy :

$$2Si - CH_2CH_2CH_2OCH_2CH(O)CH_2 + O_2 \xrightarrow[150°C-800°C]{} Si - O - Si + produits_{combustion} \quad (1)$$

$$\text{ou} \quad 2Si - CH_2CH_2CH_2NH_2 + O_2 \xrightarrow[150°C-800°C]{} Si - O - Si + produits_{combustion} \quad (2)$$

$$\text{et} \quad 2Si - OH \xrightarrow[150°C-800°C]{} Si - O - Si + H_2O \quad (3)$$

$$Si - OH + Si - OCH_2CH_3 \xrightarrow[150°C-800°C]{} Si - O - Si + CH_3CH_2OH \quad (4)$$

Les pertes totales atteignent 9,8 % pour les nanoparticules fonctionnalisées avec du glycidoxypropyltriméthoxysilane, et 11,9 % avec de l'aminopropyltriéthoxysilane.

La perte en masse plus importante dans le cas du greffage de l'aminopropyl-triéthoxysilane semble traduire un greffage plus efficace de ce trialcoxysilane. Ceci peut être dû à une stabilisation du pH lors de la réaction de greffage par les fonctions amines du

---

[235] L'épaulement observé sur les courbes à 200°C est dû à une modification de la vitesse de montée en température, et ne correspond pas à une réaction chimique se produisant.

trialcoxysilane permettant de conserver des conditions adéquates à la condensation des trialcoxysilanes.

Afin de déterminer une fourchette de la proportion de trialcoxysilanes greffés sur les nanoparticules, nous avons estimé les quantités minimales et maximales de trialcoxysilanes et de vanadates présents dans l'échantillon fonctionnalisé, d'après les résultats de l'Analyse ThermoGravimétrique.

Nous avons tout d'abord estimé la quantité de trialcoxysilanes greffés sur les nanoparticules de la manière suivante :

- la quantité maximale de trialcoxysilanes est obtenue en supposant que tous les silicates et les trialcoxysilanes présents dans l'échantillon sont totalement condensés : la perte de masse est alors seulement due à la perte de la chaîne organique (équation (1) ou (2)).

- la quantité minimale de trialcoxysilanes est évaluée en admettant que seule la différence entre les analyses de l'échantillon fonctionnalisé et silicaté est due au greffage de trialcoxysilanes, qui sont de plus non-condensés (équations (1) ou (2), et (4)).

Afin de déterminer une fourchette des quantités de vanadates présents dans l'échantillon, nous avons considéré qu'en fin de réaction, il ne reste que des oxydes.

- la quantité maximale de vanadates dans l'échantillon est obtenue en supposant que l'échantillon est seulement constitué d'orthovanadate d'yttrium dopé europium, et de trialcoxysilanes. A partir de la quantité minimale de trialcoxysilanes greffés, nous obtenons la quantité maximale de vanadates dans l'échantillon.

- la quantité minimale de vanadates est estimée en considérant que l'échantillon fonctionnalisé contient tous les silicates initialement présents (résultats d'analyse élémentaire, 1,5 silicates par vanadate), et la quantité maximale de trialcoxysilanes.

Le calcul de la perte en masse dans ces différentes conditions est détaillé en annexe. Ainsi, nous pouvons déterminer une fourchette du nombre d'équivalents de trialcoxysilanes greffés par rapport au nombre de vanadates.

Les résultats obtenus sont décrits dans le Tableau III-1.

	Après fonctionnalisation		
	$\dfrac{n_{silicate}}{n_{vanadate}}$	$\dfrac{n_{alcoxysilane}}{n_{vanadate}}$	$n_{alcoxysilane}\Big/nm^2$
Glycidoxypropyl	1,5	0,32	21
triméthoxysilane	0	0,03	1
Aminopropyl	1,5	1,03	68
triéthoxysilane	0	0,07	3

Tableau III-1 : valeurs extrêmes de la densité d'alcoxysilanes greffés sur les nanoparticules déterminé par ATG. Le rapport $\dfrac{n_{silicate}}{n_{vanadate}}$ a été déterminé par analyse élémentaire.

Nous obtenons des fourchettes de valeurs variant d'un ordre de grandeur, que nous pouvons exprimer en épaisseur de couche polymérique déposée sur les nanoparticules. Le nombre moyen de vanadates par nanoparticule, déterminé à partir des images de MET sur les particules silicatées est de 133000 vanadates par nanoparticule, et la surface moyenne d'une nanoparticule silicatée calculée à partir des résultats d'analyse élémentaire est de 2000-3300 nm^2. En supposant une densité de la couche d'alcoxysilane de l'ordre de d = 1,5, [236] nous déposons une couche de 0,1–1,3 nm d'épaisseur dans le cas du glycidoxypropyl-triméthoxysilane, et de 0,3–3,6 nm dans le cas de l'aminopropyltriéthoxysilane. [237]

  ii **Analyse élémentaire**

Une poudre de nanoparticules silicatées et greffées avec du glycidoxypropyl-triméthoxysilane a été caractérisée par RMN MAS ^{29}Si, a ensuite été analysée par perte de masse, puis par une analyse élémentaire.

Les analyses élémentaires ont révélé un rapport molaire $Si\big/V = 0,25 - 0,29$. En supposant que les siliciums dosés viennent seulement des trialcoxysilanes greffés en surface des nanoparticules (et aucun des silicates), et en supposant que les nanoparticules sont composées en moyenne de 133000 vanadates et présentent une surface moyenne de 2000 nm^2, la densité surfacique maximale obtenue est de 20 glycidoxypropyltriméthoxysilanes / nm^2.

  iii **Discussion**

• Les différentes mesures d'analyse élémentaire, de RMN ^{29}Si et d'ATG ont été réalisées sur un même échantillon de nanoparticules fonctionnalisées avec du glycidoxy-

---

[236] A. Van Blaaderen, A. Vrij, J. Coll. Inter. Sci., 1993, 156, 1-18
[237] L'épaisseur de silice déposée après silicatation est de 4,1 nm, et donc la surface des particules silicatées de 3300 nm^2 en moyenne.

propyltriméthoxysilane. Nous avons donc pour un même échantillon les informations suivantes :

      - la quantité totale des siliciums par rapport aux vanadiums est comprise entre 0,25 et 0,29 d'après l'analyse élémentaire.

      - le rapport entre trialcoxysilanes et silicates greffés sur les nanoparticules est inférieur à 0,75 d'après les analyses par RMN MAS ^{29}Si.

      - le rapport entre trialcoxysilanes et vanadates est compris entre 0,03 et 0,32 d'après les analyses thermogravimétriques.

Nous avons couplé deux à deux les analyses, afin de savoir si elles étaient cohérentes entre elles.

En estimant que nous avons 0,75 trialcoxysilanes par silicate, et de 0,25 à 0,29 silicate par vanadate, on a montré que le rapport $trialcoxysilane/vanadate$ est inférieur à 0,11.

En supposant que le rapport trialcoxysilanes sur silicates est de 0,75, alors les calculs faits par analyse thermogravimétrique montrent que la fourchette des valeurs de $trialcoxysilane/vanadate$ se situe entre 0,12 et 0,23.

Enfin, en partant du fait que le rapport Si / V est compris entre 0,25 et 0,29, les résultats de l'analyse par thermogravimétrie donnent une fourchette du rapport $trialcoxysilane/vanadate$ comprise entre 0,12 et 0,21.

Nous pouvons donc globalement estimer que la proportion de glycidoxypropyl-triméthoxysilane par rapport au vanadate est de l'ordre de 0,12, donc celle des silicates de 0,15.

$$\boxed{n_{glycidoxypropyltriméthoxysilane}/n_{vanadate} = 0,12} \quad et \quad \boxed{n_{silicate}/n_{vanadate} = 0,15}$$

Ces mesures correspondent à un dépôt de 10 silicates puis de 8 glycidoxypropyltriméthoxysilanes par nm^2, soit une épaisseur totale de l'ordre de 1 nm.

La proportion de silicates par rapport aux vanadates passant de 1,5 avant la fonctionnalisation à 0,15 après montrent la désorption de la surface de ces silicates. Cette désorption a également été observée par analyse de spectroscopie InfraRouge. Le rapport $silicate/vanadate$ correspond alors à 10 silicates par nm^2, et nous pouvons imaginer que la surface des nanoparticules est restée silicatée lors de la fonctionnalisation, améliorant le dépôt de trialcoxysilanes sur les nanoparticules.

Nous avons ensuite comparé les densités surfaciques de trialcoxysilanes avec les travaux réalisés par d'autres équipes. Dans le cas du greffage du glycidoxypropyltriméthoxysilane, Lin *et al.* ont procédé à la détermination de la quantité d'alcoxysilanes greffés sur des nanoparticules en considérant simplement la différence de perte de masse entre un échantillon greffé et un échantillon silicaté.[238] Ils trouvent en procédant ainsi une perte massique de 0,95 % après un greffage de glycidoxypropyltriméthoxysilane sur des nanoparticules d'oxyde de titane dans des conditions basiques,[238] correspondant à un recouvrement de surface de l'ordre de 4 trialcoxysilanes / nm². De même, Inoubli *et al* ont modifié la surface de particules de silice Stöber avec du triméthoxysilylpropylméthacrylate en conditions basiques,[239] et calculé par ATG selon un même raisonnement un recouvrement de la surface de silice de l'ordre de 4-5,5 trialcoxysilanes / nm². Pour le glycidoxypropyltriméthoxysilane, nous trouvons une valeur de $n_{glycidoxypropyltriméthoxysilane} / n_{vanadate} = 0,12$. Ceci correspond à 8 glycidoxypropyltriméthoxysilanes / nm². Cette valeur est légèrement supérieure à celle trouvée par Lin et Inoubli.

● En supposant cette désorption des silicates constante (0,15 silicate par vanadate restant), nous avons évalué par de nouveaux calculs de l'ATG une fonctionnalisation par de l'aminopropyltriéthoxysilane de $0,33 < n_{aminopropyltriéthoxysilane} / n_{vanadate} < 0,77$, soit de 23 à 53 aminopropyltriéthoxysilanes / nm² ou une couche de 1,3 à 2,9 nm d'épaisseur.

$$0,33 < n_{aminopropyltriméthoxysilane} / n_{vanadate} < 0,77 \quad \text{et} \quad n_{silicate} / n_{vanadate} = 0,15$$

Cette valeur est très élevée en comparaison à celle déterminée pour le glycidoxypropyltriméthoxysilane. Nous avons vu que la formation de petites entités très condensées dans le cas du glycidoxypropyltriméthoxysilane a été prépondérante lors de la réaction de fonctionnalisation. Un greffage sur les particules plus efficace dans le cas de l'aminopropyltriéthoxysilane pourrait être dû à la nature de l'alcoxy, qui limite légèrement la réaction, et favorise ainsi le dépôt sur la surface des nanoparticules.

Cependant, le recouvrement de la surface par des trialcoxysilanes semble être total, tant lors de la fonctionnalisation par du glycidoxypropyltriméthoxysilane que par de l'aminopropyltriéthoxysilane.

Ainsi, nous avons mis au point un protocole de fonctionnalisation des nanoparticules de $Y_{1-x}Eu_xVO_4$ silicatées en milieu hydro-alcoolique faiblement basique par le dépôt de polysiloxanes fonctionnalisés à leur surface. Lors de cette fonctionnalisation, des germes de polysiloxanes en solution se sont également formés. Une purification par centrifugations permet de les éliminer efficacement.

[238] J. Lin, J.A. Siddiqui, R.M. Ottenbrite, Polym. Adv. Technol., 2001, 12, 285-292
[239] R. Inoubli, S. Dagréou, A. Khoukh, F. Roby, J. Peyrelasse, L. Billon, Polymer, 2005, 46, 2486-2496

L'analyse de la solution brute des nanoparticules fonctionnalisées avec du glycidoxypropyltriméthoxysilane par RMN ^{29}Si a en effet montré que l'état de condensation des trialcoxysilanes est très élevé (91 % de T^3 et 9 % de T^2), ce qui est caractéristique de la formation de petites entités très condensées. Par analyse thermogravimétrique, nous avons montré que ces germes polysiloxanes ont été majoritairement éliminés par une purification par centrifugations.

L'analyse des nanoparticules fonctionnalisées avec du glycidoxypropyltriméthoxy- silane purifiées a alors été réalisée de manière extensive par spectroscopie InfraRouge, RMN ^{29}Si, analyse thermogravimétrique et analyse élémentaire. Ces analyses sont cohérentes entre elles, et semblent montrer que 8 glycidoxypropyltriméthoxysilanes sont déposés par nm^2.

Le dépôt d'aminopropyltriéthoxysilane sur des nanoparticules a également été réalisé, mais caractérisé de manière moins poussée : seules des analyses par spectroscopie InfraRouge et par analyse thermogravimétrique ont été menées. Ces deux analyses révèlent un dépôt de polysiloxanes plus important que pour le glycidoxypropyltriméthoxysilane, atteignant 1,3 à 3,1 nm d'épaisseur. Ceci pourrait être dû à la nature de l'alcoxysilane.

Nous pouvons schématiser le système obtenu suivant la Figure III-28.

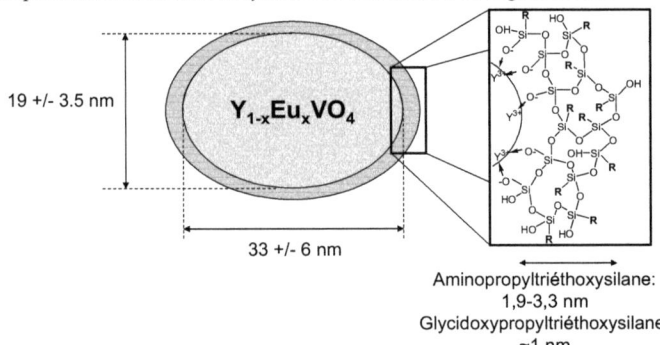

Figure III-28 : schéma des nanoparticules Y$_{1-x}$Eu$_x$VO$_4$ après la fonctionnalisation par un trialcoxysilane. Les fonctions R représentent les chaînes alkyles greffées sur le silicium des trialcoxysilanes.

D   Conclusion

Dans cette partie, nous nous sommes intéressés au dépôt d'une couche de polysiloxanes de faible épaisseur en surface des nanoparticules à partir de solutions d'alcoxysilanes. Une épaisseur de couche faible est nécessaire pour une application en biologie, afin de ne pas travailler avec des objets de taille trop importante, qui perturberait ce système biologique étudié.

L'une des méthodes courantes permettant le dépôt de polysiloxanes est la synthèse par voie sol-gel en milieu alcoolique basique développée par Stöber. Après avoir discuté des paramètres à maîtriser lors de la réaction de dépôt, nous avons adapté cette méthode à l'enrobage de particules de $Y_{1-x}Eu_xVO_4$ par une couche de polysiloxanes non fonctionnalisés. La couche déposée présente une épaisseur de l'ordre de 10 nm, avec une cinétique lente. Cette épaisseur n'a pu être diminuée par les expériences envisagées.

Nous avons alors modifié les conditions opératoires afin de déposer en surface des nanoparticules une couche de plus faible épaisseur. Nous avons alors utilisé des trialcoxysilanes fonctionnalisés, et travaillé dans des conditions accélérant la cinétique de condensation des trialcoxysilanes. Dans de telles conditions, la quantité de trialcoxysilanes déposés en surface des particules est nettement plus faible, de l'ordre de quelques monocouches. Ainsi, une étude poussée de la caractérisation de la fonctionnalisation avec du glycidoxypropyltriméthoxysilane a montré que l'on greffait 8 fonctions par nm^2.

Dans le cas d'une fonctionnalisation avec l'aminopropyltriéthoxysilane, le dépôt a été plus efficace (23 à 53 aminopropyltriéthoxysilanes / nm^2), et a mené à la formation d'une couche d'épaisseur de 1 à 3 nm.

Les schémas résumant les deux systèmes obtenus après le dépôt de polysiloxanes en surface sont présentés à nouveau.

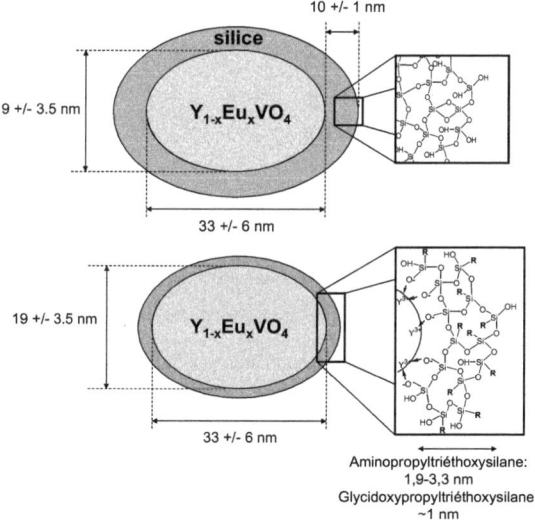

Nous avons donc réussi à former des couches de polysiloxanes autour des nanoparticules selon deux protocoles.

La première méthode nous a permis de former une couche de silice d'épaisseur de 10 nm. La seconde méthode a engendré le dépôt sur les nanoparticules d'une couche de polysiloxanes de faible épaisseur, de 1 à 3,2 nm, fonctionnalisée.

Notre but étant d'obtenir des objets présentant des fonctions de surface accessibles pour de futures applications en biologie, nous nous sommes alors penchés sur l'étude de la surface de ces nanoparticules.

II *Etude de la surface et de sa réactivité*

La première voie de fonctionnalisation,[240] schématisée sur la Figure III-29, engendre une fonctionnalisation seulement de la surface des nanoparticules enrobées. Ainsi, nous nous attendons à ce que toutes les fonctions greffées participent à la réactivité future des nanoparticules ainsi fonctionnalisées (en mettant de côté les problèmes d'encombrement stérique).

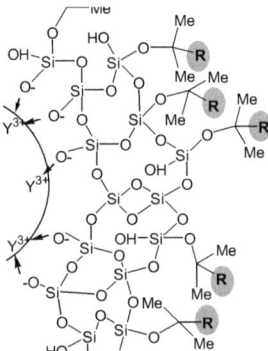

Figure III-29 : schéma de la surface d'une nanoparticule fonctionnalisée par un monoalcoxysilane. La partie grisée représente la totalité des fonctions greffées, quantité identique à celle des fonctions susceptibles de participer à la réactivité de la nanoparticule fonctionnalisée.

En revanche, le dépôt d'une couche de polysiloxanes fonctionnalisés sur les nanoparticules entraîne la présence de fonctions au sein de la couche polymérique qui ne participent pas à la réactivité de la nanoparticule fonctionnalisée, comme ceci est montré sur la Figure III-30.

---

[240] Cette voie de fonctionnalisation se faisait en deux étapes, par l'utilisation de tétraalcoxysilanes puis de monoalcoxysilanes.

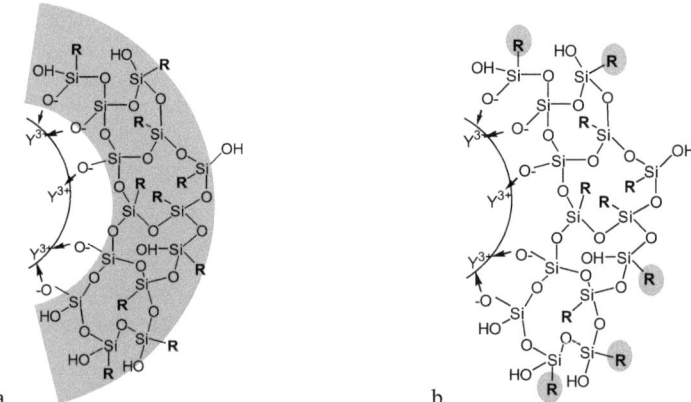

Figure III-30 : schéma de la surface d'une nanoparticule fonctionnalisée par un trialcoxysilane. La partie grisée représente a. la quantité totale d'alcoxysilanes greffés, et b. les fonctions participant à la réactivité de la nanoparticule fonctionnalisée.

Dans cette partie, nous avons alors essayé de caractériser le nombre de fonctions présentes en surface des nanoparticules, et participant à la réactivité des nanoparticules fonctionnalisées.

A   Fonctionnalisation des nanoparticules enrobées de silice

Nous nous sommes tout d'abord intéressés à la caractérisation de la surface des nanoparticules enrobées par une couche polymérique de 10 nm d'épaisseur, fonctionnalisées par des monoalcoxysilanes.

Les deux fonctions sur lesquelles nous avons porté notre attention sont la fonction époxy et la fonction amine. Nous avons développé ces deux fonctionnalisations, par un époxy et par une amine, mais nous n'aborderons pas dans ce manuscrit la fonctionnalisation par un époxy, les caractérisations réalisées n'étant pas suffisantes.

La fonctionnalisation de la surface par de l'aminopropyldiméthyléthoxysilane, dont le mode opératoire va ici être rappelé, a été réalisée suivant le même principe que l'enrobage, c'est-à-dire en contrôlant la quantité d'eau et d'ammoniaque introduite dans une solution éthanolique, ainsi que la concentration en nanoparticules.

Sur 10 ml de ces nanoparticules enrobées de polysiloxanes à 1 mM en vanadates (7,5 nM en nanoparticules), sont additionnés rapidement 0,2 ml d'aminopropyldiméthyléthoxysilane (M_w = 161,32 g.mol^{-1} ; d = 0,857) et 0,4 ml d'ammoniaque aqueux à 28 %. Le tout est laissé à température ambiante une nuit sous agitation. L'eau et l'ammoniaque sont ensuite éliminés par trois centrifugations successives à 12000 g de 30 minutes, 70 minutes et 45 minutes, chacune étant suivie d'une redispersion. Les redispersions intermédiaires se font dans l'éthanol absolu tandis que la dernière se fait dans 10 ml d'eau à pH 4.[241]

La présence des fonctions en surface des nanoparticules a tout d'abord été mise en évidence. Leur quantification a ensuite été réalisée. Enfin, nous avons caractérisé la réactivité de la surface.

A.1 Mise en évidence de la fonctionnalisation

La présence de l'aminopropyldiméthyléthoxysilane sur les nanoparticules peut être caractérisée par spectroscopie InfraRouge. Les spectres réalisés sont montrés sur la Figure III-31.

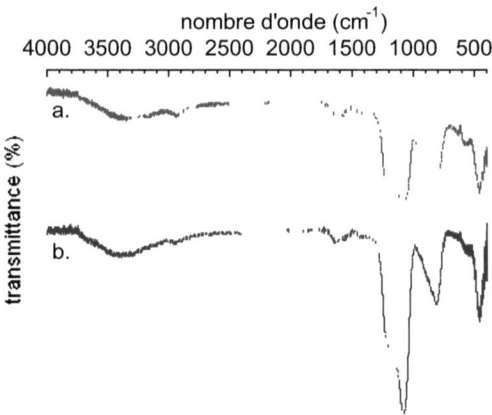

Figure III-31 : spectre InfraRouge en transmittance des nanoparticules enrobées de silice (a.) et fonctionnalisées avec de l'aminopropyldiméthyléthoxysilane (b.).

Le spectre InfraRouge en transmittance après fonctionnalisation par l'aminopropyldiméthyléthoxysilane est similaire à celui avant fonctionnalisation. Tous deux présentent une large bande à 800 cm^{-1} montrant la présence de vanadates, ainsi qu'une bande à 1100 cm^{-1}, présentant un épaulement caractéristique de la présence de liaisons Si-O-Si, et Si-O-C. Des bandes sont également présentes autour de 2900 cm^{-1}, suggérant la présence de chaînes alkyles.

Afin de faire une comparaison plus poussée des spectres avant et après greffage, la différence entre les deux spectres est réalisée en absorbance en normalisant le pic à 800 cm^{-1} sur chacun des spectres. Cette normalisation signifie que l'on néglige la variation de l'intensité de la bande à 800 cm^{-1} avant et après la fonctionnalisation.

Le spectre différence lors de la fonctionnalisation par l'aminopropyldiméthyléthoxysilane est montré sur la Figure III-32.

---

[241] les nanoparticules ainsi fonctionnalisées ne sont pas stables à pH > 4.

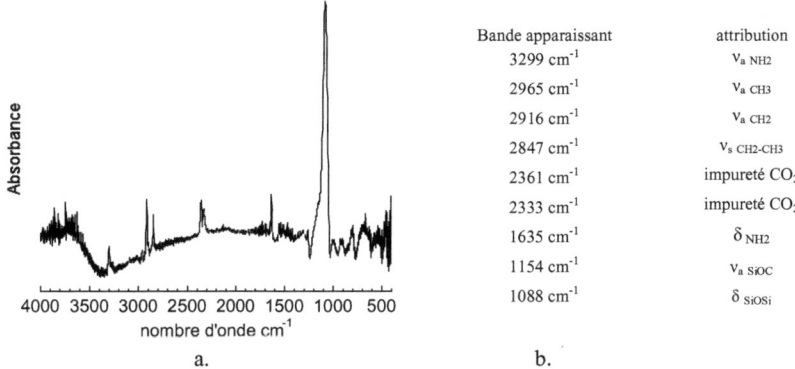

Bande apparaissant	attribution
3299 cm⁻¹	v_a NH2
2965 cm⁻¹	v_a CH3
2916 cm⁻¹	v_a CH2
2847 cm⁻¹	v_s CH2-CH3
2361 cm⁻¹	impureté CO_2
2333 cm⁻¹	impureté CO_2
1635 cm⁻¹	δ NH2
1154 cm⁻¹	v_a SiOC
1088 cm⁻¹	δ SiOSi

a.   b.

Figure III-32 : a. spectre différence d'absorbance entre les deux spectres InfraRouge après et avant greffage de l'aminopropyldiméthyléthoxysilane et b. récapitulatif des bandes de vibration observées sur ce spectre différence.

Nous pouvons ainsi constater sur le spectre différence de la Figure III-32.a. la formation de liaisons Si-O-Si, caractérisées par une bande de vibration à 1088 cm⁻¹. Ces liaisons Si-O-Si sont formées soit par condensation d'un monoalcoxysilane sur la surface, soit par condensation des fonctions alcoxy et silanols dans la couche d'enrobage.

Nous observons également l'apparition de bandes caractéristiques de l'aminopropyl-diméthyléthoxysilane,[242,243,244] comme indiqué dans le récapitulatif de la Figure III-32.b. Deux bandes caractéristiques des fonctions amines apparaissent à 3299 cm⁻¹ (v_a NH2), et à 1635 cm⁻¹ (δ NH2). Les vibrations à 2965 (faible), 2916 et 2847 cm⁻¹, caractéristiques des chaînes alkyles supplémentaires de l'alcoxysilane apparaissent également. De plus, la vibration large à 3300 cm⁻¹ des liaisons O-H a été en partie éliminée au cours de la fonctionnalisation : des *Si-OH* se sont condensés.

Ainsi, la spectroscopie InfraRouge met en évidence la modification de la surface des nanoparticules au cours de la fonctionnalisation, par l'apparition de bandes caractéristiques de l'aminopropyltriméthoxysilane. Elle montre également une condensation des fonctions silanols en ponts siloxanes.

A.2 **Quantité de monoalcoxysilanes en surface**

Afin d'obtenir des mesures quantitatives caractérisant cette fonctionnalisation de la surface des particules, d'autres méthodes sont utilisées, à savoir le dosage élémentaire, la RMN ²⁹Si et l'Analyse ThermoGravimétrique.

---

[242] C.H. Chiang, H. Ishida, J. Koenig, J. Coll. Inter. Sci., 1981, 83, 2, 361-370
[243] C.H. Chiang, H. Ishida, J. Koenig, J. Coll. Inter. Sci., 1980, 74, 2, 396-404
[244] J.W. de Haan, H.M. Van den Bogaert, J.J. Ponjeé, L.J.M. Van de Ven, J. Coll. Inter. Sci., 1986, 110, 591-600

a   Analyse élémentaire

Nous avons donné au service d'analyse élémentaire du CNRS de Vernaison l'échantillon de nanoparticules enrobées de silice et fonctionnalisées avec de l'aminopropyldiméthyléthoxysilane. Nous obtenons les proportions présentées dans le Tableau III-2 :

proportion	Si/V	N/Si	N/V
massique	4,06-4,07	0,0064	0,026
molaire	7,37-7,40	0,0128	0,095

Tableau III-2 : proportions en silicium, vanadium et azote obtenues par dosage élémentaire.

Les analyses élémentaires montrent que nous avons fonctionnalisé les particules avec 0,095 aminopropyldiméthyléthoxysilane par vanadate. Afin d'en déduire la densité surfacique des fonctions amines, nous devons déterminer l'épaisseur de la couche de silice initialement formée. D'après les proportions molaires obtenues nous avions introduit lors de l'enrobage des particules par la silice 7,36 - 7,39 siliciums par vanadium, soit $9,8 \pm 0,2.10^5$ siliciums par nanoparticule. Ceci correspondrait à une épaisseur de la couche de silice de 12,1 nm, en supposant une densité de la couche de silice déposée de 1,9. Cette valeur est en bon accord avec l'épaisseur de la couche de silice mesurée par MET de 10 nm. La surface des particules après enrobage de silice est ainsi comprise entre 6000 nm^2 (correspondant à l'épaisseur de couche de 10 nm mesurée par MET) et 7200 nm^2 (correspondant à l'épaisseur de couche de 12,1 nm mesurée par analyse élémentaire).

La densité surfacique en fonctions amines est donc de 1,7 - 2,1 aminopropyldiméthyl-éthoxysilanes par nm^2. Cette densité est relativement élevée, et peut être comparée aux valeurs trouvées dans la littérature. Sur des sols de silice, Suratwala a montré par analyse RMN ^{29}Si, que l'on pouvait greffer environ 2,7 - 3,2 triméthyléthoxysilanes par nm^2 de surface accessible.[245] Cette valeur est cohérente avec la densité surfacique maximale calculée à partir de considérations d'encombrement stérique par Maciel, de 2,8 monoalcoxysilanes par nm^2.[246] Nous greffons alors 60 à 75 % des monoalcoxysilanes pouvant théoriquement être accrochés sur la surface des particules. La fonctionnalisation avec une amine est donc très efficace.

Les analyses élémentaires montrent que la fonctionnalisation de surface des nanoparticules enrobées de silice est efficace et mène à une densité de surface allant de 1,7 à 2,1 aminopropyldiméthyléthoxysilanes par nm^2. Cette densité surfacique élevée correspond à un recouvrement de 60 à 75 % du recouvrement maximal possible.

---

[245] T.I. Suratwala, M.L. Hanna, E.L. Miller, P.K. Whitman, I.M. Thomas, P.R. Ehrmann, R.S. Maswell, A.K. Burnham, J. Non-Cryst. Sol., 2003, 316, 349-363
[246] D. Sindorf, G. Maciel, J. Phys. Chem., 1982, 86, 5208

b   Condensation des siliciums

La RMN [29]Si est une autre méthode permettant de déterminer la quantité d'aminopropyldiméthyléthoxysilanes greffés en surface des nanoparticules. En effet, les monoalcoxysilanes M^i présentent un déplacement chimique situé dans la gamme $\delta = 0$ - 20 ppm,[247] très différent du déplacement chimique des siliciums Q^i constitutifs de la couche d'enrobage de -80 à -120 ppm. De plus, la condensation des siliciums constitutifs de la couche d'enrobage lors de la fonctionnalisation peut traduire la condensation des monoalcoxysilanes sur la surface des nanoparticules.

L'analyse par RMN MAS [29]Si de nanoparticules enrobées de silice est tout d'abord réalisée afin de sonder l'état de condensation des siliciums constituant la couche de silice avant la fonctionnalisation. Nous avons travaillé dans des conditions permettant la relaxation totale des siliciums Q^4,[248] ce qui nous autorise à exploiter quantitativement le spectre obtenu Figure III-33.

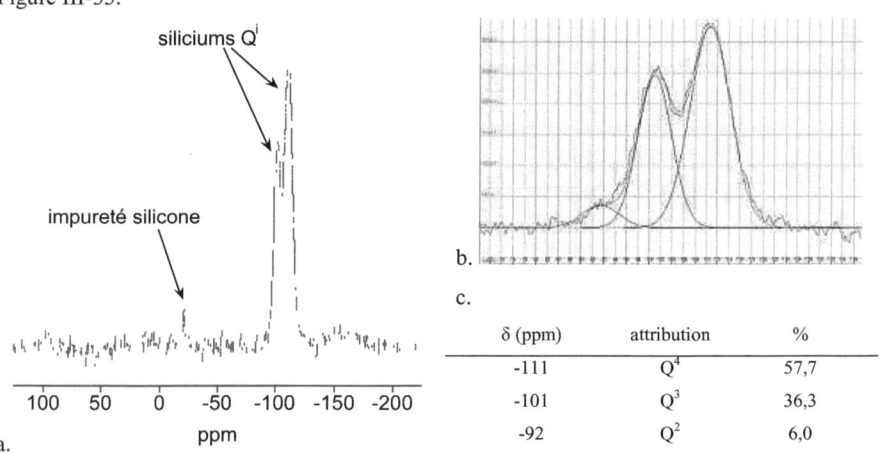

δ (ppm)	attribution	%
-111	Q^4	57,7
-101	Q^3	36,3
-92	Q^2	6,0

Figure III-33 : a. spectre RMN MAS [29]Si des particules enrobées de silice. b. modélisation du signal des siliciums Q^i. c. attribution et quantification de ces signaux.

Le spectre obtenu sur un échantillon de nanoparticules enrobées de silice (Figure III-33.a.) présente plusieurs pics : un massif constitué de trois contributions de siliciums Q^i, et un signal secondaire dû à la méthode d'acquisition.[249] Le signal de notre échantillon correspond au signal des siliciums Q^i présentant la contribution des Q^2 à -92 ppm, celle des Q^3 à -101 ppm et celle des Q^4 à -111 ppm. Par modélisation des signaux (Figure III-33.b.), nous pouvons quantifier la proportion des siliciums Q^2, Q^3 et Q^4. Le tableau de la Figure III-33.c.

[247] T.I. Suratwala, M.L. Hanna, E.L. Miller, P.K. Whitman, I.M. Thomas, P.R. Ehrmann, R.S. Maxwell, A.K. Burnham, J. Non-Cryst. Sol., 2003, 316, 349-363

[248] Nous avons pour cela choisi d'effectuer un pulse de $\pi/6$ afin de permettre une acquisition plus courte, et ainsi de limiter la durée de chaque acquisition.

[249] La méthode utilisée engendre un effet miroir du pic par rapport au centre de l'image.

les présente : la couche déposée est constituée de 57,7 % de siliciums Q^4, 36,3 % de siliciums Q^3 et 6 % de siliciums Q^2. La silice Stöber est légèrement plus condensée que notre couche de silice. Elle présente typiquement 65 % de Q^4, 30 % de Q^3, 5 % de Q^2.[182,187] Dans la couche d'enrobage, seuls 57,7 % des siliciums sont totalement condensés, et la proportion des siliciums totaux que les fonctions alcoxy et silanol non condensées représentent est 48,3 % des siliciums totaux ($\%(Q^3) + \%(Q^2) \cdot 2$).

Une poudre de nanoparticules enrobées de silice et fonctionnalisées avec l'aminopropyldiméthyléthoxysilane a été analysée par RMN MAS ^{29}Si, et le spectre obtenu après 5 jours d'acquisition a été comparé avec celui des nanoparticules simplement enrobées de silice, comme montré sur la Figure III-34.

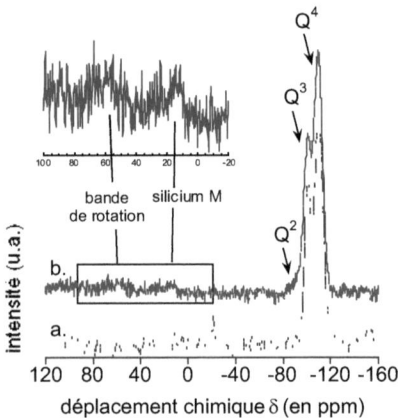

Figure III-34 : spectres RMN ^{29}Si obtenus sur une poudre de nanoparticules enrobées de silice (a.) et greffées avec de l'aminopropyldiméthyléthoxysilane (b.)

Sur le spectre des nanoparticules fonctionnalisées, nous observons la présence de siliciums tétrafonctionnels Q^i (δ = -80 à -120 ppm), d'une bande de faible intensité de siliciums M (δ = 14 ppm), ainsi que d'une bande de rotation (δ = 50 ppm).[250]

La présence de l'aminopropyldiméthyléthoxysilane sur les nanoparticules est révélée par le signal détecté à δ = 14 ppm. Ce signal très faible ne nous permet par de doser de manière précise le nombre d'alcoxysilanes. Une mesure réalisée nous donne un rapport des signaux M^i / Q^i de 2,1 %.

En revanche, il est possible d'évaluer la proportion de siliciums de la couche de silice s'étant condensés durant la réaction de fonctionnalisation. Pour cela, nous modélisons les signaux caractéristiques des siliciums Q^i par des gaussiennes, comme ceci a été fait pour les nanoparticules enrobées de silice. La décomposition du massif correspondant aux siliciums Q^i

---

[250] Cette bande est induite par la fréquence de rotation de l'échantillon, tournant à une fréquence de 12 kHz.

du spectre RMN MAS ^{29}Si des nanoparticules enrobées de silice et fonctionnalisées avec de l'aminopropyldiméthyléthoxysilane est montrée sur la Figure III-35.

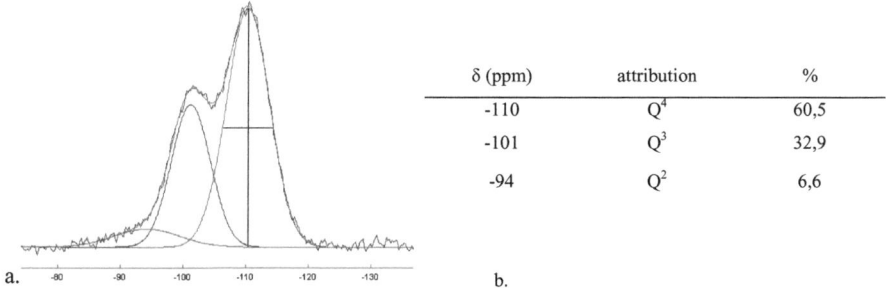

δ (ppm)	attribution	%
-110	Q^4	60,5
-101	Q^3	32,9
-94	Q^2	6,6

a.   b.

Figure III-35 : a. modélisation du signal des siliciums Q^i du spectre RMN MAS ^{29}Si des particules enrobées de silice et fonctionnalisées avec de l'aminopropyldiméthyléthoxysilane. b. attribution et quantification de ces signaux.

A l'issue de la fonctionnalisation, la plupart des siliciums non condensés après l'enrobage ne le sont toujours pas. Nous pouvons calculer une proportion de 6,6 % de siliciums Q^2, 32,9 % de siliciums Q^3 et 60,5 % de siliciums Q^4. Le signal des siliciums Q^2 a légèrement augmenté, et nous notons que l'incertitude sur la mesure est de l'ordre de 0,6 %. Le signal des siliciums Q^3 a largement diminué (passage de 36,3% à 32,9%), et la proportion des fonctions alcoxy et silanols constitue maintenant 46,1 % du silicium total.

Nous pouvons donc évaluer à 2,2 % la proportion des siliciums de l'enrobage qui s'est condensée, soit par fonctionnalisation soit par condensation. La mesure M^i / Q^i = 2,1 % semble montrer que les siliciums Q^i se sont condensés majoritairement du fait de la fonctionnalisation. Après leur enrobage par de la silice, les particules présentent une surface de 6000 à 7200 nm^2, et un nombre de siliciums par nanoparticule de l'ordre de 9,8 ± 0,2.10^5 en considérant la formation d'une couche de silice de densité 1,9. Ainsi, la densité de monoalcoxysilanes greffés sur les nanoparticules est de l'ordre de 2,8 - 3,5 par nm^2, soit autant de fonctions amines greffées par nm^2. Cette valeur est supérieure à la densité d'amines greffées en surface des particules obtenue par analyse élémentaire (de 1,7 à 2,1 amines par nm^2), mais du même ordre de grandeur. Elle est également supérieure à la densité maximale théorique calculée par Maciel.[246] Nous pouvons ainsi penser que la surface des nanoparticules est totalement recouverte par les aminopropyldiméthyléthoxysilanes.

Ainsi, nous pouvons estimer la densité de fonctions amines greffées en surface des particules par spectroscopie RMN MAS ^{29}Si comme étant de 2,8 - 3,5 aminopropyldiméthyl-éthoxysilanes par nm^2. Ceci semble montrer une couverture totale de la surface par les aminopropyldiméthyléthoxysilanes.

c   Perte en masse

Nous avons également tenté de mesurer le nombre d'aminopropyldiméthyléthoxy-silanes greffés en surface des nanoparticules, en réalisant des analyses par thermogravimétrie des échantillons enrobés de silice et greffés avec de l'aminopropyldiméthyléthoxysilane sous atmosphère oxydante. Les courbes obtenues en fonction de la température entre 150 °C et 1000 °C sont présentées sur la Figure III-36.

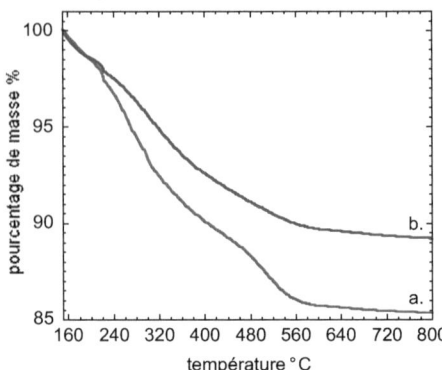

Figure III-36 : courbes de perte en masse en fonction de la température obtenues par analyse thermogravimétrique sur des échantillons de nanoparticules enrobées de silice (a.) et greffées par de l'aminopropyldiméthyléthoxysilane (b)

Ces courbes présentent une allure similaire, avec des inflexions de pente pour les mêmes températures, de 250 °C, 360 °C et 550 °C. La perte massique entre 150 °C et 1000 °C est de 14,6 % pour les nanoparticules enrobées de silice (a.) et de 10,9 % pour les nanoparticules fonctionnalisées avec de l'aminopropyldiméthyléthoxysilane. Cette perte est proportionnellement plus importante pour des nanoparticules simplement enrobées de silice que lorsqu'elles sont fonctionnalisées par des aminopropyldiméthyléthoxysilanes.

Les réactions qui entrent en jeu lors de l'analyse thermogravimétrique sont :

-    La condensation des fonctions alcoxy ou silanols de la couche d'enrobage

$$2Si-OH \xrightarrow[150°C-800°C]{} Si-O-Si+H_2O$$

$$Si-OCH_2CH_3 \xrightarrow[150°C-800°C]{} \frac{1}{2}Si-O-Si+CH_3CH_2OH$$

-    L'élimination des parties organiques de l'aminopropyldiméthyléthoxysilane

$$2Si-CH_2CH_2CH_2NH_2 +O_2 \xrightarrow[150°C-800°C]{} Si-O-Si+produits_{combustion}$$

$$2Si-CH_3 +O_2 \xrightarrow[150°C-800°C]{} Si-O-Si+produits_{combustion}$$

La perte massique très importante observée pour l'échantillon enrobé de silice montre que de nombreuses fonctions non-condensées sont présentes dans cette couche. La nature de ces fonctions, alcoxy ou silanol, n'est pas connue. Lors de la fonctionnalisation avec des monoalcoxysilanes, la perte en masse due à la fonctionnalisation est alors négligeable face à la perte due à la condensation des fonctions alcoxy et silanols, et aucune quantification probante n'a pu être réalisée par ces analyses.[251]

Ainsi, une quantification de la densité des aminopropyldiméthyléthoxysilanes greffés en surface des particules enrobées de silice a été réalisée par analyse élémentaire, et par RMN MAS [29]Si. Tandis que les analyses élémentaires montrent une densité surfacique variant entre 1,7 et 2,1 d'aminopropyldiméthyléthoxysilanes par nm², la spectroscopie RMN donne une gamme de valeurs plus élevées, de 2,8 à 3,5 monoalcoxysilanes par nm². Ces deux méthodes semblent montrer une couverture totale de la surface des nanoparticules par les aminopropyldiméthyléthoxysilanes.

Après avoir mesuré le nombre d'aminopropyldiméthyléthoxysilanes greffés sur les nanoparticules, nous nous sommes intéressés à connaître la réactivité et la stabilité de ces nanoparticules.

A.3 Caractérisation en surface des nanoparticules

L'application des nanoparticules fonctionnalisées comme sondes biologiques nécessite de connaître parfaitement l'état de surface des nanoparticules. Nous avons donc caractérisé cette surface par la stabilité des nanoparticules et sa réactivité.

a   Stabilité des particules

En fin de réaction de fonctionnalisation avec l'aminopropyldiméthyléthoxysilane, les nanoparticules fonctionnalisées ne sont stables en milieu aqueux qu'à pH < 4. Nous avons donc caractérisé l'état de dispersion des nanoparticules dans une solution à pH 4, puis leur surface par des mesures de potentiel de surface.

i   Dispersion des objets en solution

Des mesures de diffusion dynamique de la lumière ont été réalisées sur la solution de nanoparticules enrobées de silice et fonctionnalisées (Figure III-37). L'analyse en intensité, en volume et en nombre a montré que les objets étaient relativement bien dispersés, avec une seule distribution en taille. Nous avons néanmoins observé des objets polydisperses, ce qui est montré par les différences de maximum selon l'analyse.

---

[251] les fourchettes de valeurs déterminées par ATG se situent entre un recouvrement nul et total de la surface, ce qui ne nous donne aucune information pertinente.

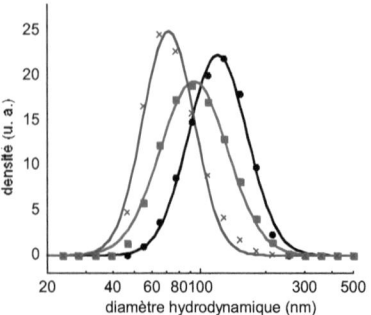

Figure III-37 : diffusion dynamique de la lumière des nanoparticules de $Y_{1-x}Eu_xVO_4$ enrobées de silice et greffées avec de l'aminopropyldiméthyléthoxysilane en intensité (●), en volume (■) et en nombre (x)

L'instabilité de la solution colloïdale pour des pH supérieurs à 4 semble montrer que la stabilité des objets est due à la présence de charges de surface. Nous avons vérifié ceci en réalisant des mesures de potentiel de surface par zétamétrie.

ii   Charges de surface

Afin de vérifier que la surface des particules a bien été modifiée lors de la fonctionnalisation, les positions des points de charge nulle des particules avant et après fonctionnalisation sont comparées.

D'après les travaux de Matijević et Lebrette,[252,253] le point de charge nulle des particules peut être mesuré dans un milieu aqueux contenant jusqu'à 10 % d'éthanol sans modification de sa position. Ainsi, pour obtenir les valeurs de potentiel ζ de nos particules, nous avons dilué la solution colloïdale dans de l'eau dont le pH a été au préalable ajusté à la valeur désirée jusqu'à l'obtention d'un mélange éthanol : eau 1 : 9.

Les courbes potentiel ζ en fonction du pH sont montrées sur la Figure III-38.

[252] M. Kosmulski, E. Matijević, Langmuir, 1992, 8, 1060-1064
[253] thèse de Séverine Lebrette, soutenue le 14 novembre 2002, université de limoges

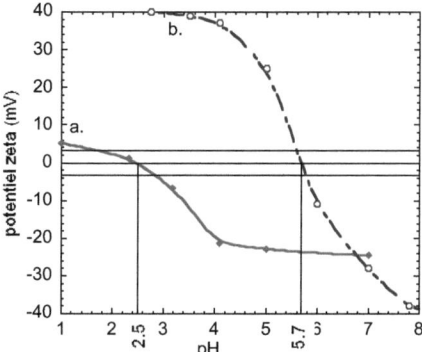

Figure III-38 : courbes de potentiel ζ en fonction du pH des nanoparticules enrobées de silice (a) et greffées avec de l'aminopropyldiméthyléthoxysilane (b).

Les nanoparticules enrobées de silice présentent un potentiel de charge nulle (PCN) à pH 2,5, c'est-à-dire très proche du point de charge nulle de la silice situé vers pH 2,2.[254,255,256] Lorsqu'elles sont fonctionnalisées avec de l'aminopropyldiméthyléthoxysilane, le PCN se situe à pH 5,7. Cette valeur, très différente de la valeur obtenue dans le cas de nanoparticules simplement enrobées de silice, montre que la surface des particules a été modifiée.

Cependant, le PCN des nanoparticules fonctionnalisées ne correspond pas à la valeur attendue, qui est celle du pK_a des amines ($pK_a = 9$). En effet, en dessous de pH 9, les amines sous forme acide, NH_3^+, sont chargées et devraient donc stabiliser les nanoparticules. Les analyses précédentes nous ayant montré que de nombreux aminopropyldiméthyléthoxysilanes ont été greffés sur les nanoparticules, nous pouvons supposer qu'un effet secondaire est à l'origine de cette valeur faible du PCN.

La présence des groupes méthyles, hydrophobes, pourrait être à l'origine de cette faible valeur du PCN. Nous pouvons également penser, comme l'ont montré Van Blaaderen *et al.*,[177] qu'un repliement de la chaîne carbonée pour former un cycle à 6 ou 7 atomes par liaison entre le silicium et l'amine est à l'origine de l'abaissement du point de charge nulle.

Ainsi, les particules fonctionnalisées ne présentent pas la même stabilité que les particules enrobées de silice. Les nanoparticules fonctionnalisées avec une amine sont stables à pH inférieur à pH 4. Elles présentent un PCN situé à pH 5,7, ce qui est très éloigné du PCN des nanoparticules enrobées de silice à pH 2,5. Leur surface a bien été modifiée. De plus, le PCN n'est pas situé au pK_a des amines primaires, ce qui semble montrer que toute la surface n'est pas recouverte d'amines ou que toutes les fonctions amines greffées ne sont pas accessibles.

[254] R.K. Iler, « the chemistry of silica », Wiley, New York, 1979
[255] M.W. Daniels, J. Sefcik, L.F. Francis, A.V. McCormick, J. Coll. Inter. Sci., 1999, 219, 351-356
[256] « Silane Coupling Agents », E.P. Pluedemann, 1982, Plenum Press, ISBN 0-306-43473-3, 95-98

L'hydrophobie des particules due à la présence des groupes méthyles de surface pourrait également expliquer le manque de stabilité en milieu aqueux des particules ainsi fonctionnalisées.

b Dosage des fonctions de surface accessibles

L'analyse élémentaire et la spectroscopie RMN ont montré que la fonctionnalisation des nanoparticules enrobées de silice par de l'aminopropyldiméthyléthoxysilane mène à une couverture totale de la surface par des monoalcoxysilanes. Nous nous attendons donc à une réactivité importante de la surface des nanoparticules.

Nous avons testé cette réactivité en réalisant un dosage par fluorescence des amines réactives en surface des nanoparticules. Ce dosage a été réalisé par réaction des amines greffées en surface des nanoparticules avec une molécule fluorescente, la fluoresceine isothiocyanate.

i Propriétés de la fluoresceine isothiocyanate

La fluoresceine isothiocyanate (FITC), dont la représentation schématique est donnée sur la Figure III-40.1., est une molécule organique fluorescente. Sa réactivité est due au groupement isothiocyanate de la molécule. Il réagit fortement avec les amines primaires selon la réaction décrite sur la Figure III-39 produisant une thio urée.

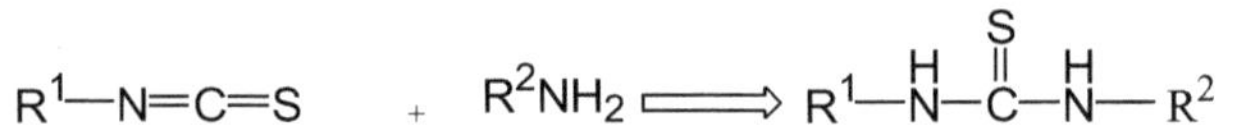

$$R^1{-}N{=}C{=}S \quad + \quad R^2NH_2 \Longrightarrow R^1{-}\overset{H}{N}{-}\overset{\overset{\displaystyle S}{\|}}{C}{-}\overset{H}{N}{=}R^2$$

Figure III-39 : schéma de la réaction d'un isothiocyanate sur une amine primaire.

L'utilisation d'une telle molécule semble donc appropriée pour le dosage de l'aminopropyldiméthyléthoxysilane. Les propriétés optiques de la FITC dépendent fortement du pH de la solution, et sont optimales à pH 8.[257] Nous avons donc réalisé le dosage à ce pH. La solution tamponnée utilisée pour le dosage ne devant pas contenir d'amines pour ne pas interférer avec le dosage, nous avons choisi de tamponner la solution à doser avec une solution d'hydrogénophosphates de sodium à pH 8.

Les propriétés optiques de la molécule dans un mélange 20 : 1 éthanol : eau tamponnée à pH 8 sont résumées sur la Figure III-40.2.[258]

---

[257] Voir Molecular Probes, invitrogen detection technologies, Amine-Reactive Probes, labeling protocol.
[258] L'ajout d'eau à pH 8 a été réalisé afin de tamponner la solution d'éthanol.

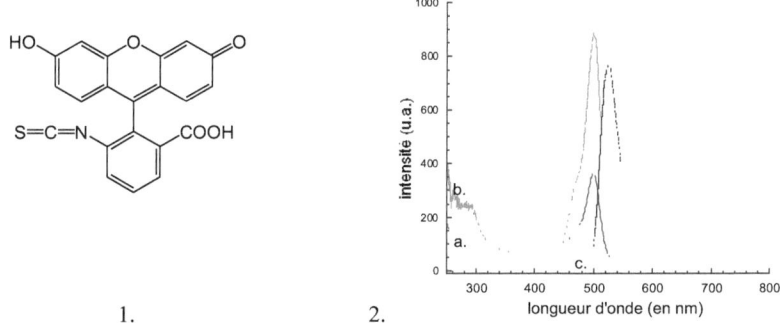

1.   2.

Figure III-40 : 1. représentation schématique de la fluoresceine isothiocyanate et 2. courbes a) d'absorption ; b) d'excitation (λ_{em} = 515 nm) ; et c) d'émission (λ_{exc} = 475 nm) de la Fluoresceine isothiocyanate dans un mélange 20 : 1 éthanol : tampon phosphate à pH 8.

Le spectre d'absorbance (a.) montre la présence d'une bande d'absorption présentant un maximum à 500 nm, ce qui donne la couleur orange de la FITC. Une excitation dans cette bande permet d'obtenir une émission de fluorescence, dont le maximum est à 525 nm, comme le montrent les spectres d'excitation et d'émission b. et c.

Le faible recouvrement des spectres d'émission et d'excitation de la FITC et des particules est mis en évidence sur la Figure III-41, et justifie l'utilisation de la FITC dans ce dosage.

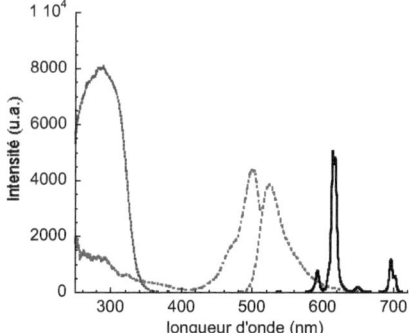

Figure III-41 : spectres d'excitation (λ_{em} = 617 nm) (…) et d'émission (λ_{exc} = 280 nm) (continu) des nanoparticules de $Y_{1-x}Eu_xVO_4$, et spectres d'excitation (λ_{em} = 515 nm) (. -.) et d'émission (λ_{exc} = 475 nm) (---) de la FITC.

En effet, une excitation à 500 nm permet d'exciter la FITC seule. Cependant, les bandes d'absorption et d'émission de la FITC se recouvrant, il est nécessaire d'exciter à une longueur d'onde inférieure à 500 nm, afin de pouvoir quantifier le signal d'émission. Une excitation à 475 nm paraît être un bon compromis. Les courbes d'étalonnage de l'intensité d'émission de fluorescence de la FITC après une excitation à 475 nm et à 500 nm en fonction de la concentration ont été réalisées et sont montrées sur la Figure III-42.a. Ainsi, connaissant l'intensité de fluorescence après une excitation à 475 nm ou à 500 nm, nous pouvons en déduire la concentration en FITC dans notre solution.

Une excitation à 280 nm permet en revanche d'exciter à la fois les nanoparticules et la FITC. Le dosage de la quantité de nanoparticules présentes en solution ne peut donc être réalisé par fluorescence et a été fait par des mesures d'absorbance à 280 nm. L'absorbance à 280 nm a deux contributions, celle des vanadates et celle de la FITC, qu'il faut éliminer. Une calibration de l'absorbance de la FITC en solution en fonction de sa concentration est réalisée et montrée sur la Figure III-42.b.

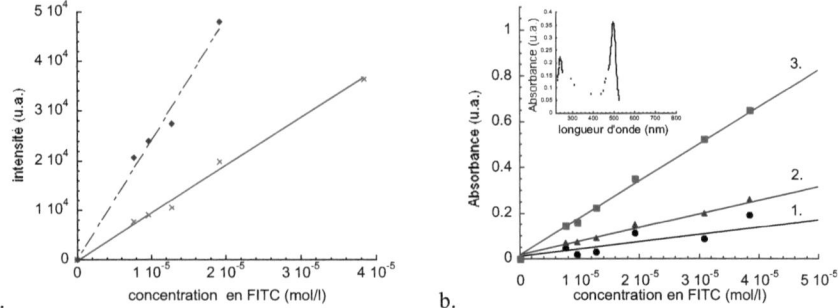

Figure III-42 : a. courbes d'étalonnage de l'intensité d'émission de fluorescence de la FITC à λ_{em} = 475 nm (x) et à λ_{em} = 500 nm ; b. courbes d'étalonnage de l'absorbance de la FITC à 280 nm (1) ; 475 nm (2) et 500 nm (3), spectre d'absorbance de la FITC en insert

Le coefficient d'extinction molaire de la FITC est déterminé à différentes longueurs d'onde comme étant de $\varepsilon_{280\,nm}$ = 14680 L.mol^{-1}.cm^{-1}, de $\varepsilon_{475\,nm}$ = 27560 L.mol^{-1}.cm^{-1} et de $\varepsilon_{500\,nm}$ = 75650 L.mol^{-1}.cm^{-1}.

ii   Protocole du dosage

Le protocole de greffage préconisé par Molecular probes met en jeu l'ajout lent de FITC dissoute dans du DMF sur une solution tamponnée de la solution contenant l'amine. La solution est ensuite laissée 1 heure à température ambiante sous agitation. La purification se fait ensuite par séparation sur colonne.[257]

Pour notre étude, il était nécessaire de travailler avec un excès de FITC, afin de pouvoir doser toutes les amines réactives. De plus, le milieu de réaction lors du greffage de l'aminopropyltriéthoxysilane étant un milieu hydro-alcoolique, nous préférions réaliser le greffage de la FITC dans un tel milieu. Nous avons donc utilisé le protocole suivant :

Sur une solution de nanoparticules fonctionnalisées avec de l'aminopropyldiméthyléthoxysilane dans un mélange éthanol : eau 3 : 1, est ajouté un même volume d'éthanol contenant 50 équivalents de FITC par rapport au vanadate. La solution est mise à chauffer à 40 °C pendant 48 heures. Elle est ensuite sonifiée et purifiée par centrifugations (11000 g, 15 mn), chacune étant suivie d'une redispersion dans l'éthanol. 5 centrifugations sont réalisées pour éliminer toute la FITC libre restée en solution, comme le montre la Figure III-43 présentant des mesures d'absorbance réalisées sur les surnageants.

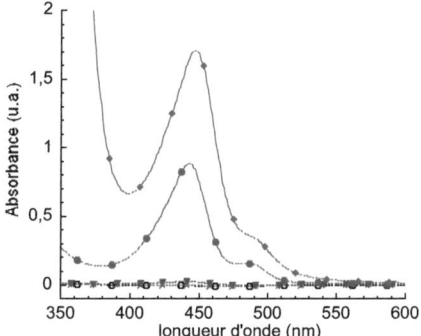

Figure III-43 : spectres d'absorbance des surnageants 1(♦), 2(●), 3(▼), 4(x) et 5(○) de centrifugations lors de l'élimination de la FITC libre.

Sur ce spectre nous pouvons observer la diminution de l'absorption des surnageants au cours des centrifugations, jusqu'à être négligeable dans les surnageants 4 et 5. Ainsi, seulement 3 centrifugations suffisent à éliminer toute la FITC libre en solution.

Le dosage des amines greffées sur les nanoparticules est alors réalisé.

Une solution de 1 ml de nanoparticules enrobées et greffées, non diluée, est mélangée à 50 μl d'une solution aqueuse tamponnée par de l'hydrogénophosphate de sodium à pH 8.

Cette solution est alors dosée par des mesures de fluorescence et d'absorbance. Les résultats du dosage sont montrés sur la Figure III-44.

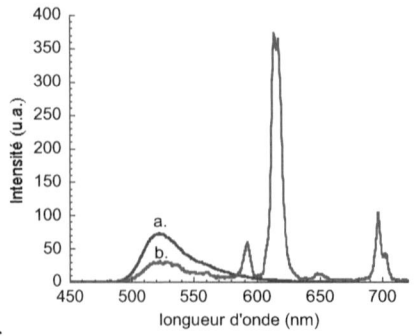

mesure	[V]	[FITC greffée]
Absorbance à 280 nm	0,94 mM	/
Absorbance à 475 et à 500 nm	/	10–13 µM
Emission (λ_{exc} = 475 nm ; 500 nm)	/	3-4 µM

1.   2.

Figure III-44 : 1. spectres d'émission des nanoparticules enrobées de silice, greffées avec de l'aminopropyl-diméthyléthoxysilane et dosées avec du FITC à 475 nm (a.) et à 280 nm (b). 2. tableau récapitulatif des concentrations de FITC et de vanadate obtenues.

Sur le spectre d'émission réalisé par excitation à 475 nm (Figure III-44.1.a.), nous observons un pic de luminescence présentant un maximum à 525 nm : c'est l'émission caractéristique de la FITC. Il y a donc bien de la FITC greffée sur les nanoparticules. Sur le spectre d'émission réalisé par excitation dans l'UV à 280 nm (Figure III-44.1.b.), nous pouvons observer l'émission des nanoparticules ainsi que celle de la FITC. Les mesures de concentrations en FITC obtenues par absorbance et par fluorescence sont données sur la Figure III-44.2. Elles sont comparables entre elles. Il existe un facteur de 3,5 entre les deux valeurs obtenues, ce qui nous donne une marge d'erreur raisonnable. Si toutes les amines de l'aminopropyldiméthyléthoxysilane ont réagi avec la FITC, nous obtenons le rapport des concentrations

$$\frac{n_{amines}}{n_{vanadate}} = 3 - 13.10^{-3}$$

En considérant qu'après enrobage, la surface des particules est comprise entre 6000 et 7200 nm^2, ceci correspond à 0,05-0,3 amines par nm^2.

Si nous comparons cette fourchette de valeurs à la fourchette déterminée par les mesures d'analyse élémentaire (1,7 à 2,1 amines par nm^2), nous avons dosé par cette méthode entre 3 et 18 % des amines greffées en surface des particules.

Ceci confirme l'accessibilité réduite des fonctions amines greffées sur les nanoparticules, comme les mesures de zétamétrie l'ont suggéré. De plus, l'encombrement stérique de la FITC peut également limiter le nombre de fonctions dosées. Enfin, nous pouvons également penser qu'un effet de concentration diminue l'intensité de fluorescence de la FITC. Nous sous-estimons alors la quantité de FITC accrochée aux particules,[259] et donc la quantité d'amines greffées.

---

[259] Un dosage en retour de la FITC greffée par dosage des surnageants a été réalisée, mais n'a pas donné de résultats car la quantité de FITC greffée correspond à une proportion trop faible de la FITC totale.

Ainsi, d'après le dosage des amines par fluorescence, le nombre de fonctions amines accessibles pour une fonctionnalisation ultérieure (avec de la FITC par exemple) est de 0,05 à 0,3 amines par nm^2.

En comparant cette mesure à l'analyse élémentaire, nous dosons par cette méthode au maximum 18 % des amines totales présentes en surface des particules. Ceci peut être dû à l'accessibilité réduite des amines greffées ainsi qu'à l'encombrement stérique de la FITC.

A.4 Conclusion

La fonctionnalisation de la surface des nanoparticules enrobées d'une couche épaisse de silice a été réalisée par condensation de monoalcoxysilanes sur la surface dans un milieu alcoolique en présence contrôlée d'eau et d'ammoniaque. Nous avons seulement étudié ici la fonctionnalisation des particules par une amine. L'analyse élémentaire indique une densité de fonctions amines de 1,7 à 2,1 amines par nm^2. Ce résultat est corroboré par des mesures de RMN MAS ^{29}Si montrant la présence de monoalcoxysilanes ainsi qu'une condensation des siliciums constitutifs de la couche d'enrobage. D'après ces mesures, sont greffés entre 2,8 et 3,5 aminopropyldiméthyléthoxysilanes par nm^2. Ces valeurs sont en accord avec la littérature, et notamment avec une fonctionnalisation maximale d'une bille de silice par du triméthylméthoxysilane calculée par Maciel de 2,8 monoalcoxysilanes par nm^2.

Tandis que les nanoparticules enrobées de silice présentent une point de charge nulle à pH 2,5, très proche du point de charge nulle de la silice, les nanoparticules fonctionnalisées avec une amine présentent un point de charge nulle très différent à pH 5,7. La surface a bien été modifiée, mais la valeur du PCN est assez éloignée de la valeur du pK_a des amines à pH 9 : les amines greffées en surface ne sont que partiellement accessibles, et ne participent pas toutes à la charge de surface.

Un dosage par fluorescence réalisé par réaction de la FITC avec des nanoparticules fonctionnalisées avec des amines donne une densité de fonctions amines réactives en surface des particules de 0,05 à 0,3 par nm^2. Le dosage réalisé ne permet donc pas de doser toutes les amines présentes en surface des particules, mais seulement de 3 à 18 % de ces amines. Ce résultat corrobore la suggestion d'une non-accessibilité des fonctions amines.

Nous avons donc vu que si de nombreux aminopropyldiméthyléthoxysilanes ont été accrochés sur la surface des nanoparticules enrobées de silice, en revanche seulement une partie de ces fonctions amines sont accessibles pour de futures réactions chimiques. Ceci semble être dû à une interaction entre l'amine et le silicium au pH de la réaction, qui diminue fortement la réactivité et l'accessibilité des amines.

Nous avons alors regardé si cet effet existait également lors d'une fonctionnalisation par des trialcoxysilanes fonctionnalisés.

B Surface des nanoparticules fonctionnalisées avec un trialcoxysilane.

La deuxième voie de fonctionnalisation a consisté à fonctionnaliser les nanoparticules de $Y_{1-x}Eu_xVO_4$ par une couche de polysiloxanes fonctionnalisés. L'épaisseur de cette couche a déjà été discutée, et un schéma des objets obtenus est reporté sur la Figure III-45.

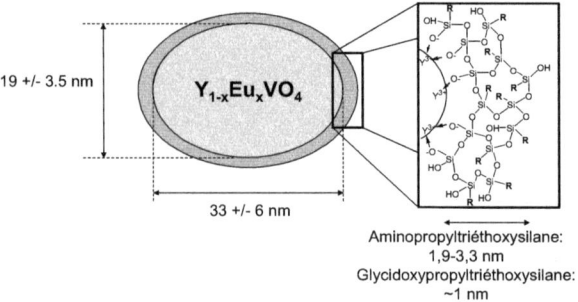

Figure III-45 : schéma des nanoparticules $Y_{1-x}Eu_xVO_4$ après la fonctionnalisation par un trialcoxysilane. Les fonctions R représentent les chaînes alkyles greffées sur le silicium des trialcoxysilanes.

Cette couche correspond à un recouvrement de la surface par 8 glycidoxypropyl-triméthoxysilanes / nm², et entre 23 et 53 aminopropyltriéthoxysilanes / nm². Nous ne déposons donc pas une monocouche de trialcoxysilanes sur la surface. Chacun de ces alcoxysilanes portant un groupe fonctionnel, certains de ces groupes sont ainsi emprisonnés dans la couche polymérique, tandis que d'autres sont situés en surface des particules, comme schématisé Figure III-46.

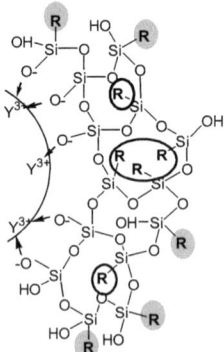

Figure III-46 : représentation de la position des différentes fonctions R introduites en surface des particules lors de la fonctionnalisation : prisonnières du réseau (cerclées) ou pointant vers l'extérieur (grisées).

La présence de telles fonctions en surface des particules modifie alors l'état de la surface, et donc la stabilité des nanoparticules, que nous allons caractériser.

De plus, ce sont ces mêmes fonctions en surface qui seront à l'origine de la réactivité des nanoparticules fonctionnalisées : ce sont les seules qui soient accessibles par des entités extérieures, et donc réactives. Nous proposons donc de déterminer leur nombre.

Pour cela, nous devons employer des techniques de mesures permettant de distinguer les fonctions de surface des fonctions prisonnières dans la couche de polysiloxanes. Des dosages mettant en jeu des réactions de surface avec les fonctions greffées semblent donc tout indiqués, car ils permettent de déterminer directement le nombre de fonctions réactives.

B.1 Stabilité des particules

La présence de fonctions en surface des nanoparticules peut modifier la charge de surface, et ainsi la stabilité des nanoparticules en solution. Nous avons donc caractérisé qualitativement la modification de la surface par des mesures de point de charge nulle avant et après la fonctionnalisation. L'état de stabilité de la solution a également été sondé par des mesures de diamètre hydrodynamique.

a   Etat de la surface

Après fonctionnalisation par du glycidoxypropyltriméthoxysilane, nous avons observé que la solution colloïdale est légèrement diffusante, traduisant une instabilité des nanoparticules. Des transferts dans différents solvants ont été tentés sans succès pour stabiliser les nanoparticules : elles floculent dans l'eau, dans le propanol, dans l'éthanol pur, et dans le DMF.[260] Une fonctionnalisation des nanoparticules par du glycidoxypropyltriméthoxysilane recouvre la surface avec des cycles époxy électriquement neutres, aucune stabilisation par répulsion électrostatique n'est alors attendue.

Afin de vérifier que l'instabilité des nanoparticules est due à la présence de fonctions neutres, des mesures de potentiel de surface en fonction du pH ont été réalisées après fonctionnalisation. Ces particules se trouvant dans un mélange de solvants éthanol : eau 3 : 1, nous avons comme précédemment dilué la solution colloïdale dans de l'eau à un pH défini jusqu'à l'obtention d'un mélange éthanol : eau 1 : 9 pour réaliser les mesures.

Parallèlement, après une fonctionnalisation des nanoparticules avec de l'aminopropyltriéthoxysilane, la solution est également floculée. Un transfert dans une solution aqueuse à pH 9 ne permet pas de stabiliser les nanoparticules. En revanche, un abaissement du pH à 4,7 avec de l'acide acétique permet une stabilisation des objets.[261] Nous pouvons donc penser que la stabilité des nanoparticules est due à la présence de charges de surface. En effet, les amines pouvant être chargées pour un pH inférieur à leur pK_a, nous pouvons espérer une stabilisation des particules à faible pH en solution aqueuse.

---

[260] des mesures de diffusion dynamique de la lumière réalisées sur un échantillon fraîchement sonifié, non montrées ici, indiquent néanmoins la présence de gros objets et d'objets de diamètre hydrodynamique de 40 nm.
[261] les mesures de diffusion dynamique de la lumière réalisées à un tel pH montrent une population d'objets polydisperses compatible avec des objets bien dispersés.

Une mesure du potentiel ζ en fonction du pH a alors été menée afin de détecter le point de charge nulle des particules.

Les courbes obtenues pour les nanoparticules fonctionnalisées sont montrées sur la Figure III-47. Elles sont comparées aux valeurs obtenues avant fonctionnalisation.

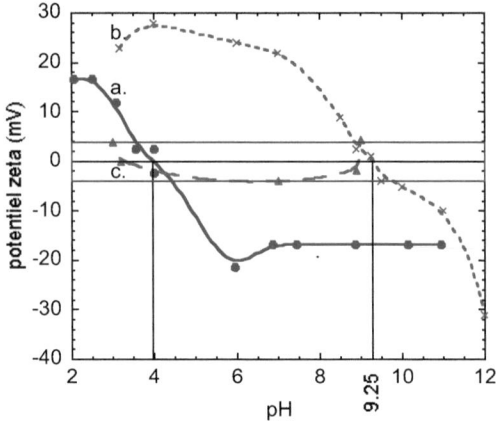

Figure III-47 : courbes de potentiel ζ en fonction du pH des nanoparticules silicatées (a.) et greffées avec de l'aminopropyltriéthoxysilane (b.) ou du glycidoxypropyltriméthoxysilane (c.).

Avant fonctionnalisation, et après fonctionnalisation avec une amine, les courbes de potentiel ζ en fonction du pH présentent des variations conséquentes. Nous pouvons déterminer le point de charge nulle des nanoparticules greffées avec une amine comme étant à pH 9 (courbe b.), bien différent de celui avant greffage à pH 4 (courbe a.). Ceci montre une modification de la surface des particules par une fonction dont le pK_a, autour de 9, correspond bien à ce qui est attendu pour une amine.

En revanche, la courbe c. montre que la surface des nanoparticules après fonctionnalisation avec du glycidoxypropyltriméthoxysilane est neutre indépendamment de la valeur du pH. Ceci semble indiquer la présence de fonctions époxy en surface.[262]

Ainsi, les mesures de potentiel de surface réalisées sur les solutions colloïdales après fonctionnalisation montrent la présence des groupes époxy et des fonctions amines en surface des nanoparticules, régissant leur stabilité. En effet, les groupes époxy neutralisent la surface des nanoparticules, ce qui déstabilise la solution colloïdale, tandis que les amines donnent aux nanoparticules un point de charge nulle de surface à leur pK_a, soit à pH 9.

Nous avons alors voulu déterminer l'influence de ces fonctions de surface sur la réactivité des nanoparticules.

---

[262] Ce cycle époxy neutre peut s'ouvrir pour mener à la formation d'un diol en milieu acide ou basique (J.N. Brönsted, M. Kilpatrick, M. Kilpatrick, J. Am. Chem. Soc., 1929, 51, 428-461; J.G. Pritchard, F.A. Long, J. Am. Chem. Soc., 1956, 78, 12,2667-2670)

B.2 Réactivité de surface

Les fonctions greffées en surface des particules ne sont pas nécessairement accessibles à de futures réactions, comme nous l'avons schématisé sur la Figure III-46. Afin de quantifier le nombre de fonctions de surface apportant réellement une fonctionnalité à la nanoparticule, des dosages par colorimétrie et fluorescence des fonctions amines et des groupes époxy ont été réalisés.

a   *Dosage des amines par la FITC*

Un dosage du nombre d'amines greffées sur les nanoparticules par réaction avec la FITC est réalisé de la même manière que précédemment.

Une solution de 1 ml de nanoparticules fonctionnalisées avec de l'aminopropyl-triéthoxysilane et ayant réagi avec la FITC dans l'éthanol est mélangée à 50 µl d'une solution aqueuse tamponnée par de l'hydrogénophosphate de sodium à pH 8. Les solutions dosées n'étant pas stables dans l'éthanol, ceci peut augmenter artificiellement l'absorbance par des effets de diffusion. Les mesures obtenues par absorbance pourront donc être surévaluées.

Les mesures obtenues sont montrées sur la Figure III-48.

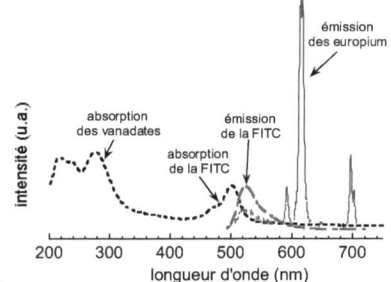

mesure	[V]	[FITC greffée]
Absorbance à 280 nm	1,3 mM	/
Absorbance à 475 et à 500 nm	/	27-34 µM
Emission (λ_{exc} = 475 nm ; 500 nm)	/	4 -5 µM

a.   b.

Figure III-48 : a) spectres d'absorbance (---), et d'émission obtenus en excitant les vanadates (λ_{exc} = 280 nm, ligne continue) ou le FITC (λ_{exc} = 475 nm, large ---) des nanoparticules dosées. b) mesures de [V] et [FITC greffée] obtenues par absorbance et par spectrofluorimétrie.

Sur le spectre d'absorbance, nous notons bien la présence de la FITC par l'absorption à 500 nm, ainsi que celle des particules absorbant à 280 nm. Les concentrations déterminées par absorbance sont telles que $\left[FITCgreffée\right]\big/_{[V]} = 20 - 26 \cdot 10^{-3}$.

En excitant les nanoparticules à 280 nm (Figure III-48.a.), nous observons la luminescence de l'europium, ainsi que la luminescence de la FITC. En revanche, pour une excitation à 475 nm ou à 500 nm, seule la luminescence de la FITC apparaît. Les concentrations en FITC obtenues par fluorescence sont données sur la Figure III-48.b, et correspondent à $\left[FITCgreffée\right]\big/_{[V]} = 3 - 4 \cdot 10^{-3}$.

La concentration après greffage déduite par absorbance est supérieure à celle déterminée par fluorescence d'un facteur 6,5. Ceci peut être dû à une diminution de la fluorescence de la FITC greffée sur les nanoparticules par un effet de concentration.

Nous pouvons ainsi donner une fourchette de la quantité de FITC greffée à la surface des particules de 3.10^{-3} à 26.10^{-3} FITC greffée par vanadate. Les molécules de FITC greffées sur les particules ont réagi avec les amines réactives et accessibles de la particule. Ainsi, en supposant que les nanoparticules contiennent en moyenne 133000 vanadates chacune, et que l'épaisseur de la couche polymérique d'aminopropyltriéthoxysilane déposée est de 1,9 – 3,3 nm (la surface moyenne d'une nanoparticule varie alors de 2500 à 3000 nm^2), chaque nanoparticule présente des amines accessibles en surface, à raison de 0,1 à 1,4 amines par nm^2.

Cette valeur est plus faible que la quantité de trialcoxysilanes greffés par nanoparticule, de l'ordre de 23 à 53 aminopropyltriéthoxysilanes / nm^2 d'après les mesures d'ATG. Nous pouvons donc considérer que la plupart des amines greffées sur les nanoparticules ne sont pas accessibles. Elles sont ainsi majoritairement situées dans la couche polymérique, et ne participent pas à la réactivité de la nanoparticule.

Nous avons ensuite envisagé de doser les groupes époxy de surface réactifs. Cependant, plusieurs équipes ayant étudié la dénaturation de la fonction époxy, c'est-à-dire l'ouverture du cycle époxy dans des conditions de solvant, pH et catalyseurs variés, ont montré que l'ouverture par un nucléophile est possible, et notamment par l'eau et l'éthanol en milieu basique (Innocenzi *et al.* ont étudié l'ouverture du cycle époxy du glycidoxypropyl-triméthoxysilane en présence d'un catalyseur,[263] et l'équipe de Metroke dans un film par RMN ^{13}C)[227].

La réaction de fonctionnalisation ayant eu lieu dans un mélange éthanol : eau, le cycle époxy du glycidoxypropyltriméthoxysilane a pu réagir avec ces solvants et former des diols ou étheroxydes selon les réactions évoquées sur la Figure III-49.[264]

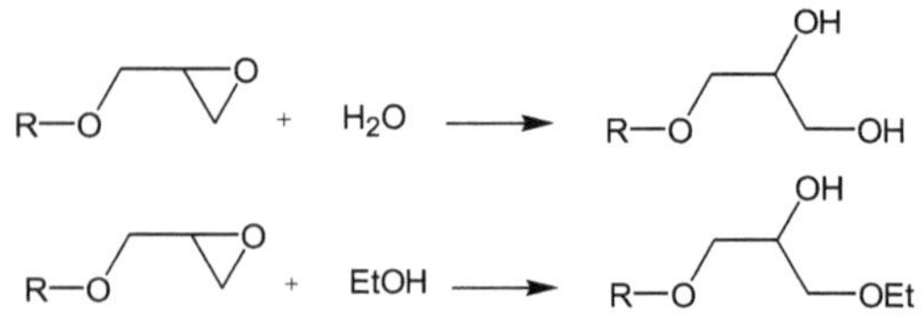

Figure III-49 : réactions d'ouverture du cycle époxy par l'eau et l'éthanol.

Nous avons donc tout d'abord caractérisé la proportion de glycidoxypropyl-triméthoxysilanes ayant réagi avec les solvants, et qui ne présentent plus la réactivité escomptée, avant de doser les groupes époxy par colorimétrie.

[263] P. Innocenzi, G. Brusatin, F. Babonneau, Chem. Mater. 2000, 12, 3726-3732
[264] ces réactions sont montrées sur la Figure III-49

b   Perte de réactivité des groupes époxy

Afin de mettre en évidence l'ouverture des cycles époxy au cours de la réaction de greffage, nous avons caractérisé par RMN MAS [13]C l'échantillon non purifié de nanoparticules silicatées et greffées avec du glycidoxypropyltriméthoxysilane.[265] Le signal observé vient principalement de glycidoxypropyltriméthoxysilanes non greffés sur les nanoparticules. Nous supposons donc que l'ouverture des cycles époxy ne dépend pas de l'état de condensation des alcoxysilanes, et est identique pour les alcoxysilanes greffés et en solution.

Afin de pouvoir différencier correctement les signaux des carbones sur le spectre, ces signaux ont été découplés, ce qui rend la mesure non quantitative. Nous pouvons néanmoins obtenir des informations qualitatives sur l'ouverture des cycles époxy.

Le spectre obtenu après quelques jours d'accumulations est montré sur la Figure III-50.

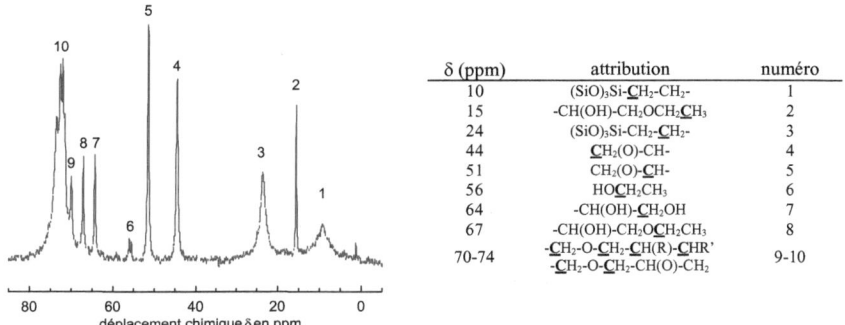

δ (ppm)	attribution	numéro
10	(SiO)$_3$Si-$\underline{C}$H$_2$-CH$_2$-	1
15	-CH(OH)-CH$_2$OCH$_2$$\underline{C}H_3$	2
24	(SiO)$_3$Si-CH$_2$-$\underline{C}$H$_2$-	3
44	$\underline{C}$H$_2$(O)-CH-	4
51	CH$_2$(O)-$\underline{C}$H-	5
56	HO$\underline{C}$H$_2$CH$_3$	6
64	-CH(OH)-$\underline{C}$H$_2$OH	7
67	-CH(OH)-CH$_2$O$\underline{C}$H$_2$CH$_3$	8
70-74	-$\underline{C}$H$_2$-O-$\underline{C}$H$_2$-$\underline{C}$H(R)-$\underline{C}$HR' -$\underline{C}$H$_2$-O-$\underline{C}$H$_2$-CH(O)-CH$_2$	9-10

Figure III-50 : spectre RMN MAS ^{13}C obtenu après quelques jours d'acquisition sur des nanoparticules silicatées et greffées avec du glycidoxypropyltriméthoxysilane.

Les pics ont été attribués en accord avec la littérature,[266,267,268] et les résultats sont présentés sur le tableau de la Figure III-50. Deux pics sont caractéristiques du cycle époxy fermé, les pics à 51 ppm (n° 5) et 44 ppm (n° 4). Lorsque le cycle est ouvert, ces deux pics sont déblindés. L'apparition des pics caractéristiques de l'ouverture du cycle époxy par l'éthanol (67 ppm, n° 8) et l'eau (64 ppm, n° 7) montre qu'il y a bien une attaque nucléophile des solvants sur le cycle époxy.

De plus, le glycidoxypropyltriméthoxysilane est condensé, ce qui est révélé par l'élargissement des pics des carbones proches du silicium (10 ppm, n° 1 et 24 ppm, n° 3) : le

---

[265] Une mesure sur un échantillon purifié n'a pas permis d'obtenir des signaux d'intensité suffisante pour une analyse.
[266] P. Innocenzi, A. Sassi, G. Brusatin, M. Guglielmi, D. Favretto, R. Bertani, A. Venzo, F. Babonneau, Chem. Mater., 2201, 13, 3635-3643
[267] G.R. Bogart, D.E. Leyden, T.M. Wade, W. Schafer, P.W. Carr, J. Chromatogr., 1989, 483, 209-219
[268] D. Hoebbel, M. Nacken, H. Schmidt, J. Sol-Gel Sci. Technol., 2000, 19, 305-309

degré de liberté des liaisons carbone-carbone est plus faible du fait de la proximité d'une surface solide, ce qui mène à un élargissement des pics du carbone.

Afin d'évaluer la proportion de cycles époxy ouverts lors de la réaction de greffage, nous avons alors pensé réaliser une étude quantitative de l'ouverture du cycle époxy du glycidoxypropyltriméthoxysilane par chromatographie en phase gazeuse (CPV).[269] Malheureusement, le glycidoxypropyltriméthoxysilane se condense dans la colonne, et la réaction ne peut être suivie.

Nous avons alors travaillé avec une molécule organique similaire à la chaîne alkyle du glycidoxypropyltriméthoxysilane, dont la formule semi-développée est donnée sur la Figure III-51 : le glycidylisopropyléther.

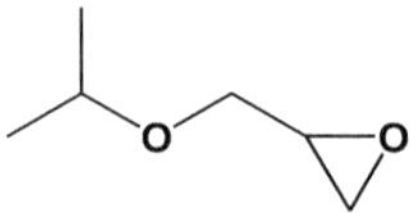

Figure III-51 : formule semi-développée du glycidylisopropyléther.

Cette molécule présente un cycle époxy dont l'environnement immédiat est identique à celui du glycidoxypropyltriméthoxysilane, et dont on suppose alors qu'il présente la même réactivité vis-à-vis d'un nucléophile.

Afin d'évaluer la réactivité du cycle époxy face aux solvants et à la surface silicatée des nanoparticules, le glycidylisopropyléther a ainsi été introduit dans des conditions de greffage en présence de nanoparticules silicatées. Une référence, le diméthylacétamide, est également introduite dans le milieu afin de rendre la mesure quantitative. L'ouverture du cycle par l'eau et l'éthanol est suivie au cours du temps de réaction par CPV. Nous avons vérifié au préalable que le glycidylisopropyléther et ses produits d'ouverture par l'eau et l'éthanol présentent des coefficients de réponse très similaires entre eux.[270]

---

[269] L'appareil est constitué d'une colonne polaire ou apolaire dans un four, dans laquelle passe l'échantillon vaporisé au niveau de l'injecteur. Selon leur affinité avec la colonne, les produits ont un temps de rétention plus ou moins long, et sont détruits en sortie de colonne. Chaque produit a un coefficient de réponse défini, qui correspond à l'aire sous le pic de rétention observé pour une quantité de produit définie.

[270] En l'absence de particules dans le milieu, l'aire totale des produits issus du glycidylisopropyléther (glycidylisopropyléther, produits d'ouverture par l'eau et par l'éthanol) est constante au cours du temps, montrant que les coefficients de réponse sont similaires.

L'analyse de la solution par CPV en fin de réaction est montrée sur la Figure III-52.

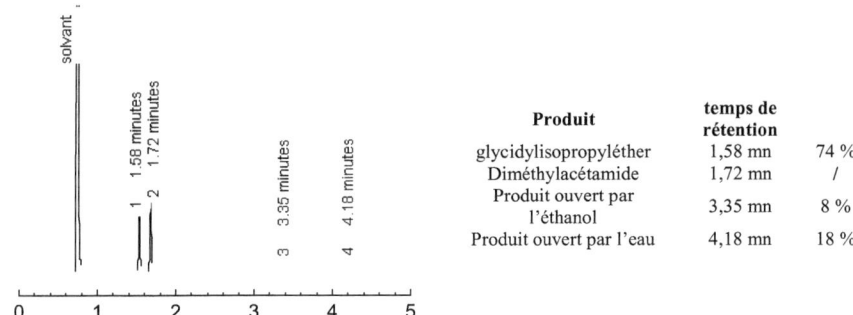

Produit	temps de rétention	
glycidylisopropyléther	1,58 mn	74 %
Diméthylacétamide	1,72 mn	/
Produit ouvert par l'éthanol	3,35 mn	8 %
Produit ouvert par l'eau	4,18 mn	18 %

a.   temps de rétention dans la colonne (mn)   b.

Figure III-52 : a. analyse CPV obtenue après 24 heures à reflux de la solution de glycidylisopropyléther en présence de nanoparticules silicatées dans un mélange éthanol : eau 3 : 1 ; b. attribution et intégration des pics.

L'attribution des pics a été réalisée en couplant une analyse par CPV et une analyse par spectrométrie de masse. Le produit ayant une plus faible affinité pour la colonne (3,35 mn) a une masse de 161 g.mol^{-1}, caractéristique de l'ouverture du cycle par un éthanol, tandis que celui présentant la plus forte affinité avec la colonne (4,18 mn) a une masse molaire de 134 g.mol^{-1}, typique d'une ouverture du cycle époxy par l'eau.

Ainsi, après 24 heures à reflux, 26 % des cycles époxy initiaux ont été ouverts par les solvants, et 74 % sont restés fermés. Lorsque le chauffage a été arrêté, la cinétique de l'ouverture de l'époxy a diminué d'un facteur 12, ce qui permet de considérer que la proportion de groupes époxy ouverts nc varie pas après le chauffage.

De plus, l'aire totale des produits de réaction et de l'époxy est constante au cours du temps : le cycle époxy n'a pas réagi avec la surface des particules.

Nous avons donc observé l'ouverture du groupe époxy du glycidylisopropyléther par les solvants de réaction, qui atteint 26 % après le temps de réaction. En supposant que l'ouverture du cycle ne dépend pas de la présence d'un silane proche, nous pouvons transposer ce résultat au glycidoxypropyltriméthoxysilane : un quart des glycidoxypropyltriméthoxysilanes greffés n'est plus réactif après l'étape de fonctionnalisation.

Nous avons alors cherché à doser le nombre de groupes époxy réactifs et accessibles pour de futures réactions. Pour cela, nous avons mis en place un dosage colorimétrique des groupes époxy.

c   *Dosage colorimétrique des groupes époxy*

Afin de doser le nombre de groupes époxy accessibles en surface des particules après la réaction de greffage du glycidoxypropyltriméthoxysilane, une attaque nucléophile du cycle époxy par une molécule colorée a été étudiée.

Pour cela, nous avons utilisé des colorants azoïques, dont la synthèse est maîtrisée au laboratoire. La forme générale de ces colorants est montrée sur la Figure III-53.

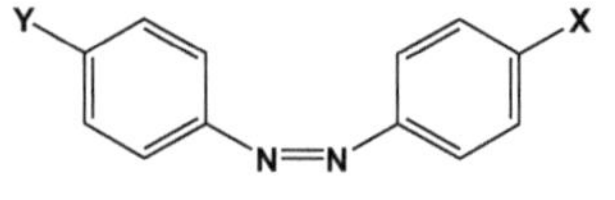

Figure III-53 : schéma général des molécules de colorant de type diazoïque.

Ces colorants présentent une fonction azo, constituée d'une double liaison N=N, située en α de deux phényls et permettant une délocalisation sur toute la molécule des électrons π. Cette délocalisation totale des électrons est à l'origine de l'absorption dans le visible des molécules. La réactivité d'un tel colorant dépend de la nature des groupements fonctionnels X et Y. Nous avons réalisé un dosage par des colorants azoïques possédant comme fonction X la fonction nitro (NO_2) et comme fonction Y une fonction nucléophile, la fonction thiol -SH ou la fonction amine $-NH_2$, qui peut attaquer un cycle époxy.

i   Mise en place du protocole expérimental

Une étude préliminaire a été menée en milieu homogène avec le glycidylisopropyl-éther (Figure III-51), afin de connaître la réactivité du cycle époxy vis-à-vis de la fonction nucléophile envisagée. Cette étude en milieu homogène permet de caractériser les produits de réaction par des méthodes habituelles comme la CPV, la RMN ^{1}H et ^{13}C liquide, l'InfraRouge, et d'obtenir les rendements de réaction de l'attaque nucléophile.

L'attaque nucléophile des molécules diazoïques sur le glycidylisopropyléther se sont révélées infructueuses. Ceci peut être expliqué par la perte de nucléophilie de l'amine ou du thiol du fait de la stabilisation de leur forme basique par résonance.

Nous avons alors modifié notre approche, et décidé de former une molécule colorée en nous inspirant de la synthèse d'un colorant diazoïque, synthétisé par une attaque d'un nitroarènediazonium sur une aniline.[271]

Le principe de la synthèse envisagée est donc dans une première étape d'ouvrir le cycle époxy par la méthylaniline,[272] puis dans une seconde étape, de faire réagir le nitrobenzènediazonium avec le produit obtenu, donnant lieu à la formation d'une molécule colorée. Le principe de la synthèse est montré sur la Figure III-54.

---

[271] Traité de chimie organique, traduction de la 3eme édition américaine par Paul Depovere, Vollhardt, Schore, De Boeck Université, ISBN 2-8041-2153-X, 1999, 1019

[272] Le caractère nucléophile très fort de l'aniline entraîne en effet la formation d'un produit de double addition du glycidylisopropyléther sur une aniline.

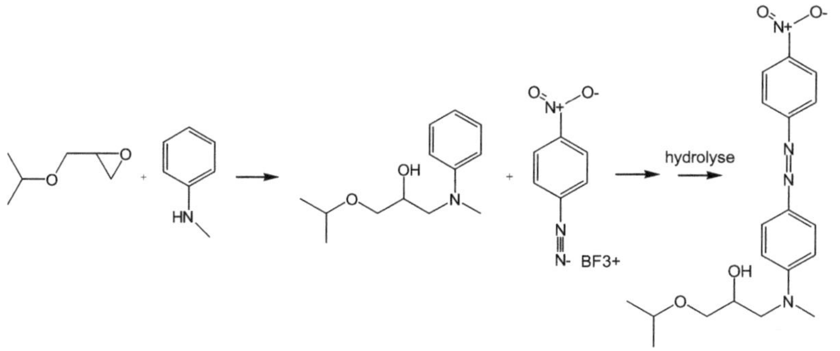

Figure III-54 : principe de la synthèse *in situ* du colorant permettant le dosage des groupes époxy.

La réaction est menée dans des conditions opératoires douces :

1 équivalent de glycidylisopropyléther et 2 de méthylaniline sont introduits dans un mélange éthanol : eau 3 : 1, chauffé à 80 °C durant 24 heures. Le produit d'addition du glycidylisopropyléther sur la méthylaniline (m/z = 223), dont la formule est montrée sur la Figure III-54, est obtenu avec un rendement de 97 %.[273] Ainsi, la réaction d'addition est totale, et les nucléophiles plus faibles tels que l'eau ou l'éthanol n'interviennent pas dans l'ouverture de l'époxy.

La seconde étape[274] met en jeu l'attaque électrophile du tétrafluoroborate de nitrobenzènediazonium sur le dérivé benzénique obtenu après la première étape, dans un mélange acide acétique / eau à froid, en présence d'acétate de potassium. La cinétique de couplage dans ces conditions est supposée être rapide.[275] Le composé benzénique est additionné goutte à goutte sur le tétrafluoroborate de nitrobenzènediazonium (1 équivalent), ce qui mène à une coloration rouge intense de la solution. Après 16 heures de réaction, le produit est purifié[276] et caractérisé par CCM, RMN ¹H et ¹³C, et spectrométrie de masse[277] comme étant le produit d'addition, que nous appelerons « colorant 1 ». Il est obtenu avec un rendement de 73 %.

Le rendement global de la formation in situ d'un colorant diazoïque sur le glycidylisopropyléther est de 70 %.[278] Ce rendement n'est pas idéal pour le dosage des groupes époxy, mais permet néanmoins d'obtenir une estimation correcte du nombre de

---

[273] Ce rendement a été calculé par masse après élimination des produits initiaux par évaporation sous vide à 80 °C, et vérification par RMN ¹H que nous avions un seul produit.
[274] appelée copulation diazoïque
[275] Dans de telles conditions, l'attaque électrophile du tétrafluoroborate de nitrobenzènediazonium sur la N,N-dipropylaniline est complète en une heure.
[276] Cette purification se fait par jet dans l'eau du produit, récupération du précipité et rinçage à l'eau, puis séchage sous vide à chaud.
[277] Les caractérisations ne sont pas montrées ici
[278] Ceci correspond au rendement global, soit 0,97*0,73 = 0,70

cycles époxy réactifs. Nous avons alors appliqué un protocole similaire pour greffer une molécule diazoïque en surface des nanoparticules.

● Application aux particules.

Une solution purifiée de nanoparticules greffées avec du glycidoxypropyl-triméthoxysilane est dosée. Cette solution contient des vanadates (1 équivalent), dont la concentration est déterminée par absorption UV-visible à 280 nm. La réaction de greffage du glycidoxypropyltriméthoxysilane sur les nanoparticules met en jeu 5 équivalents de glycidoxypropyltriméthoxysilane par rapport au vanadate. Parmi ces 5 équivalents, au minimum 4,7 sont éliminés lors de la purification par centrifugation.[279] Pour être dans les mêmes conditions opératoires que lors de la réaction en milieu homogène, c'est-à-dire en excès de méthylaniline par rapport aux cycles époxy, 5 équivalents de N-méthylaniline par rapport au vanadate sont introduits dans la solution de nanoparticules (ceci correspond donc au minimum à un excès de 17 équivalents par rapport aux cycles époxy). Le tout est mis sous agitation à 80 °C pendant 24 heures, puis dialysé contre de l'eau distillée pendant 2 jours, afin d'éliminer toute la N-méthylaniline n'ayant pas réagi.

La solution récupérée est concentrée par évaporation et introduite dans une solution d'acide acétique : eau 1 : 1 contenant 5 équivalents de tétrafluoroborate de nitrobenzènediazonium. Après quelques heures, la solution est turbide et rouge. Une purification par centrifugations successives à 11000 g pendant 30 minutes, et redispersion dans du DMSO permet d'éliminer le tétrafluoroborate de nitrobenzènediazonium en excès, ainsi que le colorant formé avec la N-méthylaniline restante. La solution obtenue après purification est rouge et limpide, signalant la présence de colorant greffé sur les nanoparticules.

Ce protocole permet ainsi de greffer sur les nanoparticules des molécules diazoïques colorées. Ces molécules peuvent alors être quantifiées par un dosage colorimétrique, que nous allons maintenant décrire.

ii **Etude colorimétrique**

Afin de doser le nombre de molécules diazoïques greffées sur les nanoparticules, nous supposons que leur coefficient d'extinction molaire est identique à celui du colorant 1, que nous pouvons facilement déterminer.

● Calibration colorimétrique

Le colorant 1 est dilué dans du DMSO et analysé en spectroscopie UV-Visible, comme le montre la Figure III-55.a. Il présente un maximum d'absorption à 506 nm, ce qui

---

[279] d'après les mesures d'ATG, le rapport siloxane/vanadate est au mieux de 0,3.

explique la couleur rouge intense du produit obtenu.[280] Un autre maximum d'absorption apparaît à 290 nm, dont il faudra tenir compte ensuite pour le dosage du vanadate à 280 nm.

Une courbe d'étalonnage de l'absorption en fonction de la concentration du colorant 1 est réalisée. Elle est présentée sur la Figure III-55.b.

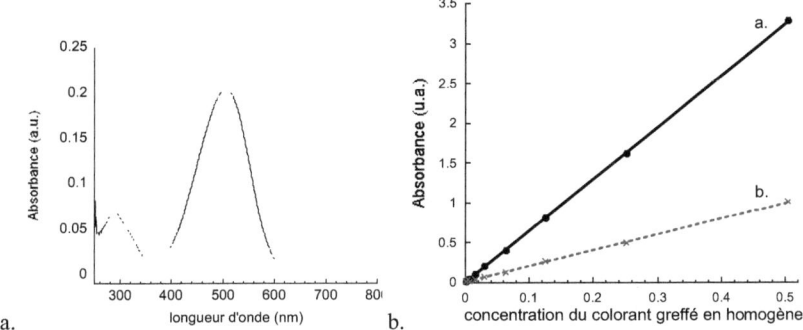

a.

b.

Figure III-55 : a. spectre UV-Visible et b. courbe d'étalonnage de l'absorption du colorant 1 en fonction de sa concentration à λ = 506 nm (●) et 280 nm (x).

Les coefficients d'extinction molaire aux deux longueurs d'onde utiles pour le dosage sont déterminés : $\varepsilon_{506\ nm}$ = 32500 L.mol^{-1}.cm^{-1} et $\varepsilon_{280\ nm}$ = 9880 L.mol^{-1}.cm^{-1}.

● Dosage des molécules diazoïques greffées sur les nanoparticules

La solution de nanoparticules greffées avec du colorant dans le DMSO est alors analysée en spectroscopie UV-visible. Le spectre obtenu présente une contribution importante de diffusion. Nous l'éliminons par soustraction d'un signal $\dfrac{\beta}{\lambda^4} + \alpha$. Le spectre corrigé des effets de diffusion est montré sur la Figure III-56.

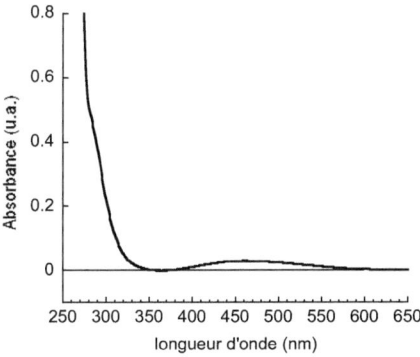

Figure III-56 : spectre d'absorption des nanoparticules greffées avec un époxy, ouvert par le colorant.

---

[280] Le colorant 1 présente lui un maximum d'absorption à 408 nm, ce qui lui vaut une couleur orange. Le décalage est expliqué par le changement d'une amine secondaire à une amine tertiaire.

Le maximum d'absorption du colorant greffé sur les nanoparticules se situe à 460 nm, soit un déplacement hypsochrome du maximum d'absorption de 46 nm par rapport au colorant greffé sur le glycidylisopropyléther. Ce déplacement peut être dû à un effet de la surface sur le cortège électronique des cycles. On considère néanmoins que ce déplacement du maximum d'absorption n'affecte pas le coefficient d'extinction molaire. On prend donc $\varepsilon_{460\,nm}$ = 32500 L.mol^{-1}.cm^{-1} pour les particules greffées.

L'absorption à 460 nm des particules greffées permet d'obtenir la concentration en colorant dans la solution, qui est de l'ordre de 4,6 µM, tandis qu'à partir de l'absorption à 280 nm, nous avons pu déterminer une concentration en vanadates de 906,5 µM, soit un rapport $[colorant]/[vanadate] \approx 5\cdot10^{-3}$. Une mesure d'absorbance réalisée en mélangeant du colorant 1 et des nanoparticules fonctionnalisées avec des groupes époxy dans du DMSO dans les proportions $[colorant]/[vanadate] \approx 5{,}2\cdot10^{-3}$ permet d'obtenir les mêmes valeurs d'absorbance pour le maximum d'absorbance du colorant et à 280 nm, et ainsi de confirmer la mesure.

En considérant que chaque particule contient 133000 vanadates en moyenne,[281] on trouve un rapport $[colorant]/[nanoparticule] \approx 670-690$. La surface moyenne des nanoparticules fonctionnalisées avec du glycidoxypropyltriméthoxysilane étant de l'ordre de 2200 nm^2, nous obtenons une densité de 0,3 colorant par nm^2, soit 1 colorant dans 3 nm^2. En supposant que tous les groupes époxy réactifs ont réagi, nous obtenons une densité de 0,3 fonctions époxy réactives / nm^2.

Cette densité a été comparée à la densité de glycidoxypropyltriméthoxysilanes greffés sur les nanoparticules, d'environ 8 trialcoxysilanes / nm^2. Elle signifie que seuls 4 % des glycidoxypropyltriméthoxysilanes greffés sont réactifs. Cette faible valeur semble être en désaccord avec la neutralité de la surface des nanoparticules observée par zétamétrie, caractéristique d'une surface totalement recouverte de fonctions époxy.

Nous pouvons alors penser que le dosage par colorimétrie réalisé n'est pas représentatif du nombre de fonctions de surface. La réaction de dosage en milieu homogène a un rendement de 70 %. Nous pouvons penser que le rendement en milieu hétérogène est inférieur à cette valeur, ce qui limite le nombre de fonctions époxy dosées.

De plus, le coefficient d'extinction molaire de la molécule diazoïque greffée sur les nanoparticules n'est pas connu. Nous avons supposé au cours de ce dosage qu'il était identique à celui du colorant 1, mais cette hypothèse est difficile à vérifier.

---

[281] Ce nombre est issu de la distribution en taille obtenue par MET au chapitre synthèse.

C Conclusion

Dans cette partie, nous nous sommes intéressés à la réactivité et à la stabilité des nanoparticules fonctionnalisées avec des groupes époxy ou avec des amines.

Les nanoparticules enrobées par une épaisse couche de silice ont été fonctionnalisées par condensation en surface de monoalcoxysilanes. Des analyses élémentaires ont montré une densité d'aminopropyldiméthyléthoxysilanes greffés de 1,7 à 2,1 monoalcoxysilane / nm^2, tandis que l'analyse par RMN ^{29}Si indique un recouvrement de la surface plus important, de 2,8 à 3,5 monoalcoxysilanes / nm^2. Ces deux mesures semblent montrer un recouvrement total de la surface des nanoparticules par des monoalcoxysilanes.

L'état de surface de ces nanoparticules a ensuite été sondé par des mesures de charge de surface. Les nanoparticules fonctionnalisées par de l'aminopropyldiméthyléthoxysilane présentent un point de charge nulle à pH 5,7, différent de celui attendu par une stabilisation avec des amines autour de pH 9. De plus, elles ne sont stables en milieu aqueux qu'à pH acide (pH < 4). Ces deux propriétés semblent indiquer la présence en surface de peu de fonctions amines accessibles pour de futures réactions. Un dosage par fluorescence des fonctions amines réactives montre en effet une densité de fonctions réactives de 0,05 à 0,3 amines réactives / nm^2.

Nous avons alors regardé la réactivité des nanoparticules fonctionnalisées avec des trialcoxysilanes.

La surface des nanoparticules fonctionnalisées avec des aminopropyltriéthoxysilanes semble être stabilisée par des amines, comme le montre la valeur du point de charge nulle à pH 9. Un dosage des fonctions réactives avec la FITC montre une densité variant entre 0,1 et 1,4 amines réactives / nm^2.

De même, la surface des nanoparticules fonctionnalisées avec du glycidoxypropyltriméthoxysilane est neutre, ce qui caractérise la présence de groupes époxy en surface. Ces groupes sont en effet attaqués par les solvants de réaction, à raison de 25 % de groupes époxy ouverts en fin de réaction. Les groupes époxy encore réactifs ont alors été dosés par colorimétrie. Environ 0,3 groupes époxy fermés / nm^2 sont réactifs.

III *Conclusion*

Deux méthodes de fonctionnalisation ont été mises au point dans le cadre de cette étude, toutes deux mettant en jeu un enrobage plus ou moins dense de polysiloxanes fonctionnalisés autour des nanoparticules. Ces deux méthodes ont permis de greffer en surface de particules des fonctions époxy et amines. Les objets obtenus suivant les deux voies de fonctionnalisation peuvent être résumés par la Figure III-57.

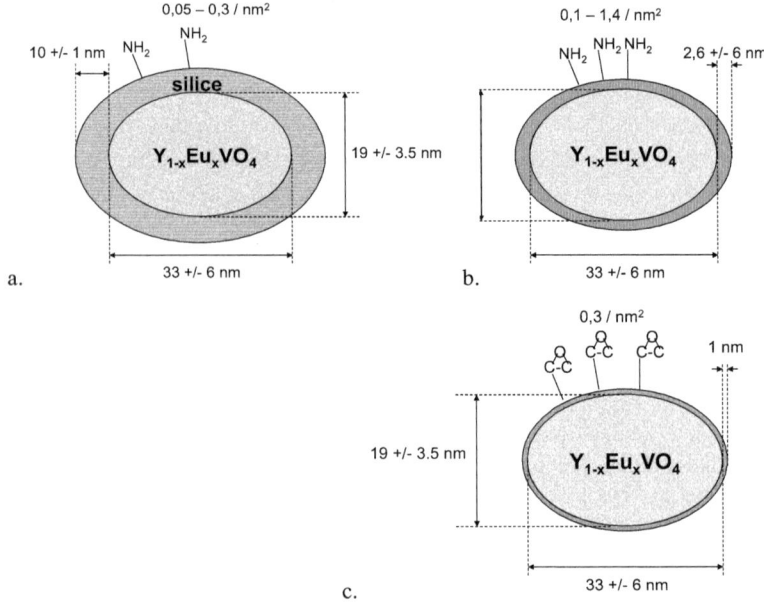

Figure III-57 : schéma des objets finaux obtenus par a. enrobage avec des tétraalcoxysilanes, puis fonctionnalisation avec des aminopropyldiméthyléthoxysilanes, b. par condensation d'aminopropyltriéthoxysilanes, et c. par condensation de glycidoxypropyltriméthoxysilanes.

Nous constatons sur ces schémas que les deux voies de fonctionnalisation mènent à des objets légèrement différents.

La voie de fonctionnalisation mettant en jeu la formation d'une couche de silice, puis la condensation de monoalcoxysilanes, entraîne la formation d'une couche épaisse de silice autour des nanoparticules. Le taux de recouvrement de cette couche par de l'aminopropyldiméthyléthoxysilane est total d'après les mesures réalisées en RMN [29]Si et en analyse élémentaire. Parmi ces fonctions, seules certaines sont accessibles à de futures réactions, comme suggéré par le dosage par la FITC : 0,05 à 0,3 amines par nm^2 réagissent avec la FITC. De plus, la stabilité des nanoparticules n'est pas celle attendue par un recouvrement de la surface avec des fonctions amines. Nous pouvons alors supposer que les fonctions amines greffées sont écrantées, ou non accessibles pour de futures réactions.

La seconde voie de fonctionnalisation repose sur la formation d'une couche de polysiloxanes fonctionnalisés. Une telle fonctionnalisation par des aminopropyltriéthoxy-silanes mène à la formation d'une couche polymérique polysiloxane de $2,6 \pm 0,6$ nm d'épaisseur, présentant des fonctions accessibles à un greffage de la FITC à raison de 0,1 à

1,4 amines par nm^2. Le recouvrement de la surface semble être relativement important, ce qui se traduit par une stabilité des nanoparticules typique d'une surface aminée, avec un PCN à 9.

Cette même voie de fonctionnalisation utilisée pour un greffage de groupes époxy donne lieu à une couche polysiloxane déposée de plus faible épaisseur, de l'ordre de 1 nm, et à une fonctionnalisation de surface de l'ordre de 0,3 groupes époxy par nm^2. Cette faible densité semble pourtant être suffisante pour donner aux nanoparticules une réactivité et une stabilité typique des groupes époxy.

L'application des nanoparticules comme sondes biologiques nécessite une petite taille des objets, et une fonctionnalisation efficace. La méthode permettant d'obtenir les objets les mieux adaptés pour cette application semble être la fonctionnalisation par des trialcoxysilanes, menant à des épaisseurs de polysiloxanes plus faibles, tout en présentant une réactivité typique des fonctions greffées.

Nous avons donc décidé de travailler avec des nanoparticules fonctionnalisées avec des trialcoxysilanes pour les applications comme sondes biologiques fluorescentes, lors de deux études :

-    La localisation de canaux sodiques sur la membrane cellulaire
-    Le suivi de la toxine epsilon

IV
*Localisation de canaux sodiques sur la membrane cellulaire et suivi de la toxine epsilon**

* travail réalisé en collaboration étroite avec
Didier Casanova, Emmanuel Beaurepaire et Antigoni Alexandrou
laboratoire d'optique et biosciences de l'Ecole Polytechnique

*Localisation de canaux sodiques sur la membrane cellulaire
et suivi de la toxine epsilon**

Dans le premier chapitre de ce manuscrit, nous avons décrit la synthèse de nanoparticules de vanadate d'yttrium dopées en europium, puis caractérisé leur taille et leur stabilité en solution. Le deuxième chapitre a été consacré à l'étude de leur fonctionnalisation par des alcoxysilanes, de manière à ce que leur surface puisse être recouverte de groupements chimiques époxy, ou amines.

Nous allons maintenant étudier l'application de ces nanoparticules en biologie. Notre but est donc de marquer une biomolécule individuelle qui sera suivie dans son milieu biologique par la détection du signal optique de la nanoparticule à laquelle elle est accrochée, comme ceci est schématisé sur la Figure IV-1.

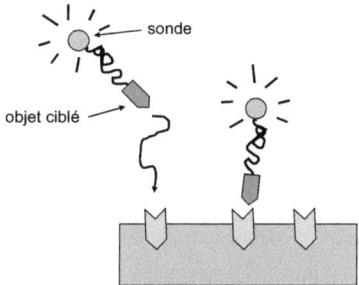

Figure IV-1 : représentation schématique du suivi d'une biomolécule attachée à une sonde lumineuse par fluorescence.

Nous allons tout d'abord rappeler les propriétés optiques des nanoparticules de $Y_{1-x}Eu_xVO_4$ et étudier la possibilité de les détecter de manière individuelle. Ceci permettrait de les utiliser comme sondes fluorescentes au niveau de la molécule unique.

Leur application pour le suivi de biomolécules individuelles sera ensuite illustrée lors de deux études utilisant les propriétés de reconnaissance de toxines :

- la détection de canaux sodiques, cibles spécifiques de la saxitoxine ;
- le suivi de la toxine ε, produite par une bactérie de type *Clostridium Perfringens*.

A cette fin, nous devrons développer des nanoparticules greffées avec des toxines à partir des nanoparticules fonctionnalisées avec les groupes époxy ou les groupes amines. Ceci est schématisé sur la Figure IV-2.

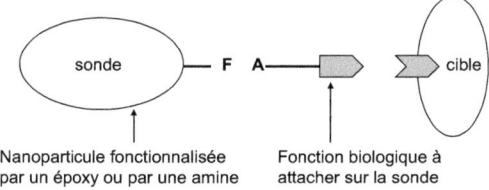

Figure IV-2 : schématisation de la fonctionnalisation biologique envisagée.

I *Propriétés optiques des nanoparticules.*

Lorsque des ions lanthanides présentant des propriétés optiques intéressantes sont introduits dans une matrice de vanadate d'yttrium YVO_4, ces propriétés peuvent être conservées et exploitées. Après avoir rappelé brièvement les propriétés caractéristiques des lanthanides, nous détaillerons plus particulièrement les propriétés optiques globales des nanoparticules de $Y_{1-x}Eu_xVO_4$.

A Propriétés générales des lanthanides

Les lanthanides sont les éléments de nombre électronique compris entre 57 et 71, présentant la structure électronique $[Xe]6s^2 4f^n$ ou $[Xe]6s^2 5d^1 4f^{n-1}$,[282] avec $0 \leq n \leq 14$.[283] Les orbitales 4f, partiellement pleines, sont plus énergétiques que l'orbitale 6s, et d'énergie similaire à l'orbitale 5d, ce qui justifie les deux structures électroniques possibles. Les lanthanides sont essentiellement présents sous leur forme ionique Ln^{3+}, stable, de structure $[Xe]4f^n$. Les orbitales électroniques $4f^n$ sont moins étendues spatialement que les orbitales externes 5s et 5p du Xenon. Ce sont donc des orbitales électroniques internes, non liantes. Elles ne subissent au premier ordre aucune influence de l'environnement, et donc aucune influence d'un champ cristallin.

Ainsi, la répartition des niveaux énergétiques correspondant aux différents états spectroscopiques $^{2S+1}L_{2J+1}$ de la configuration $4f^n$ ne va pas dépendre de l'environnement, et sera identique à celle de l'ion libre. La répartition des niveaux énergétiques $4f^n$ des ions lanthanides Ln^{3+} dans LaF_3 est montrée sur la Figure IV-3.

---

[282] [Xe] représente la structure électronique du xenon, c'est-à-dire $1s^2 2s^2 2p^6 3s^2 3p^6 4s^2 3d^{10} 4p^6 5s^2 4d^{10} 5p^6$.
[283] Les orbitales f étant au nombre de 7, 14 électrons au maximum peuvent être répartis sur ces orbitales.

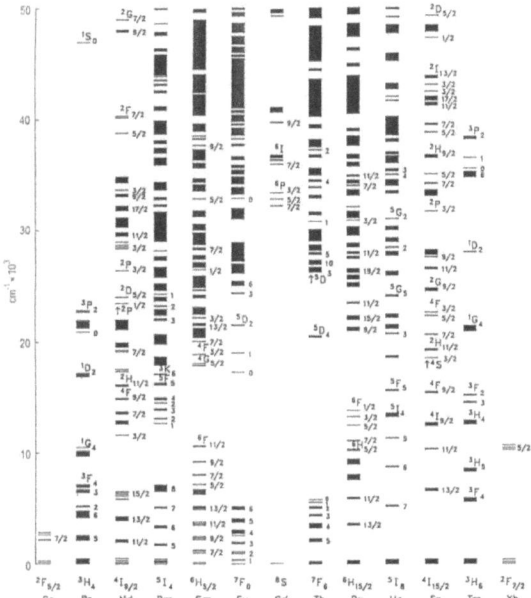

Figure IV-3 : Niveaux d'énergie pour la configuration 4fⁿ des ions lanthanides Ln³⁺ dans LaF₃.

Ainsi, les lanthanides présentent des transitions électroniques 4f-4f d'énergies bien définies, et donc des raies d'absorption comme d'émission correspondantes fines.

Les transitions intraconfigurationnelles (c'est-à-dire entre deux configurations électroniques $4f^n$) ne s'accompagnent pas d'un changement de parité entre les orbitales de départ et d'arrivée ($\Delta l = 0$). D'après les règles de Laporte, toute transition dipolaire électrique est en principe interdite, et les seules transitions autorisées sont alors de type dipolaire magnétique ($\Delta J = 0, \pm 1$; $J = 0 \leftrightarrow J' = 0$ étant interdite). Cependant, l'action d'un champ cristallin non-centrosymétrique provoque un mélange entre les configurations $4f^n$ et $4f^{n-1}5d^1$. Les transitions dipolaires électriques ne sont plus dans ce cas strictement interdites. On parle alors de transitions dipolaires électriques forcées, qui obéissent aux règles de sélection suivantes :

- $\Delta L \leq 6$, sauf pour $L = 0$
- $\Delta J = \pm 2, \pm 4, \pm 6$

Les transitions $\Delta J = \pm 2$ sont hypersensibles à cet effet et même un faible écart à la centrosymétrie peut les rendre prédominantes par rapport aux transitions dipolaires magnétiques.

Ces transitions intraconfigurationnelles étant néanmoins peu autorisées, le temps de vie des niveaux excités est long, de l'ordre de la milliseconde.

Certains ions lanthanides, alliant la finesse des raies d'émission et le temps de vie des niveaux excités longs, présentent alors des propriétés de fluorescence très intéressantes, comme Eu^{3+}, Te^{3+}, Ce^{3+}.

D'autres transitions existent, interconfigurationnelles, de type $4f^n$-$4f^{n-1}5d^1$ et $4f^n$-$4f^{n+1}L^{-1}$, où L symbolise les orbitales externes d'un ligand. Ces transitions impliquent des orbitales externes,[284] sensibles à l'environnement extérieur, donc d'énergie moins bien définie. Ces transitions étant des transitions dipolaires électriques permises, elles sont alors très intenses.

Ceci est illustré par l'exemple suivant : un ion Eu^{3+} (dans une configuration $4f^6$) dans une matrice d'oxyde pourra présenter ainsi un transfert de charge (CT) avec un oxygène O^{2-} de la matrice (de configuration $2p^6$), menant à une configuration $4f^72p^5$ d'énergie recouvrant les niveaux d'énergie de configuration $4f^6$. Ceci implique qu'après absorption d'énergie dans cette bande de transfert de charge et désexcitation non-radiative vers des niveaux énergétiques $4f^n$, une désexcitation radiative par une transition intraconfigurationnelle $4f^n$-$4f^n$ peut se produire. La Figure IV-4 illustre ceci.

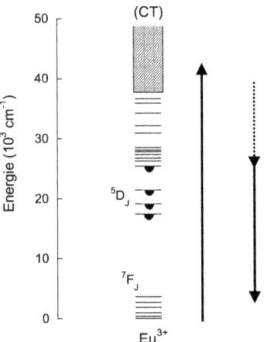

Figure IV-4 : diagramme de niveaux d'énergie de Eu^{3+} pour les configurations $4f^6$ et $4f^72p^5$. Les niveaux indiqués par des demi-cercles noirs sont les niveaux émetteurs. La bande hachurée correspond à la bande de transfert de charge, dont la position dépend de la matrice. Les flèches pleines correspondent à des transitions radiatives, et la flèche en pointillés à une transition non-radiative.

Ce chemin est intéressant car il permet d'allier les propriétés de la bande d'absorption par transfert de charge (bande d'absorption large, de coefficient d'absorption élevé) et celles de la bande d'émission intraconfigurationnelle (raie d'émission fine, de longueur d'onde bien caractérisée).

Après avoir fait ce bref rappel des propriétés spécifiques aux lanthanides, nous allons décrire plus spécifiquement les propriétés spectroscopiques de notre système.

---

[284] 5d du lanthanide ou 2p du ligand

B Propriétés spectroscopiques de $Y_{1-x}Eu_xVO_4$.

Le vanadate d'yttrium dopé avec des europium est un luminophore rouge très efficace sous sa forme massive. Le choix de l'ion dopant se justifie par l'efficacité du transfert d'énergie entre la matrice et l'ion, et sa sensibilité réduite par rapport à d'autres lanthanides face à l'extinction de luminescence par les groupements hydroxyles.[285]

Différentes études réalisées sur le système $Y_{1-x}Eu_xVO_4$ ont montré que les propriétés spectroscopiques des nanoparticules diffèrent de celles observées sur le matériau massif,[286,287] la diminution en taille affectant essentiellement le rendement quantique de luminescence, qui est moins important pour des nanoparticules que pour le massif.

Nous allons décrire dans cette partie les principales propriétés optiques du système des nanoparticules $Y_{1-x}Eu_xVO_4$, à savoir son absorbance, et ses propriétés de fluorescence

A.1 Absorption

Les nanoparticules de YVO_4 absorbent dans l'U.V., cette absorption étant due à un transfert de charge entre le vanadium et les oxygènes de l'ion vanadate VO_4^{3-}. Nous avons utilisé cette absorption pour déterminer la concentration en vanadates dans nos solutions colloïdales, et donc en déduire la concentration en nanoparticules,[288] mais ces mesures sont essentielles pour déterminer la section efficace des nanoparticules à différentes longueurs d'onde. Cette section efficace permet de connaître le nombre de photons absorbés par nanoparticule, et sert également lors de l'évaluation du nombre de photons émis par nanoparticule.

Lorsque les nanoparticules de YVO_4 sont dopées avec un ion lanthanide, l'absorption de cet ion lanthanide apparaît également. Dans le cas de l'europium, les raies d'absorption dues à Eu^{3+} sont situées à 396 nm, 466 nm, et 545 nm. Comme ceci est montré sur la Figure IV-5, l'absorption des vanadates est nettement plus importante que celle des europiums. Ainsi, à faible concentration, les nanoparticules sont caractérisées essentiellement par l'absorption des vanadates, mais à très forte concentration en colloïde, les bandes caractéristiques de l'absorption des europiums apparaissent également.

---

[285] G. Stein, E. Würtzberg, J. Chem. Phys., 1975, 62 (1), 208

[286] K. Riwotski, M. Haase, J. Phys. Chem. B, 2001, 105, 12709-10713

[287] V. Buissette, D. Giaume, T. Gacoin, J.-P. Boilot, J. Mater. Chem., 2006, 16, 529-539

[288] Nous utilisons pour cela les résultats de distribution en taille des particules par MET, donnant 133000 vanadates par nanoparticule en moyenne pour des particules de 19 nm de large et 33 nm de long.

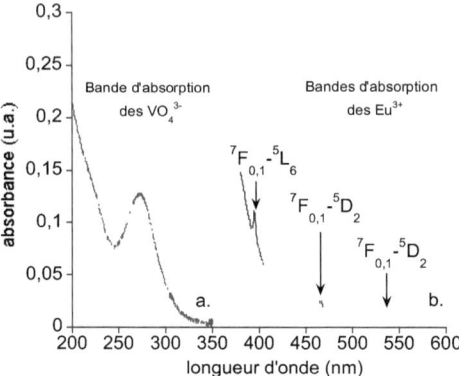

Figure IV-5 : courbes d'absorbance typiques des nanoparticules de Y$_{1-x}$Eu$_x$VO$_4$ à faible (a.) ou à forte concentration (b.)

Des mesures de coefficient molaire d'extinction (ε) des vanadates et des europiums ont été réalisées par mesure de l'absorbance. Pour déterminer l'absorbance des ions Eu^{3+} à forte concentration, il a été nécessaire de s'affranchir du signal de diffusion en soustrayant sa contribution au signal total. A partir des coefficients molaires d'extinction, les valeurs des coefficients d'absorption (α)[289] et de section efficace (σ)[290] correspondantes ont été déterminées.

Les coefficients sont reliés entre eux par les formules suivantes :

$$\sigma = \frac{\varepsilon \cdot 10^3 \cdot \ln(10)}{N_a} \qquad\qquad \alpha = N\sigma$$

avec ε exprimé en l.mol^{-1}.cm^{-1},

        σ en cm^2,

        α en cm^{-1},

        N_a le nombre d'Avogadro,

        N le nombre de centres absorbeurs par unité de volume de particule.

Les valeurs du coefficient d'extinction molaire, de la section efficace et du coefficient d'absorption sont données dans le Tableau IV-1 pour des nanoparticules à teneur en europium de 20 %, Y$_{0,8}$Eu$_{0,2}$VO$_4$. Chaque maille cristalline contient 4 unités formulaires, donc 4 vanadates et 0,8 europium, et le volume de la maille est de 319,2 Å^3.

---

[289] Le coefficient d'absorption dépend du nombre N de centres absorbeurs, nombre qui varie si l'on considère les ions vanadates ou les ions europiums par exemple.

[290] La section efficace d'absorption représente la probabilité qu'un atome absorbe un photon incident par unité de surface de particule. La section efficace est définie pour un ion donné, dans un environnement donné.

ion absorbeur	VO_4^{3-} 280 nm	Eu^{3+} 396 nm	Eu^{3+} 466 nm
ε (l.mol^{-1}.cm^{-1})	2730	1,3	0,4
σ (cm^2)	$1,04.10^{-17}$	$5,05.10^{-21}$	$1,41.10^{-21}$
α (cm^{-1})	131000	13	3

Tableau IV-1: valeurs des coefficients d'extinction molaire, section efficace et coefficient d'absorption à différentes longueurs d'onde pour des $Y_{0,8}Eu_{0,2}VO_4$

Le coefficient d'extinction molaire de VO_4^{3-} mesuré expérimentalement à 2730 L.mol^{-1}.cm^{-1} est différent de celui déterminé par Haase sur des nanoparticules de $Y_{1-x}Eu_xVO_4$ (4000 L.mol^{-1}.cm^{-1}).[291] Le coefficient d'absorption des VO_4^{3-} est ainsi très élevé, de l'ordre de 10^5 cm^{-1}.

Les mesures des coefficients d'extinction molaire de l'ion Eu^{3+} sont délicates, car elles doivent se faire sur des solutions très concentrées en colloïde, et donc diffusantes. La mesure de l'absorbance par soustraction du signal de diffusion est peu précise, et nous obtenons les valeurs de $\alpha_{396\,nm}$ = 13 cm^{-1} et $\alpha_{466\,nm}$ = 3 cm^{-1}.

Nous voyons que l'absorption d'un vanadate est 10^4 fois plus efficace que celle d'un europium.[292] Cette différence vient de la nature même de la transition concernée : à 280 nm, la transition est une bande de transfert de charge des vanadates, c'est-à-dire une transition électriquement permise, tandis que les transitions à 396 nm et 466 nm sont des transitions 4f^n-4f^n de Eu^{3+} partiellement interdites.

Les nanoparticules de $Y_{1-x}Eu_xVO_4$ présentent un spectre d'absorbance dans le visible mettant en jeu deux contributions : la contribution des vanadates centrée à 280 nm ($\alpha_{280\,nm}$ = 131000 cm^{-1}) et celle de l'europium à 396 nm ($\alpha_{396\,nm}$ = 13 cm^{-1}), 466 nm ($\alpha_{466\,nm}$ = 3 cm^{-1}), et 545 nm (< 1 cm^{-1}).

A.2 Luminescence

Les transitions à l'origine des propriétés de luminescence de l'europium sous sa forme Eu^{3+} sont des transitions intraconfigurationnelles 4f^n-4f^n bien définies en terme d'énergie, et peu sensibles à l'environnement. Nous nous attendons donc à observer une luminescence rouge des nanoparticules de $Y_{1-x}Eu_xVO_4$ centrée autour de 610 nm.

a   Mécanismes de luminescence

Afin de caractériser la luminescence de notre système, des spectres d'excitation et d'émission sont réalisés sur un spectrofluorimètre Hitashi F-4500. Le spectre d'excitation est réalisé pour une émission à 617 nm (longueur d'onde correspondant à la bande d'émission la

[291] K. Riwotzki, M. Haase, J. Phys. Chem. B, 1998, 102, 10129-10135
[292] Par comparaison, la section efficace de nanoparticules semi-conductrices à 488 nm est de 2 à 16.10^{-16} cm^2, soit une valeur supérieure aux sections efficaces de nos nanoparticules à 466 nm d'un facteur 10^5.

plus intense), tandis que le spectre d'émission est réalisé pour une excitation dans la bande de transfert de charge des vanadates à 280 nm. Pour observer l'émission des particules sans être gêné par les harmoniques du faisceau d'excitation, le spectrofluorimètre est muni d'un filtre passe-haut à 375 nm.

Les deux spectres sont montrés sur la Figure IV-6.

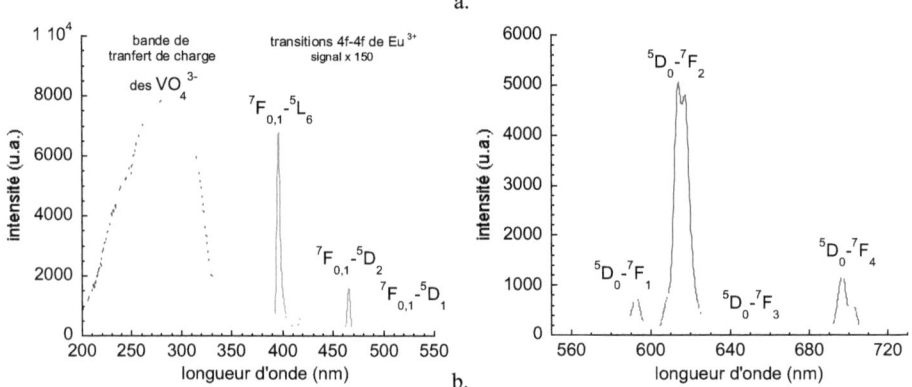

Figure IV-6 : a. spectres d'excitation (λ_{em} = 617 nm) et b. spectre d'émission (λ_{exc} = 280 nm) des nanoparticules de $Y_{1-x}Eu_xVO_4$

Le spectre d'excitation (a.) pour une émission à 617 nm présente deux contributions. La bande large et intense, présentant un maximum d'intensité à 280 nm, correspond à l'absorption des groupements vanadates VO_4^{3-} dans une bande de transfert de charge. Cette bande est saturée sur le spectre d'excitation montré. Les raies fines et peu intenses observées à 396 nm, 466 nm et 545 nm sur un agrandissement du spectre correspondent à des transitions $4f^n$-$4f^n$ de l'europium. Ainsi, il existe deux mécanismes permettant d'exciter l'ion europium dans la matrice YVO_4 :

- une excitation directe des ions Eu^{3+} dans le visible ou le proche U.V. peu efficace car le nombre de photons absorbés est faible.

- une excitation à plus haute énergie (280 nm) *via* la matrice vanadate, suivie d'un transfert d'énergie entre les groupements VO_4^{3-} et les ions Eu^{3+}. Ce mécanisme est schématisé sur la Figure IV-7.

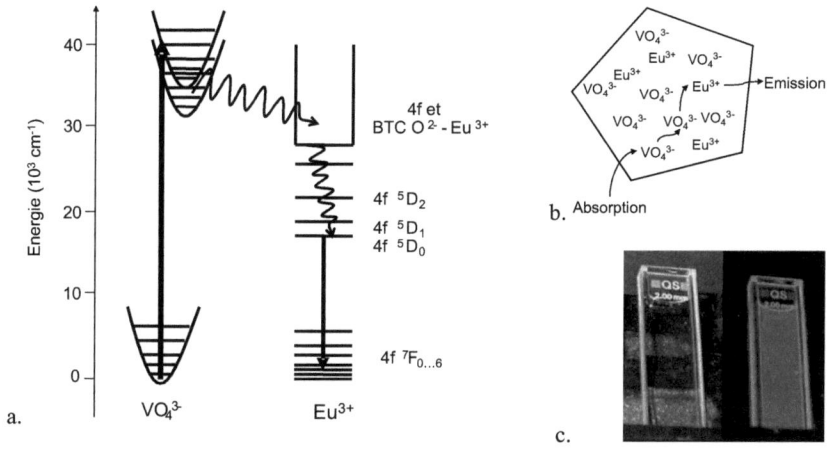

Figure IV-7 : a. mécanisme de transferts d'énergie au sein de $Y_{1-x}Eu_xVO_4$ sous excitation U.V. et b. sa représentation schématique. c. photographie d'un colloïde luminescent $Y_{0,95}Eu_{0,05}VO_4$ sous lumière blanche (gauche) et sous excitation UV (droite)

Le spectre d'émission pour une excitation U.V. (à 280 nm) se compose de différentes raies fines qui correspondent aux transitions $4f^n$-$4f^n$ de l'ion Eu^{3+}. Celles-ci sont indiquées sur le spectre. Les raies les plus intenses sont issues du niveau $^5D_0$,[293] et sont des transitions dipolaires électriques partiellement interdites. Les raies dipolaires magnétiques sont de moindre importance. Ainsi, la transition la plus importante est la transition $^5D_0$-$^7F_2$ présentant une double contribution à 614 et 619 nm.

Les nanoparticules de vanadate d'yttrium à teneur en europium présentent des propriétés de luminescence similaires au matériau massif : une émission des europiums est possible par excitation via la matrice à 280 nm, ou via une excitation directe des europiums à 396, 466 ou 545 nm.

L'efficacité de luminescence est généralement affectée par la présence de défauts cristallins et de pièges de surface. Le passage à une échelle nanométrique devrait donc induire des changements sur cette efficacité, que nous allons résumer ici.

b   Rendement quantique

L'efficacité de fluorescence peut être caractérisée par un rendement de luminescence interne des nanoparticules. Ce rendement compare le nombre de photons émis par rapport au nombre de photons absorbés par les nanoparticules. La mesure est basée sur la comparaison

[293] C.Brecher, H.Samelson, A.Lempicki, R.Riley, T.Peters, *Phys.Rev*, **1967**, 155, 2, 178

de l'intensité de luminescence du colloïde par rapport à celle d'un colorant de référence ayant la même absorbance.[294] Cette technique est classiquement utilisée pour mesurer l'efficacité de luminescence des colorants organiques et de nanoparticules.[295,296] Les colorants de référence utilisés dans la littérature sont la Rhodamine 6G dans l'éthanol (Q = 94 %)[294] ou la Quinine bisulfate dans H$_2$SO$_4$ 1 M (Q = 54 %)[297].[298]

Le rendement interne de luminescence des nanoparticules colloïdales Q$_{colloide}$ peut s'écrire :

$$Q_{colloide} = \frac{n^2_{colloide}}{n^2_{colorant}} \cdot \frac{I_{colloide}}{I_{colorant}} \cdot \frac{A_{colorant}}{A_{colloide}} \cdot Q_{colorant}$$

où n est l'indice de réfraction du milieu de dispersion,

I l'intensité d'émission suite à une excitation à la longueur d'onde λ,

A l'absorbance à cette même longueur d'onde,

Les indices $_{colloide}$ et $_{colorant}$ indiquant les solutions dont on parle.

Une calibration de l'émission de la Rhodamine 6G en fonction de son absorbance dans l'éthanol est réalisée, à partir de laquelle nous pouvons évaluer le rendement quantique de luminescence de nos nanoparticules. Nous mesurons ce rendement en excitant les particules à 280 nm dans la bande de transfert de charge des vanadates.[299] La courbe de calibration n'étant linéaire à cette longueur d'onde que dans le domaine des faibles valeurs d'absorbance ($A < 0,3$), les mesures de rendement de luminescence de nos solutions ont été réalisées sur des colloïdes d'absorbance inférieure à 0,3.

Les rendements quantiques de luminescence des nanoparticules de Y$_{1-x}$Eu$_x$VO$_4$ pour x = 0,4 après synthèse puis après les différents traitements de surface ont été mesurés.

Les rendements obtenus étant peu reproductibles d'un échantillon à l'autre, les mesures sont rapportées sous forme de fourchettes de valeurs dans le Tableau IV-2.

[294] R.F. Kubin, A.N. Fletcher, J. Lumin., 1982, 27, 455
[295] D. Gerion, F. Pinaud, S.C. Williams, W.J. Parak, D. Zanchet, S. Weiss, A.P. Alivisatos, J. Phys. Chem. B, 2001, 105, 8861-8871
[296] K. Riwotski, M. Haase, J. Phys. Chem. B, 2001, 105, 12709-12713
[297] M.I. Lvovskaya, A.D. Roshal, A.O. Doroshenko, A.V. Kyrychenko, V.P. Khilya, Spectrochimica Acta Part A, 2006, 65, 397-405
[298] On peut vérifier qu'on obtient les mêmes résultats dans les deux cas (à 5 % près).
[299] La mesure de rendement à 466 nm, en excitant directement les ions europium, serait plus pertinente pour notre étude. Cependant, cette mesure ne peut être réalisée facilement en raison du faible coefficient d'absorption à cette longueur d'onde.

Etat de la surface	Rendement quantique interne de luminescence
nue	7-18 % $_{eau}$
Silicatée	22-26 % $_{eau}$
Greffée glycidoxypropyltriméthoxysilane	14-17 % $_{etoh\,:eau}$
Greffée aminopropyltriéthoxysilane	10-18 % $_{eau}$
nue	2-6 % $_{etgly}$
Citratée	4-9 % $_{etgly}$
Enrobée de silice	9-12 % $_{etoh\,:etgly}$
Greffée aminopropyldiméthyléthoxysilane	3-10 % $_{eau}$

Tableau IV-2 : valeurs du rendement de luminescence interne calculé en fonction de l'état de surface des nanoparticules de $Y_{0,6}Eu_{0,4}VO_4$. Le solvant de mesure est indiqué en indice.

Nous remarquons que les particules nues dans l'eau après synthèse présentent un rendement quantique variant de 7 à 18 %, ce qui est relativement élevé pour des nanoparticules dans l'eau. Haase et son équipe trouvent également des valeurs du même ordre de grandeur pour des nanoparticules de $Y_{1-x}Eu_xVO_4$ synthétisées par voie hydrothermale.[300] Ce rendement, relativement élevé pour des nanoparticules dans l'eau,[301] est cependant très inférieur au rendement quantique de luminescence interne du matériau solide qui est de 70 %.

Arnaud Huignard et Valérie Buissette ont déterminé les principales raisons expliquant cette diminution du rendement :[302]

- les déformations structurales dues à la petite taille des objets altèrent les transferts d'énergie, autant entre deux vanadates qu'entre un vanadate et un europium.

- une source de recombinaison non-radiative efficace de la luminescence des Eu^{3+} est la relaxation multiphonons par des ions hydroxyles de surface. L'énergie de la transition $^5D_0$-$^7F_6$ correspond environ à la troisième harmonique des vibrations –OH, ce qui piège une partie de la luminescence.

Afin d'optimiser le rendement quantique de luminescence des particules, il est donc nécessaire d'éliminer ces deux sources de pièges. L'élimination des défauts structuraux pourrait permettre une augmentation du rendement de luminescence en améliorant les transferts d'énergie.[303] En revanche l'élimination des hydroxyles paraît être délicate dans la mesure où nous travaillons en milieu aqueux et que la surface est vraisemblablement constituée essentiellement d'hydroxyles. Une manière d'éliminer les recombinaisons non-

[300] K. Riwotski, M. Haase, J. Phys. Chem. B, 1998, 102, 10129-10135
[301] pour comparaison, la valeur la plus élevée est du même ordre de grandeur que le rendement quantique de luminescence interne de nanoparticules semi-conductrices de CdSe enrobées de silice mesuré par l'équipe d'Alivisatos dans l'eau (D. Gerion, F. Pinaud, S.C. Williams, W.J. Parak, D. Zanchet, S. Weiss, A.P. Alivisatos, J. Phys. Chem. B, 2001, 105, 8861-8871)
[302] A. Huignard, V. Buissette, A.-C. Franville, T. Gacoin, J.-P. Boilot, J. Phys. Chem. B, 2003, 107, 6754-6759
[303] Ceci a été envisagé au cours de la thèse de Valérie Buissette, et fait l'objet de la thèse de Geneviève Mialon au laboratoire.

radiatives par les hydroxyles est de protéger la surface des particules par une couche de silice de quelques nanomètres, comme l'a montré Valérie Buissette.[304]

Nous observons une dépendance assez forte du rendement quantique avec l'état de surface des nanoparticules. Ainsi, lorsque les nanoparticules sont traitées en milieu hydro-alcoolique, les rendements de luminescence observés restent du même ordre de grandeur que le rendement après synthèse. Nous remarquons néanmoins une légère augmentation du rendement de luminescence des nanoparticules silicatées, rendement qui reprend sa valeur initiale après fonctionnalisation par des trialcoxysilanes.

En revanche, un ajout d'éthylèneglycol diminue de manière importante le rendement de luminescence, qui n'excède pas 12 % dans ce cas. Ceci peut être dû à l'effet réducteur de l'éthylèneglycol qui diminuerait la luminescence.

Les rendements finaux obtenus après fonctionnalisation sont ainsi de 10 à 18 % lors du greffage d'un trialcoxysilane par voie hydro-alcoolique, et de l'ordre de 3 à 10 % en présence d'éthylèneglycol.

Ainsi, le rendement de luminescence interne des nanoparticules de $Y_{0,6}Eu_{0,4}VO_4$ varie entre 7 et 18 %. Ce rendement quantique, relativement élevé pour une solution aqueuse, a pu être conservé au cours de la fonctionnalisation des particules par un trialcoxysilane, mais diminue lors de la fonctionnalisation par un monoalcoxysilane jusqu'à atteindre une valeur de 3 à 10 %. Le caractère réducteur de l'éthylèneglycol peut être à l'origine de cette diminution de rendement quantique.

c   Temps de vie de fluorescence

La fluorescence des particules étant due à une transition partiellement interdite, le temps de vie du niveau excité sera relativement long.

Ainsi, le temps de vie du niveau émetteur $^5D_0$ de l'europium dans le matériau massif $Y_{1-x}Eu_xVO_4$ a été mesuré au laboratoire, et est égal à 0,54 ms. Cette valeur est en accord avec les données de la littérature donnant un temps de vie de 0,525 ms.[305]

Pour des nanoparticules, nous mesurons des temps de vie oscillant entre 0,5 et 0,7 ms. Ces temps ne varient pas beaucoup au cours des modifications de surface des particules réalisées dans cette étude, et sont longs en comparaison au temps de vie de fluorescence de la plupart des systèmes. Le nombre maximal de photons pouvant être émis par seconde sera donc bien moins important dans notre cas que pour des fluorophores organiques par exemple, ce qui peut être une limitation à la détection des particules par fluorescence.

---

[304] Thèse « Nanoluminophores d'oxydes dopés par des lanthanides », Valérie Buissette, 2004, Ecole Polytechnique.
[305] A.K. Levine, F.C. Palilla, Appl. Phys. Lett., 1964, 5, 6, 118-

B Observation des particules

Pour utiliser les nanoparticules de $Y_{1-x}Eu_xVO_4$ comme sondes biologiques fluorescentes, plusieurs critères sont essentiels :

- détecter la fluorescence des particules avec un microscope en champ large, permettant d'observer une large surface et ainsi de faire du suivi de molécules,
- exciter les nanoparticules sans abîmer le milieu biologique, et détecter efficacement leur fluorescence,
- observer les nanoparticules individuellement afin de permettre un marquage de biomolécules uniques.

Dans cette partie, nous présenterons le montage optique utilisé satisfaisant à ces conditions, et nous vérifierons la détection par fluorescence de nanoparticules uniques.

B.1 Montage optique

Les observations de fluorescence de nanoparticules uniques sont réalisées au laboratiore d'Optique et Biosciences avec un appareillage optique constitué d'un microscope inversé (Zeiss Axiovert 100) utilisé en champ large. Le schéma général du montage est montré sur la Figure IV-8.

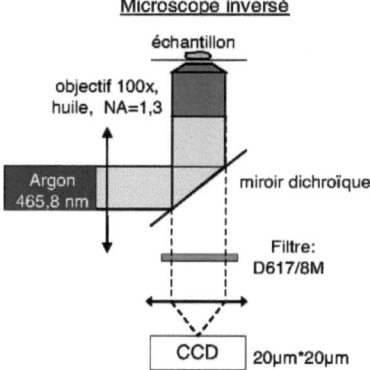

Figure IV-8 : schéma du montage optique de microscopie inversée en champ large.

Le chemin optique suivi est le suivant : un faisceau à 465,8 nm émis par un laser Argon est réfléchi par une lame dichroïque (530DCXR, Chroma), traverse l'objectif et éclaire l'échantillon sur une zone d'un diamètre de l'ordre de 20 μm. L'objectif utilisé est un objectif Zeiss de grossissement 100 et d'ouverture numérique 1,3 à immersion dans l'huile. Après absorption des photons, l'échantillon luminesce. Les photons émis et recollectés par l'objectif sont transmis par la lame dichroïque, filtrés du signal de diffusion par un filtre passe-bande (617/8M, Chroma) et envoyés sur une caméra CCD (Princeton Instruments, LN/CCD-400-

PB, 400x1340 pixels) refroidie à l'aide d'azote liquide et illuminée par l'arrière. Le rendement quantique de détection à 617 nm d'un tel montage est de 9,6 %.

La résolution de l'objectif peut être définie comme :

$$Résolution = 0,6 \cdot \frac{\lambda}{OuvertureNumérique}$$

Le calcul montre que cette résolution est ainsi de 300 nm. Les objets de taille inférieure à 300 nm apparaissent donc comme une tache de taille limitée par diffraction.

a   *Excitation et émission*

Les nanoparticules peuvent être excitées soit *via* la matrice VO_4^{3-} dans l'U.V., soit directement par excitation de niveaux de l'europium Eu^{3+}, dans le visible ou le proche U.V.. Le domaine d'application visé, la biologie, impose une contrainte concernant cette excitation. En effet, les U.V. sont très nocifs pour les organismes vivants et mènent généralement à leur destruction. Il faut donc éviter de soumettre l'échantillon à une excitation U.V. intense.

Nous envisageons alors uniquement une excitation directe des niveaux de l'europium Eu^{3+} dans le visible.

Afin d'obtenir un signal lumineux suffisant, il est nécessaire d'exciter efficacement les nanoparticules de vanadates.[306] Les raies d'un laser Argon sont reportées sur la Figure IV-9, et comparées aux raies d'excitation visibles des nanoparticules.

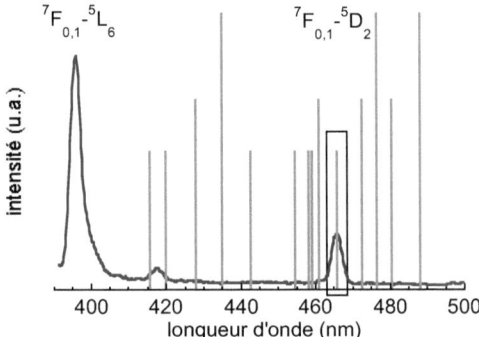

Figure IV-9 : superposition du spectre d'excitation visible de $Y_{1-x}Eu_xVO_4$ et des raies Argon les plus intenses.

Par superposition du spectre d'excitation des nanoparticules de $Y_{1-x}Eu_xVO_4$ et du spectre d'émission de l'Argon, nous constatons qu'une raie de l'Argon présente la même énergie qu'une raie d'absorption de l'europium (encadré sur la Figure IV-9). Nous avons ainsi décidé de travailler avec la raie de l'argon à 465,8 nm permettant d'exciter la raie $^7F_{0,1}-^5D_2$ à 466 nm des europiums. Le coefficient d'absorption de cette transition étant très faible (3 cm^{-1}

---

[306] Ceci d'autant plus que les coefficients d'absorption dans le visible sont très faibles.

pour une teneur en europium de 20 %), l'intensité du faisceau incident a été maximisée afin d'exciter efficacement les particules, et d'obtenir un signal facilement discernable du bruit. La puissance incidente du laser utilisée est alors de 148 mW.

L'ouverture numérique de l'objectif étant importante (N.A. = 1,3), la quantité de lumière entrant et sortant de l'objectif est grande, menant à un bruit de fond conséquent. Afin d'augmenter le rapport signal / bruit, il est nécessaire d'éliminer le plus de signal parasite possible. Nous sélectionnons donc seulement le signal de fluorescence émis entre 613 et 621 nm par la transition la plus intense $^5D_0$-$^7F_2$ des europiums. Pour cela, nous utilisons un filtre interférentiel centré autour de 617 nm. La superposition du spectre de transmission du filtre et du spectre d'émission des particules est montrée sur la Figure IV-10.

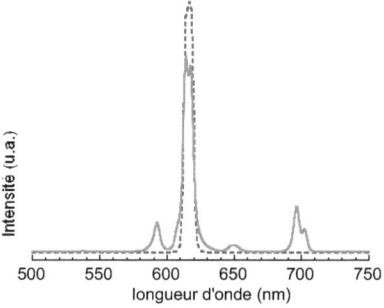

Figure IV-10 : spectre d'émission typique des nanoparticules de $Y_{1-x}Eu_xVO_4$ et transmission du filtre utilisé

Sur cette figure, nous constatons que le signal de fluorescence des particules peut être efficacement filtré. Ceci permet donc d'obtenir un rapport signal / bruit suffisant pour détecter des particules. Cependant, lors de l'utilisation des particules en présence de cellules, l'émission cellulaire à 617 nm sera également détectée et augmentera le bruit de fond.

b   *Préparation de l'échantillon*

Pour vérifier que la détection des nanoparticules par fluorescence est possible, des échantillons sur lesquels seules ces nanoparticules sont présentes ont été préparés de la manière suivante :

- une solution de nanoparticules est déposée par spin-coating sur une lamelle de quartz. Un dépôt sur lame de verre est également possible, mais le verre émet une fluorescence parasite qui n'est pas totalement éliminée par le filtre, ce qui réduit le rapport signal / bruit de l'image de fluorescence obtenue.
- la concentration en nanoparticules doit être choisie pour permettre l'observation de nanoparticules individuelles. Une concentration trop élevée favorisera la formation d'agrégats lors du séchage par spin-coating, mais *a contrario* une concentration trop

faible mènera à une densité d'objets sur la lamelle insuffisante pour effectuer des mesures.

- de même, la vitesse de spin-coating est un paramètre important permettant de moduler la densité des objets sur la lamelle.

La concentration adéquate en nanoparticules dans la solution semble ainsi être pour [V] = 0,1 mM et le dépôt par spin-coating se fait à 2500 trs.mn^{-1} pendant 40 s.

B.2 Images de fluorescence

a   Observation d'objets luminescents.

Un échantillon de nanoparticules après synthèse est alors observé par microscopie de fluorescence, dans les conditions décrites précédemment. Afin de distinguer la luminescence des nanoparticules, nous intégrons l'intensité lumineuse récupérée par la caméra CCD pendant 500 ms. Le signal est alors numérisé. Une image de fluorescence typique obtenue est montrée sur la Figure IV-11.a.

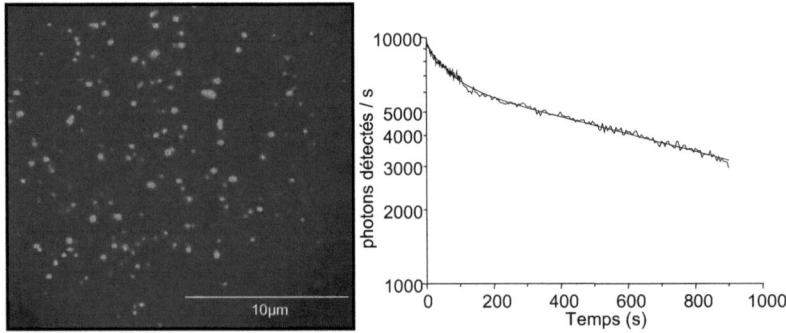

Figure IV-11 : a. Image de fluorescence typique des nanoparticules de $Y_{1-x}Eu_xVO_4$ obtenue par microscopie de fluorescence. b. Suivi en fonction du temps du nombre de photons émis par une nanoparticule.

Cette image par fluorescence (Figure IV-11.a.) est constituée de nombreux points de luminosités différentes. Les objets lumineux, nanoparticules ou agrégats, étant d'une taille bien inférieure à la limite de résolution, leur image par fluorescence est limitée par la diffraction. Il n'est donc pas possible d'estimer la taille d'un objet à partir de l'étendue spatiale de son signal de fluorescence.

En revanche, l'intensité de la luminescence dépend de la taille de l'objet. En effet, la luminosité d'un objet est proportionnelle au nombre de centres émetteurs contenus dans cet objet, c'est-à-dire au nombre d'ions europium. Le nombre d'émetteurs dans une nanoparticule est proportionnel au volume de la nanoparticule et à sa teneur en europium. Ainsi, pour une teneur en europium fixée, une grosse nanoparticule sera plus lumineuse qu'une petite nanoparticule,[307] de même pour un agrégat.

La Figure IV-11.b. montre l'évolution du nombre de photons émis par un objet luminescent unique excité continûment au cours du temps. Nous voyons ainsi que ce nombre de photons émis n'est pas constant, et décroît avec le temps selon une exponentielle multiple. La luminescence des particules est piégée. La diminution de la luminescence des nanoparticules $Y_{1-x}Eu_xVO_4$ est lente ($t_{1/2} = 350s$ pour une puissance d'excitation de 70 mW)[308], contrairement à celle des molécules organiques, qui est de l'ordre de quelques dizaines de secondes ($t_{1/2} = 10s$ pour une puissance d'excitation de 50 mW)[309]. En revanche, cette photodégradation de la luminescence est du même ordre que celle observée par Chan et Nie sur une nanoparticule individuelle de semi-conducteur CdSe/ZnS ($t_{1/2} = 950s$ pour une puissance d'excitation de 50 mW).[309,310]

Ainsi, il est possible d'observer les nanoparticules comme des points lumineux de taille limitée par la diffraction, c'est-à-dire inférieure à 300 nm. Ils présentent une décroissance lente de leur luminescence en fonction du temps, et peuvent ainsi être détectés sous excitation continue pendant un temps de plusieurs dizaines de minutes. Ces points lumineux d'une taille de 300 nm peuvent être des agrégats comme des particules individuelles. La détection par fluorescence des nanoparticules individuelles est nécessaire pour le marquage de biomolécules uniques, nous avons donc vérifié que nous observions bien des nanoparticules uniques.

b   Détection des nanoparticules uniques

La détection de nanoparticules uniques est une condition *sine qua non* de leur utilisation comme marqueurs de biomolécules uniques.

Différentes études concernant la détection d'objets uniques ont été menées. Elles s'appuient sur les propriétés optiques non-linéaires spécifiques aux émetteurs à 2 niveaux : l'anti-bunching et le scintillement. L'anti-bunching traduit le fait que lorsqu'un photon est émis, un système à 2 niveaux ne peut réémettre un second photon qu'après un certain temps qui correspond au temps d'excitation et de désexcitation. Cette propriété se retrouve dans les

---

[307] Ceci n'est pas le cas pour des nanoparticules semi-conductrices par exemple.

[308] E. Beaurepaire, V. Buissette, M.-P. Sauviat, D. Giaume, K.Lahlil, A. Mercuri, D. Casanova, A. Huignard, J.-L. Martin, T. Gacoin, J.-P. Boilot, A. Alexandrou, Nano Lett., 2004, 4, 11, 2079-2083

[309] W.C.W. Chan, S. Nie, Science, 1998, 281, 2016-2018

[310] La comparaison est assez délicate, car la photodégradation de la luminescence dépend de l'intensité reçue par l'échantillon. De plus, peu d'études concernant cette photodégradation en milieu aqueux sous excitation continue ont été réalisées.

ions,[311,312] les molécules organiques[313] ou encore les nanoparticules semi-conductrices,[314,315,316] pouvant être considérés comme des systèmes à 2 niveaux.

De même, le scintillement peut caractériser différents phénomènes comme une excitation thermique ou une ionisation Auger dans des sources uniques :[317] les ions,[318] les molécules organiques[319] ou les nanoparticules semi-conductrices[320,321] peuvent présenter ce phénomène.

Ainsi, lors de l'étude d'ions, de molécules organiques, de nanoparticules semi-conductrices, ou de tout autre système pouvant être considéré comme un système à deux niveaux, l'observation de ces deux phénomènes est caractéristique d'objets uniques. Cependant, aucune de ces deux méthodes ne peut être utilisée pour caractériser l'unicité de nos nanoparticules. En effet, les nanoparticules $Y_{1-x}Eu_xVO_4$ ne peuvent être considérées comme des émetteurs uniques : elles contiennent quelques 10^5 ions émetteurs par nanoparticule, et des mesures de fluorescence sur une nanoparticule unique ne donnent alors que des informations moyennées. Afin de vérifier la détection de nanoparticules $Y_{1-x}Eu_xVO_4$ uniques, une méthode a alors été développée par l'équipe du laboratoire d'Optique et Biosciences, que nous allons brièvement détailler ici.

Une solution de nanoparticules de $Y_{0,6}Eu_{0,4}VO_4$ après synthèse est centrifugée à 11000 g pendant 10 minutes. Le surnageant est récupéré, et une seconde centrifugation est réalisée.[322] Une goutte du second surnageant est déposée sur une grille de MET et séchée à l'étuve à 120 °C, avant d'être observée au microscope électronique à transmission.

Parallèlement, cette même solution colloïdale triée en taille est diluée puis déposée par spin-coating sur une lame de quartz. La lame est alors observée au microscope à fluorescence.

La Figure IV-12.a. présente la distribution en taille des objets individuels observés sur la grille de MET, en supposant ces objets sphériques (insert de la Figure IV-12.a.). La Figure IV-12.b. en insert nous montre une image de fluorescence typique obtenue. Sur cette image, nous observons des points de luminosités différentes. Une analyse de la distribution d'intensité de fluorescence est alors réalisée, en ne tenant compte que des points répartis sur

[311] H.J. Kimble, M. Dagenais, L. Mandel, Phys. Rev. Lett., 1977, 39, 11, 691-695

[312] F. Diedrich, H. Walther, Phys. Rev. Lett., 1987, 58, 3, 203-206

[313] T. Basché, W.E. Moerner, Phys. Rev. Lett., 1992, 69, 10, 1516-1519

[314] B. Lounis, H.A. Bechtel, D. Gerion, P. Alivisatos, W.E. Moerner, Chem. Phys. Lett., 2000, 329, 399-404

[315] G. Messin, J.P. Hermier, E. Giacobino, P. Desbiolles, M. Dahan, Optics Lett., 2001, 26, 23, 1891-1893

[316] P. Michler, A. Imamoğlu, M.D. Mason, P.J. Carson, G.F. Strouse, S.K. Buratto, Nature, 2000, 406, 968-970

[317] T. Basché, J. Lumin., 1998, 76&77, 263-269

[318] W. Nagourney, J. Sandberg, H. Dehmelt, Phys. Rev. Lett., 1986, 56, 26, 2797-2799

[319] W.E. Moerner, Science, 1994, 265, 5168

[320] R.G. Neuhauser, K.T. Shimizu, W.K. Woo, S.A. Empedocles, M.G. Bawendi, Phys. Rev. Lett., 2000, 85, 15, 3301-3304

[321] A.L. Efros, M. Rosen, Phys. Rev. Lett., 1997, 78, 6, 1110-1113

[322] Cette opération permet l'élimination des plus gros objets et de ne conserver que des nanoparticules relativement petites en solution

un nombre limité de pixels (84 pixels) donc en éliminant les agrégats ou les nanoparticules trop proches. La distribution est montrée sur la Figure IV-12.b.

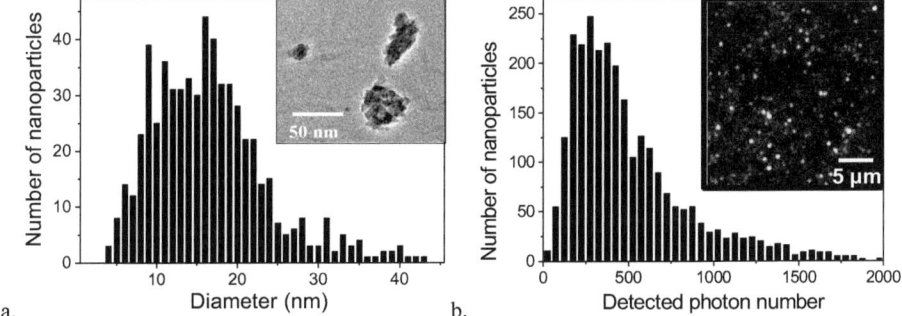

a.   b.

Figure IV-12 : a. distribution en taille des nanoparticules obtenue par analyse des clichés de MET. Objets pris en considération sur un cliché de MET en insert. b. distribution en nombre de photons détectés des points lumineux présents sur les images obtenues par microscopie de fluorescence. Image typique de fluorescence en insert. Temps d'exposition : 500 ms.

Le nombre de photons de fluorescence détectés par seconde N_{det} peut s'écrire selon la formule suivante :

$$N_{\text{det}} = q\eta \frac{\sigma I}{h\upsilon} 4x \frac{\frac{4}{3}\pi\left(\frac{D}{2}\right)^3}{V} \cdot f(photoblanchiment)$$

avec q le rendement quantique interne de luminescence des particules (7 % ici)

η l'efficacité de détection du montage optique (9,6 %)

I l'intensité du faisceau incident (2,8-4,4 kW.cm^{-2})

σ la section efficace d'absorption à 466 nm (5,05.10^{-21} cm^2)

$h\upsilon$ l'énergie d'un photon excitateur

x la teneur en europium des particules (40 %)

D le diamètre équivalent de la nanoparticule

V le volume d'une maille (0,321 nm^3)

$f(photoblanchiment)$ un facteur correctif traduisant le photoblanchiment des particules pendant le temps d'acquisition d'une image.

Ainsi, connaissant tous les paramètres hormis D, la distribution en taille des particules peut être calculée à partir de la distribution du nombre de photons détectés. Cette distribution est mise en parallèle avec la distribution en taille mesurée par MET sur la Figure IV-13.

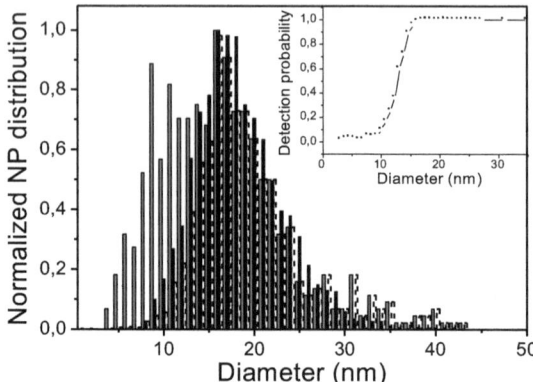

Figure IV-13 : distributions en taille calculées à partir des images de fluorescence (noir), mesurée par MET directement (grisé) ou après correction de l'efficacité de détection du montage en fonction de la taille (pointillés).

Si nous constatons une parfaite corrélation entre les deux distributions pour les grandes tailles, en revanche la distribution en taille mesurée par MET présente un nombre de petites particules nettement plus important. Ceci vient du fait que les petites particules, qui ne possèdent donc que peu d'ions europium, ne sont pas détectables par microscopie de fluorescence du fait du trop faible rapport signal / bruit.

Des images de fluorescence théoriques sont formées en considérant une distribution aléatoire des nanoparticules sur la lamelle. Par analyse de ces images, nous obtenons la courbe présentant la fraction de nanoparticules détectées en fonction de la taille de ces nanoparticules. Cette courbe est montrée sur la Figure IV-13 en insert. En prenant comme critère de détection 50 % des objets détectés, la taille limite des nanoparticules détectées est de 13 nm.[323]

En multipliant cette courbe avec la distribution en taille mesurée par MET, nous obtenons la distribution en taille des nanoparticules pouvant théoriquement être détectables par luminescence avec notre montage optique. Cette distribution est montrée en pointillés sur la Figure IV-13. Elle est en très bon accord avec la distribution en taille calculée à partir de l'image de fluorescence expérimentale.

Ainsi, les distributions en taille mesurées par MET et celle calculée à partir des images de fluorescence sont en très bon accord : les objets observés par fluorescence sont bien des nanoparticules uniques. En prenant comme critère de détection 50 % des objets détectés, la taille limite des nanoparticules détectables est de 13 nm.

---

[323] cette limite de détection de 13 nm n'est valable que pour des nanoparticules $Y_{0,6}Eu_{0,4}VO_4$ présentant un rendement quantique de luminescence de 7 % avec cette intensité de signal. Si le rendement quantique est doublé, et l'intensité du signal de 12 $kW.cm^{-2}$, la taille limite minimale détectée devient 7 nm.

Afin d'utiliser les nanoparticules $Y_{1-x}Eu_xVO_4$ comme marqueurs de biomolécules individuelles, il est nécessaire de pouvoir les détecter par leur signal de fluorescence dans des conditions viables pour les cellules vivantes, i.e. en excitant l'échantillon dans le visible.

Le montage optique utilisé permet d'éclairer une surface importante (20 μm de diamètre), ce qui permet de suivre un objet sur une distance relativement grande. L'excitation des nanoparticules se fait dans le visible grâce à un laser Argon, via la transition $^7F_{0,1}$–$^5D_2$ de l'europium à 466 nm. Le coefficient d'absorption de cette transition est de 3 cm^{-1}. Nous observons les nanoparticules par leur fluorescence émise à 617 nm par la transition $^5D_0$-$^7F_2$ des europiums.

Les nanoparticules déposées sur une lame de quartz sont observées par microscopie de fluorescence. Elles apparaissent sous forme de points de taille limitée par la résolution de l'objectif et de luminosités différentes.

A partir des images de fluorescence, la distribution en taille des nanoparticules expérimentalement détectées peut être déterminée en tenant compte de la teneur en europium et du rendement quantique des nanoparticules. En parallèle, la distribution en taille des nanoparticules détectables peut être déterminée à partir de la distribution en taille obtenue par microscopie électronique à transmission et de la courbe théorique de détection des objets par fluorescence.

Une comparaison des deux courbes montre une grande similitude de la distribution en taille des objets détectés expérimentalement et théoriquement détectables : les points lumineux observés sont bien des nanoparticules individuelles.

Nous avons alors envisagé l'utilisation des nanoparticules comme marqueurs individuels. Le rendement quantique de luminescence des nanoparticules fonctionnalisées avec des trialcoxysilanes étant supérieur à celui obtenu par enrobage avec des tétraalcoxysilanes, nous avons décidé de travailler avec ces nanoparticules pour de futures applications comme sondes biologiques au niveau moléculaire.

Nous nous sommes intéressés à deux problèmes que nous allons développer maintenant :

- la visualisation des canaux sodiques membranaires, problématique du laboratoire d'Optique et Biosciences,
- le suivi de toxines peptidiques, et plus particulièrement le suivi de la toxine ε utilisée par l'unité Bactéries Anaérobies et Toxines à l'Institut Pasteur.

II *Localisation de canaux sodiques*

Une cellule est entourée d'une membrane assurant entre autres la séparation entre les milieux intra- et extracellulaires, mais également le transport de substances et la transduction de signaux externes. Elle est constituée de phospholipides, de cholestérol et d'autres lipides, dont les parties hydrophobes se font face dans une double couche lipidique, tandis que leurs pôles hydrophiles sont tournés vers le milieu aqueux. De part et d'autre de la membrane existent des charges, négatives du côté intracellulaire et positives du côté extracellulaire, entraînant la présence d'un potentiel transmembranaire.

La membrane lipidique contient des protéines, en partie mobiles. Certaines de ces protéines traversent entièrement la double couche lipidique et jouent le rôle de pores pour le passage d'ions polaires, les canaux ioniques.[324] Il existe différents types de canaux ioniques, certains permettant le passage contre le gradient de concentration des ions (les pompes ioniques) et d'autres permettant le passage des ions avec le gradient de concentration (canaux potentiel-dépendants). Les canaux ioniques se distinguent des pores par leur spécificité face à un ion donné. Les canaux spécifiques aux ions sodium sont ainsi appelés canaux sodiques.

La structure d'un canal sodique potentiel-dépendant est schématisée sur la Figure IV-14.a. Le canal présente une région servant de filtre de sélectivité, c'est-à-dire permettant de cibler l'ion sodium, ainsi qu'une région chargée dont la position dépend du potentiel. Un changement de potentiel entraîne un changement de configuration du canal, qui peut ainsi présenter deux états : ouvert, il laisse circuler les ions sodium du milieu extracellulaire vers le milieu intracellulaire et fermé il bloque leur passage.[325]

La dépendance en fonction du potentiel de ces canaux est à l'origine de l'excitabilité des cellules, c'est-à-dire de la réponse de la cellule après un stimulus électrique.

---

[324] E. Neher, Ion Channels for communication between and within cells, Nobel Lecture, December 9, 1991
[325] E. Marban, T. Yamagishi, G. Tomaselli, J. Physiology, 1998, 508, 3, 647-657

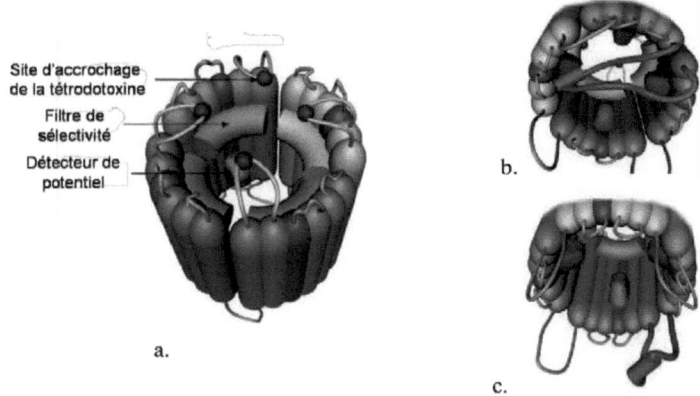

Site d'accrochage
de la tétrodotoxine
Filtre de
sélectivité
Détecteur de
potentiel

a.

b.

c.

Figure IV-14 : représentation schématique d'un canal sodique potentiel-dépendant vu du côté extracellulaire (a.) ; vue du côté intracellulaire d'un canal sodique potentiel-dépendant ouvert (b.) et fermé (c.).[326]

L'arrangement de ces canaux sodiques dans la membrane cellulaire est important pour la compréhension de leur activité. Nous avons ainsi décidé de marquer les canaux sodiques membranaires de cellules cardiaques de grenouille avec nos nanoparticules fluorescentes, afin de pouvoir localiser ces canaux dans la membrane *via* la fluorescence des nanoparticules attachées.

Pour cela, les propriétés de toxines interagissant très spécifiquement avec les canaux sodiques potentiel-dépendants ont été utilisées. La saxitoxine et la tétrodotoxine, dont les formules semi-développées sont montrées sur la Figure IV-15, toutes deux produites naturellement par le gonyaulax et par le poisson Fugu respectivement[327] sont des toxines connues pour leur effet brutal paralysant. Cet effet paralysant est dû au blocage des canaux sodiques qui ne permettent alors plus la circulation transmembranaire des ions sodium.[325, 328,] [329] Le site d'interaction avec le canal sodique est montré sur la Figure IV-14.a. Ce blocage entraîne une inhibition de la réponse cellulaire à un stimulus, pouvant conduire à la mort de l'organisme.

---

[326] M. Poët, M. Tauc, E. Lingueglia, P. Cance, P. Pougeol, M. Lazdunski, L. Counillon, the EMBO Journal, 2001, 20, 5595-5602
[327] plus connu sous le nom de poisson lune, il nécessite une préparation très précautionneuse pour pouvoir être dégusté en sushi !
[328] H. Terlau, S.H. Heinemann, W. Stühmer, M. Pusch, F. Conti, K. Imoto, S. Numa, FEBS Lett., 1991, 293, 1, 2, 93-96.
[329] T. Narahashi, the 2000 ASPET Otto Krayer Award Lecture, J. Pharm. Exp. Therapeutics, 2000, 294, 1, 1-26

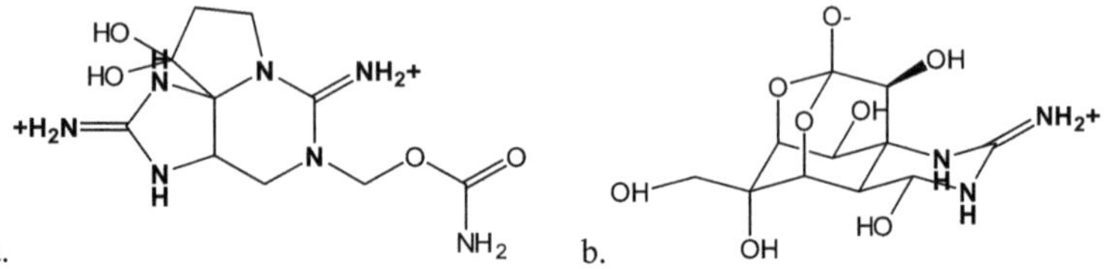

Figure IV-15 : formules semi-développées de a. la saxitoxine et b. la tétrodotoxine. Les groupements en gras représentent les groupements guanidine.

L'activité de ces toxines est supposée être due à la présence dans leur composition de la fonction guanidine chargée,[325,330] représentée en traits gras sur la Figure IV-15. Cette fonction aurait une affinité particulière avec le canal sodique (essentiellement électrostatique comme le montrent les études menées par Terlau *et al.*)[328] et permettrait de le bloquer. La saxitoxine possède deux groupements guanidine chargés, qui ne joueraient pas le même rôle lors du blocage du canal sodique : l'un des groupements servirait à bloquer le canal tandis que l'autre servirait de point d'accroche sur la membrane.[325,328]

Notre idée a donc été de localiser les canaux sodiques en les bloquant non pas avec une toxine, mais avec un mime de toxine fluorescent, qui serait composé d'une nanoparticule fluorescente, fonctionnalisée en surface par des fonctions guanidine. Ceci facilite les manipulations chimiques, plus aisées avec la guanidine qu'avec la saxitoxine. De plus, la réactivité des toxines étant due à la présence de guanidine chargée, il est possible que la nanoparticules fonctionnalisée avec de la guanidine agisse de façon similaire à la saxitoxine.

Ce mime de toxine est représenté schématiquement sur la Figure IV-16.

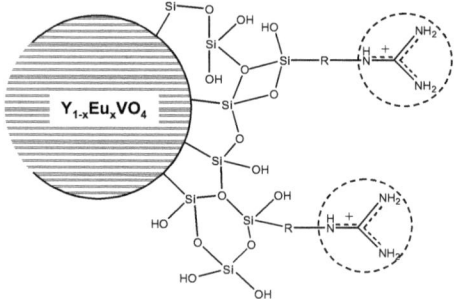

Figure IV-16 : schéma de principe du mime de toxine réalisé à partir d'une particule fluorescente de $Y_{1-x}Eu_xVO_4$ fonctionnalisée par la guanidine.

[330] J.L. Penzotti, H.A. Fozzard, G.M. Lipkind, S.C. Dudley Jr., Biophys. J., 1998, 75, 2647-2657

A Fonctionnalisation des nanoparticules

La guanidine présente trois fonctions amines. Sa forme acidifiée une fois est stabilisée par mésomérie, ce qui vaut à la guanidine de présenter un pK_a très élevée de 13,6. En solution aqueuse, la forme stable de la guanidine sera donc sa forme chargée.[331] Nous avons ainsi envisagé de faire réagir la guanidine HCl sur les groupes époxy portés par des nanoparticules, comme ceci est schématisé sur la Figure IV-17.

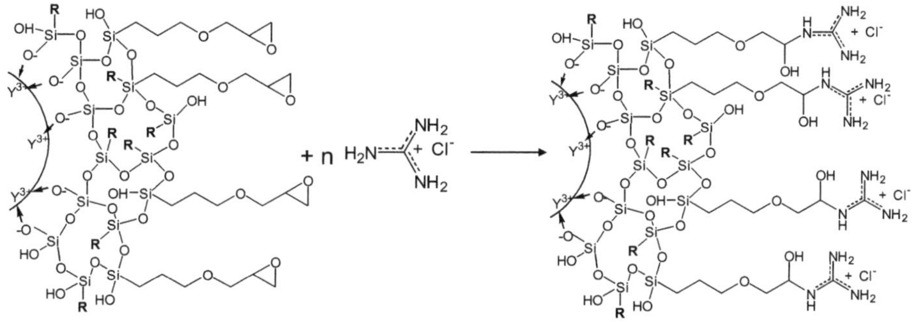

Figure IV-17 : schéma de la réaction envisagée entre des nanoparticules fonctionnalisées avec des époxy et la guanidine HCl.

A.1 Protocole de greffage

Afin de mettre en place le protocole de greffage de la guanidine sur les nanoparticules greffées avec du glycidoxypropyltriméthoxysilane, des mesures préliminaires en milieu homogène ont été réalisées.

a Réactivité en homogène

Nous avons testé la réactivité de la guanidine avec le groupe époxy en milieu homogène, en utilisant le glycidylisopropyléther. Cette réaction a été étudiée dans différents solvants (DMF et mélange éthanol : eau 3 : 1) et à différents pH (neutre et basique), et utilisant de la guanidine protonée ou déprotonée.

Afin d'augmenter la nucléophilie de la guanidine, nous avons tout d'abord déprotoné la guanidine HCl avec de l'hydrure de sodium, que nous avons ensuite fait réagir avec le glycidylisopropyléther. Un produit de réaction se forme (m / z = 162), qui peut être obtenu en présence d'hydrure de sodium seul : ce ne peut pas être le produit d'addition de la guanidine déprotonée sur le groupe époxy. De plus, ce produit est majoritaire, même lorsque l'on se place en défaut d'hydrure de sodium lors de la déprotonation de la guanidine.

Nous avons alors décidé de travailler avec de la guanidine protonée, c'est-à-dire avec la guanidine HCl. Dans le DMF en milieu basique, l'époxy est ouvert de manière non-

---

[331] La nucléophilie de la guanidine est atténuée par cette stabilisation.

quantitative par la guanidine HCl. En milieu hydro-alcoolique basique, tous les groupes époxy sont ouverts, soit par la guanidine soit par les solvants (eau et éthanol).

Les nanoparticules étant en solution hydro-alcoolique, nous choisissons alors de travailler dans ce même milieu, et à un pH légèrement basique afin de limiter l'ouverture des groupes époxy par les solvants.

b   Protocole adopté

Le protocole suivi lors de la fonctionnalisation des nanoparticules greffées avec du glycidoxypropyltriméthoxysilane par de la guanidine est le suivant :

A une solution de nanoparticules greffées avec du glycidoxypropyltriméthoxysilane (1 équivalent, [V] = 5 mM) dans un mélange éthanol : eau 3 : 1 sont ajoutés 5 équivalents de guanidine HCl (M_w = 95.56). La solution est ensuite chauffée à reflux pendant 24 heures, puis purifiée par dialyse contre de l'eau distillée pendant 1 semaine. La solution obtenue n'est pas stable. Après décantation, le surnageant est prélevé et redispersé aux ultra-sons. La concentration en vanadates est mesurée par absorbance : 25 % des nanoparticules initiales sont floculées, tandis que 75 % sont toujours en solution, formant une solution colloïdale stable.

A.2 Caractérisation des objets

Afin de pouvoir utiliser la solution de nanoparticules greffées avec de la guanidine à des fins biologiques, il est nécessaire de s'assurer du bon état de dispersion des objets en solution. En effet, nous désirons sonder un canal sodique unique par la fluorescence émise par une seule nanoparticule. Si les nanoparticules sont agrégées, l'information quantitative recherchée sur la localisation des canaux sera perdue. Nous avons donc caractérisé la taille des objets en solution.

a   Dispersion et taille des objets en solution

La taille moyenne des objets individuels obtenus après greffage des nanoparticules par de la guanidine peut être déterminée par analyse des clichés de microscopie électronique à transmission. Un tel cliché est montré sur la Figure IV-18.a. A partir de ce cliché sont déterminées deux tailles, une longueur et une largeur pour chaque objet. La distribution de ces 2 longueurs caractéristiques est montrée sur la Figure IV-18.b.

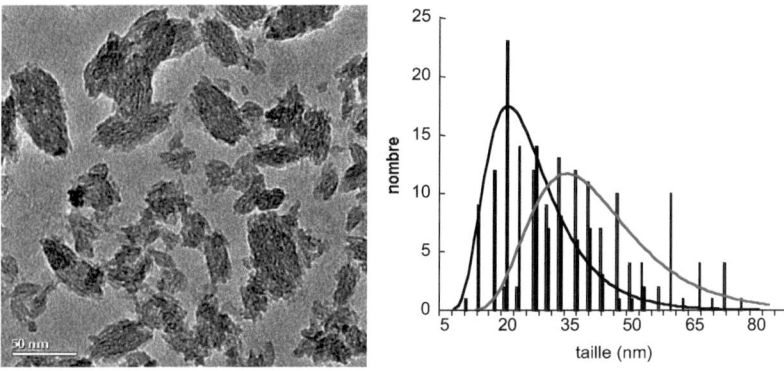

Figure IV-18 : a. cliché de microscopie électronique à transmission typique de nanoparticules de Y₁₋ₓEuₓVO₄ greffées avec de la guanidine. b. distribution en taille des nanoparticules calculée à partir de ces clichés.

Le cliché de microscopie électronique à transmission montre des objets distincts, qui se sont agrégés sur la grille de MET. Nous pouvons déterminer la taille des objets isolés. La distribution en taille montre que l'on a des objets de largeur 23 nm (σ = 11 nm) et longueur 38 nm (σ = 15 nm). Cette distribution nous donne des valeurs de taille relativement proches de celles obtenues sur des nanoparticules nues, ou stabilisées par du silicate,[332] bien que légèrement supérieures. Ceci semble indiquer que les traitements de surface n'ont pas d'influence majeure sur la taille finale des nanoparticules.

Afin de caractériser l'état de dispersion de ces objets en solution, nous avons réalisé des mesures de diamètre hydrodynamique par diffusion dynamique de la lumière sur des nanoparticules de $Y_{0,6}Eu_{0,4}VO_4$ greffées avec de la guanidine. Ces mesures sont montrées sur la Figure IV-19.

---

[332] sur les nanoparticules nues, l = 19 nm (σ_l = 7 nm) et L = 33 nm (σ_L = 12 nm) ; pour les nanoparticules silicatées, l = 21 nm (σ_l = 13 nm) et L = 38 nm (σ_L = 18 nm).

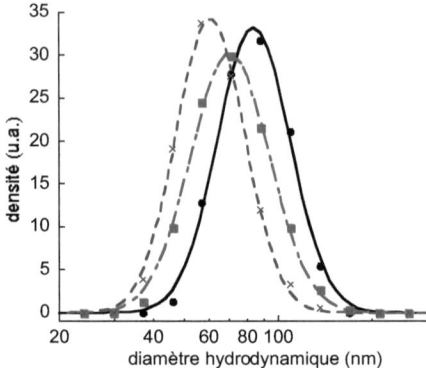

Figure IV-19 : mesures de diffusion dynamique de la lumière sur des Y$_{0.6}$Eu$_{0.4}$VO$_4$ silicatées, greffées avec du glycidoxypropyltriméthoxysilane puis avec de la guanidine en intensité (●), en volume (■) et en nombre (x).

Cette figure représente les différentes analyses en intensité, en volume et en nombre de la distribution en taille des nanoparticules obtenue par diffusion dynamique de la lumière. Les tailles moyennes sont de 93 nm en intensité (σ = 25 nm), 80 nm en volume (σ = 23 nm) et 67 nm en nombre (σ = 17 nm).[333] Les nanoparticules en solution sont ainsi polydisperses, mais bien dispersées.

Nous pouvons donc penser que les nanoparticules observées sous forme agrégée sur les clichés de microscopie électronique sont néanmoins bien dispersées en solution.

Les objets obtenus après greffage de la guanidine sur la surface des nanoparticules sont ainsi bien dispersés en solution aqueuse, comme le montrent les mesures de diffusion dynamique de la lumière. Ils présentent les mêmes longueurs caractéristiques que les nanoparticules silicatées, à savoir une largeur moyenne de 23 nm et une longueur moyenne de 38 nm, déterminée par l'observation des clichés de microscopie électronique.

La stabilité des particules ayant été modifiée au cours de la réaction entre les particules et la guanidine, nous pouvons supposer que la surface des particules a bien été modifiée. Nous allons le mettre en évidence par des mesures de zétamétrie.

b   Etat de surface des particules.

L'état de surface des particules greffées avec de la guanidine est sondé par des mesures de potentiel ζ en fonction du pH. Ces mesures sont réalisées par zétamétrie en milieu aqueux, et montrées sur la Figure IV-20.

---

[333] Ces distributions ont été modélisées par une loi log-normale.

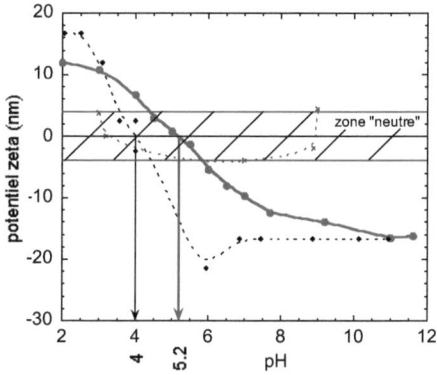

Figure IV-20 : mesures de potentiel ζ en fonction du pH des nanoparticules de Y$_{0,6}$Eu$_{0,4}$VO$_4$ silicatées et greffées avec de la guanidine (●). En pointillés sont rappelées les courbes des nanoparticules silicatées (♦) et greffées avec du glycidoxypropyltriméthoxysilane (x).

Nous avons reporté sur la Figure IV-20 les mesures de potentiel ζ en fonction du pH des nanoparticules de Y$_{0,6}$Eu$_{0,4}$VO$_4$ silicatées (♦), greffées ensuite avec du glycidoxypropyltriméthoxysilane (x) puis avec de la guanidine (●). L'allure de ces trois courbes est différente, confirmant les changements d'état de surface des particules après chacune des étapes de fonctionnalisation. Les nanoparticules silicatées présentent un point de charge nulle à pH 4. Une fois greffées avec du glycidoxypropyltriméthoxysilane, les nanoparticules ne sont plus stables : les valeurs de potentiel sont situées autour de 0 mV, quel que soit le pH. En revanche, après réaction avec la guanidine, les nanoparticules présentent à nouveau une surface chargée, dont la charge s'annule à pH = 5,2. Ce point de charge nulle est très éloigné du pK$_a$ de la guanidine, qui est de 13,6. Ceci signifie sûrement que la guanidine ne recouvre qu'une faible proportion de la surface.

A pH 7, le potentiel de surface des particules est de l'ordre de -10 mV, ce qui est relativement faible. Dans une solution concentrée en sels, comme l'est la solution physiologique Ringer,[334] cette charge de surface n'est plus suffisante pour favoriser la stabilisation des particules, et nous observons alors leur floculation. Cependant, celle-ci est relativement lente à l'échelle des expériences de biologie envisagées qui durent quelques dizaines de minutes, et les solutions de nanoparticules greffées avec de la guanidine peuvent donc être utilisées dans le cadre de ces expériences.

Ainsi, la surface des nanoparticules a bien été modifiée lors de la réaction avec la guanidine. Les nanoparticules greffées sont stables en solution aqueuse, et leur nouveau point de charge nulle est situé à pH 5,2. Cependant, la modification de la surface induite par le

---

[334] La composition exacte de la solution Ringer est en mM: NaCl: 110,5; CaCl$_2$: 2; KCl: 2,5; MgCl$_2$: 1; tampon HEPES (NaOH): 10; pH = 7,35

greffage de la guanidine n'est pas suffisante pour permettre la stabilisation des particules en milieu physiologique de force ionique très élevée.

c   Nombre de guanidines greffées en surface des nanoparticules

Plusieurs tentatives de dosage du nombre de guanidines greffées en surface des particules ont été réalisées sans succès jusqu'à maintenant.

Nous avons dans un premier temps analysé les objets obtenus par spectroscopie InfraRouge. La présence de guanidine peut être révélée par des bandes de forte intensité apparaissant à 1644 et 1537 cm^{-1}. Aucune de ces deux bandes n'apparaît sur le spectre des nanoparticules fonctionnalisées avec de la guanidine : la quantité de guanidine greffée sur les nanoparticules est trop faible pour permettre sa détermination quantitative par spectroscopie InfraRouge.

Dans un second temps, nous avons analysé une poudre de la solution colloïdale obtenue par analyse thermogravimétrique en atmosphère oxydante, le cycle de température allant de 30 °C à 800 °C. Cependant, la mesure a été réalisée avec une masse initiale de produit faible (11,3 mg). De très importantes erreurs de mesures entrent alors en compte, notamment la solvatation des particules. La courbe que nous obtenons n'est pas exploitable pour déduire une quantité de fonctions guanidines greffées en surface des particules. Afin de faire cette mesure, il est nécessaire de travailler avec des volumes beaucoup plus importants.

Dans un troisième temps, nous avons cherché à doser le nombre de guanidines accessibles déposées sur les nanoparticules par colorimétrie. Pour cela, nous nous sommes servis des travaux d'Arustamyan sur le dosage colorimétrique de la guanidine.[335] Ce dosage se fait par réaction d'une guanidine avec une 9,10-phénanthrènequinone, suivie de la réaction avec l'acide 2,4-dihydrobenzoïque menant à la formation lente (2 heures) d'un composé rouge.[336] Ce composé peut alors être quantifié par colorimétrie. Cependant, ce dosage met en évidence seulement la guanidine libre n'ayant pas réagi. Le grand excès de guanidine introduit lors de la réaction ne nous permet pas d'estimer par ce dosage en retour la quantité de guanidine déposée sur les nanoparticules.

Ainsi, s'il est possible de confirmer la modification de la surface des particules par des mesures de zétamétrie et de diffusion dynamique de la lumière, nous n'avons pas réussi à quantifier le nombre de guanidines greffées sur la surface des particules par les méthodes de caractérisation utilisées lors de la fonctionnalisation des particules par des alcoxysilanes.

---

[335] M.A. Arustamyan, L.E. Zel'tser, D. Kh. Yunusov, N. Suleimanova, J. Anal. Chem. of the USSR, 1983, 38 (1), 102-104.
[336] Ce dosage est décrit en annexe.

La surface des particules ayant été modifiée, nous avons testé la réactivité des nanoparticules greffées avec de la guanidine sur les canaux sodiques de cellules cardiaques de grenouille.

B Effet physiologique

Pour comprendre quel effet sur l'activité physiologique des cellules est attendu de la présence de nanoparticules fonctionnalisées guanidine en solution, nous devons tout d'abord regarder l'effet d'une toxine sur l'activité physiologique de ces cellules.

B.1 Rôle des canaux sodiques[337]

La circulation d'ions de part et d'autre de la membrane cellulaire et la présence de pompes ioniques mènent à l'instauration d'un potentiel membranaire. Ce potentiel atteint une valeur de repos négative de l'ordre de -90 mV, minimisant les courants ioniques avec une accumulation de charges positives sur le côté extracellulaire et de charges négatives sur le côté intracellulaire. L'une des particularités des cellules musculaires et nerveuses est de présenter un potentiel membranaire qui évolue suite à une excitation électrique. Cette excitation se traduit généralement par une diminution du potentiel de membrane, suffisante pour permettre une modification drastique des courants ioniques de part et d'autre de la membrane.

Les canaux potentiel-dépendants (essentiellement sodique et potassique) jouent un rôle prépondérant dans la réponse de la cellule après une excitation.[337,338]

Ils sont fermés au potentiel transmembranaire de repos.

Un écart de potentiel suffisamment important par rapport à cette valeur de repos engendre une modification brutale mais de courte durée de la configuration des canaux sodiques potentiel-dépendants de leur position fermée à une position ouverte, tandis que les canaux potassiques potentiel-dépendants restent fermés. Ceci permet alors aux ions sodium extracellulaires de traverser massivement la membrane (c.f. Figure IV-21.a.1). Cette entrée massive est *quasi* instantanée[339] et engendre donc une montée rapide du potentiel membranaire, qui devient alors positif.

L'élimination d'ions potassium hors de la cellule est alors activée par l'ouverture des canaux potassiques potentiel-dépendants, ce qui stabilise puis diminue la valeur du potentiel (c.f. Figure IV-21.a.2.).

Après fermeture des canaux potentiel-dépendants, les pompes ioniques permettent un retour lent à la valeur de repos du potentiel (c.f. Figure IV-21.a.3).

---

[337]E. Marban, T. Yamagishi, G. Tomaselli, J. Physiology, 1998, 508, 3, 647-657

[338] Atlas de poche de Physiologie 2ème édition française, S. Silbernagl, A. Despopoulos, Flammarion Médecine-Sciences, ISBN 2-257-12439-1, 1996, p14, p26-27

[339] 7000 ions Na+ peuvent traverser la membrane par milliseconde et par canal.

L'ensemble de ces étapes est appelé potentiel d'action. Un tel potentiel d'action est représenté schématiquement sur la Figure IV-21.b.

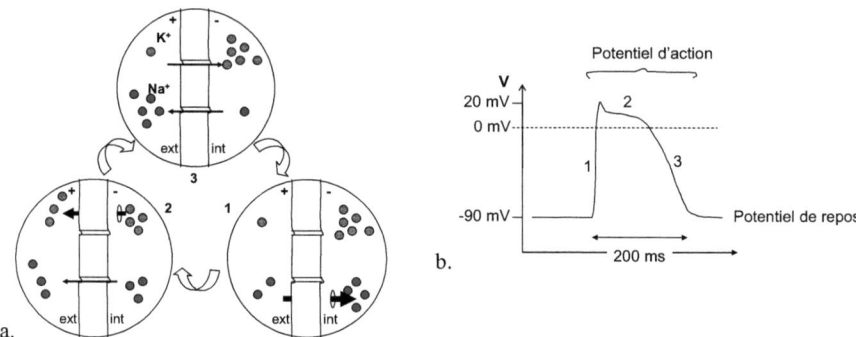

Figure IV-21 : a. mouvements ioniques lors des différentes phases du potentiel d'action. Les demi-canaux représentent les pompes ioniques et les trous dans la membrane représentent les canaux ioniques potentiel-dépendants.[340] b. évolution du potentiel de membrane lors d'un potentiel d'action

Ainsi, le potentiel d'action peut se diviser en trois phases, l'une correspondant à la phase de dépolarisation, la seconde à la stabilisation du potentiel, et la troisième au retour du potentiel à sa valeur de repos. La phase de dépolarisation est caractérisée par la valeur maximale du potentiel atteinte, ainsi que par la vitesse de dépolarisation (obtenue par dérivation du signal de potentiel en fonction du temps). La vitesse de dépolarisation maximale V_{max} est proportionnelle au flux d'entrée des ions sodium (donc au nombre de canaux sodiques potentiel-dépendants actifs), autrement dit à la conductance sodique de la membrane g_{Na+}.[341]

B.2 Effet d'une toxine

L'effet d'une toxine est de bloquer un canal sodique potentiel-dépendant dans sa configuration fermée. Le nombre de passages transmembranaires possibles pour l'entrée des ions sodium au cours de la phase de dépolarisation diminue alors. Ceci a pour effet de diminuer la conductance sodique g_{Na+} de la membrane.[342] La montée en potentiel engendrée est donc plus lente, et le retour au potentiel de repos également, comme le montre la Figure IV-22.

[340] Atlas de poche de Physiologie 2ème édition française, S. Silbernagl, A. Despopoulos, Flammarion Médecine-Sciences, ISBN 2-257-12439-1, 1996, p 27
[341] M.F. Sheets, D.A. Hanck, H.A. Fozzard, Circ. Res., 1989, 65, 1462-1465
[342] H. Terlau, S.H. Heinemann, W. Stühmer, M. Pusch, F. Conti, K. Imoto, S. Numa, FEBS Lett., 1991, 293, 1, 2, 93-96.

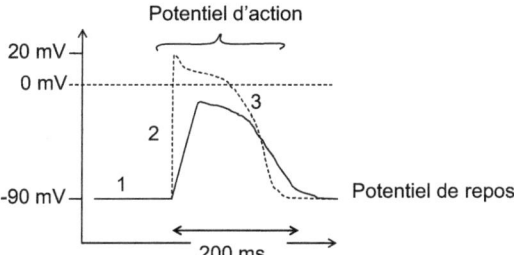

Figure IV-22 : évolution du potentiel membranaire au cours d'un potentiel d'action en présence de toxine bloquant les canaux sodiques.

Nous voyons ainsi que la vitesse de dépolarisation dépend du flux d'ions sodium traversant la membrane. Ce flux est directement relié à la proportion de canaux sodiques ouverts.

En l'absence de toxine, 100 % des canaux sodiques s'ouvrent lors d'un potentiel d'action, la dépolarisation est très rapide. En revanche, en présence de toxine, certains canaux sont bloqués. La vitesse de dépolarisation diminue proportionnellement avec le nombre de canaux sodiques bloqués par les toxines.

Les canaux sodiques potentiel-dépendants sont essentiels à l'excitabilité d'une cellule, en permettant une entrée massive des ions sodium suite à une excitation électrique de la membrane. La tétrodotoxine ou la saxitoxine, bloquant ces canaux, diminue la conductance sodique de la membrane. Ceci influe quantitativement sur la dépolarisation de la membrane. Ainsi, des mesures de potentiel transmembranaire en fonction du temps permettent de déterminer la fraction de canaux sodiques ouverts, et d'en déduire une activité toxique éventuelle des nanoparticules greffées avec la guanidine.

B.3 **Effet physiologique des nanoparticules.**

Des mesures de potentiel transmembranaire en présence de toxine ou de nanoparticules ont été réalisées au laboratoire d'Optique et Biosciences par Martin-Pierre Sauviat. Elles consistent en la mesure du potentiel entre deux microélectrodes, l'une située dans le milieu intracellulaire et l'autre dans le milieu extracellulaire.[343,344,345] La différence de potentiel ainsi mesurée correspond au potentiel transmembranaire. Cette mesure est faite en continu, ce qui permet d'obtenir une courbe de potentiel et sa dérivée V en fonction du temps. Le montage de l'expérience est schématisé sur la Figure IV-23.

[343] M.-P. Sauviat, M. Marquais, J.-P. Vernoux, Toxicon., 2002, 40, 1155-1163

[344] M.-P. Sauviat, A. Colas, N. Pages, BioMed Central Pharmacol., 2002, 2, 15.

[345] H. Terlau, S.H. Heinemann, W. Stühmer, M. Pusch, F. Conti, K. Imoto, S. Numa, FEBS Lett., 1991, 293, 1, 2, 93-96.

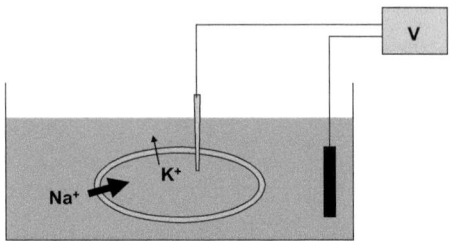

Figure IV-23 : schéma du montage de l'expérience d'électrophysiologie.

Martin-Pierre Sauviat a réalisé des mesures sur des cardiomyocytes de grenouille. Ces cellules sont introduites dans un milieu physiologique de contrôle, appelé solution Ringer.[334] Cette solution est tamponnée à pH 7,35, et outre des ions, contient de l'atropine qui permet d'isoler l'action des canaux ioniques sur le potentiel transmembranaire.

Dans la solution de contrôle, les cardiomyocytes présentent des potentiels d'action tels que celui représenté sur la Figure IV-24.A.a. La dépolarisation rapide du potentiel apparaît de manière plus claire sur la Figure IV-24.A.b. représentant le potentiel à vitesse de balayage lente. La dérivée du potentiel en fonction du temps est également montrée.

L'addition de nanoparticules non fonctionnalisées dans la solution de contrôle, à raison de 10^9 à 10^{11} nanoparticules par ml n'affecte pas l'allure du potentiel d'action. L'ajout de guanidine HCl dans la solution à des concentrations de 0,1 nM à 1 mM n'a également aucune influence sur le potentiel d'action.[346] En revanche, l'ajout d'une solution de nanoparticules greffées avec de la guanidine dans la solution de contrôle à raison de quelques µl / ml de solution modifie l'allure du potentiel d'action, comme le montre la Figure IV-24.A. La dépolarisation et la repolarisation de la membrane sont plus lentes comme le montre bien les Figure IV-24.A.c. et d.

[346] B. Hille, J. Gen. Physiol., 1971, 58, 599-619

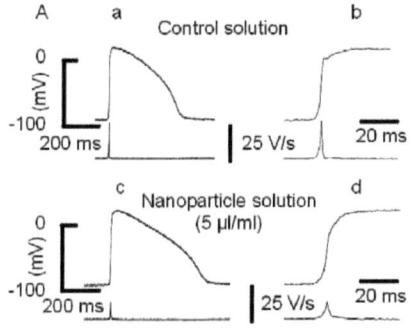
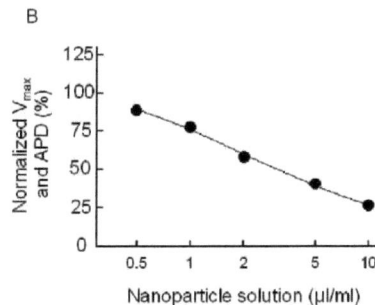

Figure IV-24 : Effet des nanoparticules fonctionnalisées sur le potentiel d'action et la vitesse de dépolarisation d'un cardiomyocyte de grenouille. (A) Mesure du potentiel d'action d'un cardiomyocyte et de sa différentielle en fonction du temps à vitesse de balayage rapide (a et c) et lente (b et d) en présence d'une solution de contrôle (a et b) et d'une solution de contrôle contenant 5 µl / ml de solution de nanoparticules fonctionnalisées (c et d). (B) Courbe dose-dépendance de l'effet des nanoparticules fonctionnalisées sur la vitesse de dépolarisation de la membrane (•).[347]

La Figure IV-24.B. est une mesure plus précise de l'effet de la solution de nanoparticules fonctionnalisées par la guanidine sur les canaux sodiques. La vitesse de dépolarisation V_{max} est mesurée pour différentes concentrations en nanoparticules (5 µl / ml correspond à une concentration en nanoparticules de 6 nM), et comparée à la valeur de V_{max} obtenue dans la solution de contrôle, $V_{max\ contrôle}$. Le rapport V_{max} / $V_{max\ contrôle}$ x100 reporté dans la Figure IV-24.B. rend compte de la proportion de canaux sodiques ouverts. Les nanoparticules fonctionnalisées par la guanidine bloquent les canaux sodiques de manière similaire aux toxines naturelles, la tétrodotoxine et la saxitoxine.

Nous devons cependant émettre une réserve sur ce blocage par les nanoparticules : la solution de nanoparticules fonctionnalisées utilisée ici n'a pas été purifiée après la fonctionnalisation par l'époxy, mais seulement après le greffage de la guanidine. Elle peut donc contenir des germes d'alcoxysilanes condensés fonctionnalisés avec de la guanidine. Ces germes, non quantifiés dans la solution,[348] peuvent également avoir une activité toxique sur les canaux sodiques, ce qui surestimerait l'action des nanoparticules fonctionnalisées.

La guanidine HCl n'ayant aucune action sur les canaux sodiques, nous pensons que l'encombrement stérique de la toxine ou de la nanoparticule est un paramètre important à considérer pour l'efficacité de blocage des canaux sodiques.

Ainsi, les mesures d'électrophysiologie montrent que les nanoparticules fonctionnalisées avec de la guanidine réagissent avec les canaux sodiques de façon similaire

---

[347] La fin du potentiel d'action est considérée comme étant à un potentiel supérieur au potentiel de repos de 10 mV.

[348] La quantification des particules se faisant par absorbance des vanadates, nous ne dosons pas les germes d'alcoxysilanes condensés par cette mesure.

aux toxines mimées, c'est-à-dire en bloquant les canaux sodiques. La toxicité viendrait donc de la présence de la guanidine et de son environnement stérique encombré, autant pour les toxines, que pour les nanoparticules fonctionnalisées. Afin de confirmer la réaction entre les nanoparticules fonctionnalisées et les canaux sodiques, des expériences de fluorescence ont été réalisées au Laboratoire d'Optique et Biosciences.

C Observation *in situ* des particules

Outre une réaction avec les canaux sodiques, les nanoparticules peuvent réagir avec la membrane de manière non-spécifique. Afin de déterminer la présence d'interactions spécifiques avec les canaux sodiques, et éventuellement non-spécifiques avec la membrane, nous avons observé par fluorescence *in situ* les nanoparticules fonctionnalisées avec de la guanidine en présence de cellules cardiaques, dans un milieu physiologique.

Des cardiomyocytes de grenouille sont donc isolés par dissociation enzymatique de l'oreillette de grenouille,[344] déposés sur des lamelles de quartz et soumis à des conditions différentes.

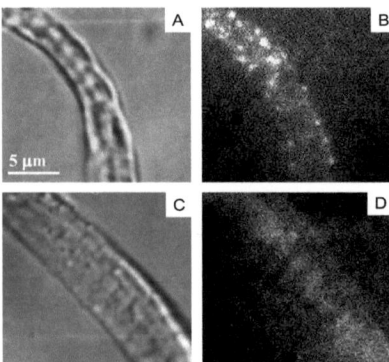

Figure IV-25 : (a et b) cardiomyocyte de grenouille incubé dans une solution Ringer contenant des nanoparticules $Y_{0.8}Eu_{0.2}VO_4$ greffées avec de la guanidine. (c et d) cardiomyocyte de grenouille dont les canaux sodiques sont saturés par de la saxitoxine mis en présence de nanoparticules. (a) et (c) images en lumière blanche. (b) et (d) images de fluorescence en champ large. Intensité incidente : 5 kW/cm² ; temps d'intégration: 1 s; échelle: 5 µm.

Les images de la Figure IV-25.A. et B. représentent une image en lumière blanche et en fluorescence d'un cardiomyocyte incubé pendant 5 minutes dans une solution Ringer[334] contenant 10^{11} nanoparticules / ml, puis rincé par une solution Ringer pure afin d'éliminer toute nanoparticule non attachée à la membrane. L'image en lumière blanche montre la forme du cardiomyocyte. L'image en fluorescence montre la présence de nombreux points lumineux représentant les nanoparticules attachées sur la membrane, ainsi qu'une fluorescence diffuse due à l'autofluorescence du cardiomyocyte. Les nanoparticules fonctionnalisées avec de la guanidine réagissent donc avec la membrane.

Afin de déterminer si les nanoparticules sont liées à des canaux sodiques de la membrane et spécifiquement à eux, ou de manière non-spécifique sur la membrane cellulaire, une mesure de contrôle a été effectuée.

Un cardiomyocyte est incubé pendant 5 minutes dans une solution Ringer contenant de la saxitoxine à une concentration de 15 nM, ce qui permet de bloquer plus de 90 % des canaux sodiques potentiel-dépendants.[349] Il subit ensuite le même traitement que l'échantillon précédent : il est introduit dans une solution contenant des nanoparticules fonctionnalisées avec de la guanidine, puis rincé avec de la solution Ringer pure. Les images en lumière blanche et en fluorescence obtenues sur cet échantillon sont montrées sur la Figure IV-25.C. et D. Aucun point fluorescent correspondant à des nanoparticules n'est détecté sur l'image en fluorescence. Seule l'autofluorescence de la membrane du cardiomyocyte est visible.

Le prétraitement avec la saxitoxine permet de bloquer les canaux sodiques potentiel-dépendants. Ainsi, les nanoparticules fonctionnalisées introduites ensuite ne peuvent plus se lier à ces canaux, mais seulement être éventuellement liées de manière non-spécifique à la membrane. L'absence de fluorescence due à des nanoparticules permet ainsi d'affirmer que les nanoparticules ne se lient pas de manière non-spécifique à la membrane, mais seulement de manière spécifique aux canaux sodiques potentiel-dépendants.

Des images en fluorescence du cardiomyocyte sont effectuées à différentes hauteurs, comme le montre la Figure IV-26.a. [350]

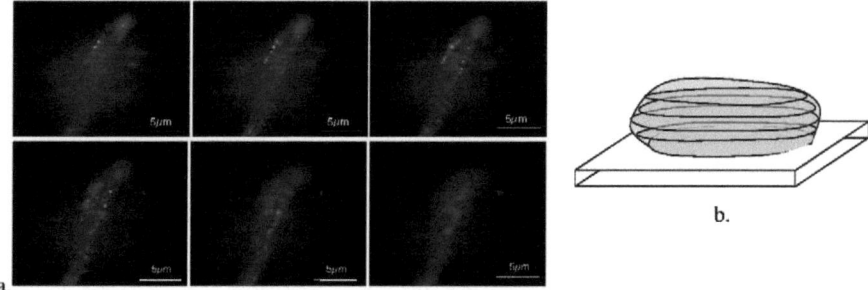

Figure IV-26 : a. images de fluorescence obtenues sur un cardiomyocyte mis en présence de nanoparticules fonctionnalisées avec de la guanidine en modifiant la hauteur de l'échantillon. b. schématisation des différents plans des images réalisées.

Une déconvolution du signal permet de réattribuer les intensités parasites sur un plan à une nanoparticule située sur un autre plan. Il est alors possible de localiser les nanoparticules en 3 dimensions sur la membrane du cardiomyocyte.

---

[349] O. Moran, A. Picollo, F. Conti, Biophys. J., 2003, 84, 2999-3006

[350] Mise en place par E. Auksorius au laboratoire d'Optique et Biosciences.

Ces observations montrent donc un couplage des nanoparticules fonctionnalisées par de la guanidine exclusivement avec les canaux sodiques.

D Conclusion

Nous avons donc montré par ce travail qu'il est possible de fonctionnaliser les nanoparticules avec de la guanidine en conservant un état colloïdal. La modification de la surface des particules est confirmée par des mesures de potentiel de surface. Cependant, nous n'avons pour le moment pas de mesure précise du nombre de guanidine déposé par nanoparticule.

Des mesures d'électrophysiologie ont montré que ces nanoparticules fonctionnalisées avec de la guanidine ont une action bloquante sur les canaux sodiques potentiel-dépendants. Par ailleurs, l'imagerie de fluorescence montre que les nanoparticules réagissent exclusivement avec les canaux sodiques.

Les nanoparticules fonctionnalisées avec de la guanidine forment donc un mime de toxine, réagissant spécifiquement avec les canaux sodiques potentiel-dépendants en bloquant leur activité. La localisation de canaux sodiques de cardiomyocytes par fluorescence des nanoparticules attachées à ces canaux est alors possible.

Afin de réaliser des mesures quantitatives sur les canaux sodiques, les points suivants doivent être pris en compte :

• La fluorescence des nanoparticules dépend de la taille de la nanoparticule, et on a vu précédemment que les solutions de nanoparticules obtenues sont assez polydisperses. Pour pouvoir déterminer s'il y a agrégation de canaux sodiques, il est nécessaire de diminuer cette polydispersité.

• Il y a très probablement un grand nombre de guanidines qui peuvent réagir avec des canaux sodiques en même temps par nanoparticule, selon le schéma suivant.

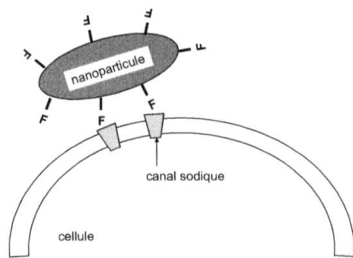

Une quantification du nombre de canaux sodiques par cardiomyocyte n'est donc pas encore envisageable, et nécessite l'optimisation du système.

Parallèlement à cette étude, nous nous sommes également tournés vers une autre application demandant une nouvelle fonctionnalisation. Nous avons choisi d'étudier l'effet de la toxine peptidique ε, qui est une toxine qui s'oligomérise sur la membrane cellulaire. Il s'agit donc de greffer une nanoparticule sur cette toxine et suivre par fluorescence son interaction avec les membranes cellulaires.

III *Suivi de la toxine ε de Clostridium perfringens*

La toxine ε est une toxine produite par les bactéries *Clostridium perfringens* de type B et D.[351] Ces bactéries sont présentes naturellement en faible quantité dans les intestins des animaux. La multiplication de ces bactéries dans l'intestin provoque une entérotoxémie, accident toxi-infectieux, qui s'avère être létale chez les animaux domestiques comme les ovins et les bovins. Cette entérotoxémie est souvent due à la libération de la toxine ε par les bactéries *Clostridium perfringens* de type B et D.

La toxine ε libérée dans l'intestin peut être transportée *via* le sang dans différents organes. Sa toxicité vient principalement de sa capacité à former des oedèmes. La toxine ε reconnaît un récepteur spécifique de la membrane de certaines cellules (notamment les cellules rénales[352]), et peut s'y associer. Les toxines associées à la membrane cellulaire s'organisent alors en heptamères,[353,354] formant des pores ioniques non spécifiques permettant le flux de petites molécules chargées.[355,356] Ainsi, la toxine ε permet un retour à l'équilibre des concentrations ioniques intra- et extracellulaires, bouleversant le potentiel membranaire, et menant rapidement à la mort des cellules.[357,358] Cette toxine ε peut également traverser la barrière sang-cerveau et s'accumuler dans le cerveau, provoquant alors des désordres neurologiques.[359,360]

---

[351] Les bactéries *Clostridium* produisent d'autres toxines comme la toxine iota, la toxine botulique, et la toxine tétanique.
[352] L. Petit, M. Gibert, A. Gourch, M. Bens, A. Vandewalle, M.R. Popoff, Cell. Microbiol., 2003, 5(3), 155-164
[353] S. Miyata, J. Minami, E. Tamai, O. Matsushita, S. Shimamoto, A. Okabe, J. Biol. Chem., 2002, 277, 42, 39463-39468
[354] S. Miyata, O. Matsushita, J. Minami, S. Katayama, S. Shimamoto, A. Okabe, J. Biol. Chem., 2001, 276, 17, 13778-13783
[355] M. Nagahama, S. Ochi, J. Sakurai, J. Natural Toxins, 1998, 7, 3, 291-302
[356] L. Petit, M. Gibert, D. Gillet, C. Laurent-Winter, P. Bocquet, M.R. Popoff, J. Bacteriol., 1997, 179, 20, 6480-6487
[357] L. Petit, M. Gibert, A. Gourch, M. Bens, A. Vandewalle, M.R. Popoff, Cell. Microbiol., 2003, 5(3), 155-164
[358] L. Petit, E. Maiers, M. Gibert, M.R. Popoff, R. Benz, J. Biol. Chem., 2001, 276, 19, 15736-15740
[359] M. Nagahama, J. Sakurai, Infection and Immunity, 1992, 60, 3, 1237-1240
[360] O. Miyamoto, K. Sumitani, T. Nakamura, S.I. Yamagami, S. Miyata, T. Itano, T. Negi, A. Okabe, FEMS Microbiology Letters, 2000, 189, 109-113

L'équipe de Michel Popoff à l'institut Pasteur à Paris travaille sur cette toxine, et étudie son mode d'action.[352,356,358] Le suivi individuel de la toxine ε par fluorescence pourrait s'avérer être un outil très efficace pour la compréhension de ce mode d'action et la dynamique associée. Nous avons alors envisagé d'observer la formation des heptamères de toxines ε en surface de cellules rénales de MDCK (Madin Darby Canine Kidney). Pour cela, nous avons voulu marquer des toxines ε avec des nanoparticules fluorescentes, comme ceci est schématisé sur la Figure IV-27.

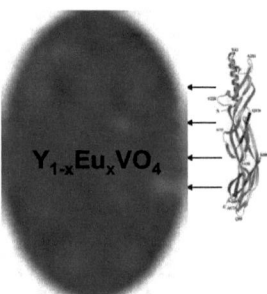

Figure IV-27 : schéma de principe d'une particule de $Y_{1-x}Eu_xVO_4$
fonctionnalisée avec une toxine ε (l'échelle est globalement respectée)

Nous espérons ainsi créer une toxine fluorescente par liaison des toxines avec les nanoparticules $Y_{1-x}Eu_xVO_4$ permettant de conserver l'activité de la toxine.

La toxine ε possède de nombreuses fonctions amines, qui sont accessibles pour une fonctionnalisation sur la surface des particules. Notre première idée a donc été de faire réagir les nanoparticules présentant des groupes époxy en surface avec les toxines ε, *via* une attaque nucléophile des amines de la toxine sur les groupes époxy. Une telle réaction nécessite un pH basique, afin de conserver l'amine sous sa forme basique, mais qui est trop drastique pour la toxine, qui se dénature à un pH basique.

Nous avons alors modifié notre approche. De nombreux travaux traitant de la fonctionnalisation de particules à des fins biologiques utilisent des liaisons peptidiques pour accrocher des protéines sur des nanoparticules.[361,362,363,364,365] La liaison peptidique se fait par l'attaque d'une amine sur un acide carboxylique pour donner une fonction amide. La réactivité de l'acide peut être exacerbée (acide activé) pour permettre la formation d'une liaison peptidique dans des conditions douces.

Nous désirons donc présenter en surface des particules des fonctions acides carboxyliques activées, comme ceci est schématisé sur la Figure IV-28.

[361] S. Peng, N. Mamedova, N.A. Kotov, W. Chen, J. Studer, Nanolett., 2002, 2, 8, 817-822
[362] W.C.W. Chan, S. Nie, Science, 1998, 281, 2016-2018
[363] P.V. Bower, E.A. Louie, J.R. Long, P.S. Stayton, G.P. Drobny, Langmuir, 2005, 21(7), 3002-3007
[364] F. Meiser, C. Cortez, F. Caruso, Angew. Chem. Int. Ed., 2004, 43, 5954-5957
[365] S. Kim, M.G. Bawendi, J. Am. Chem. Soc., 2003, 125, 14652-14653

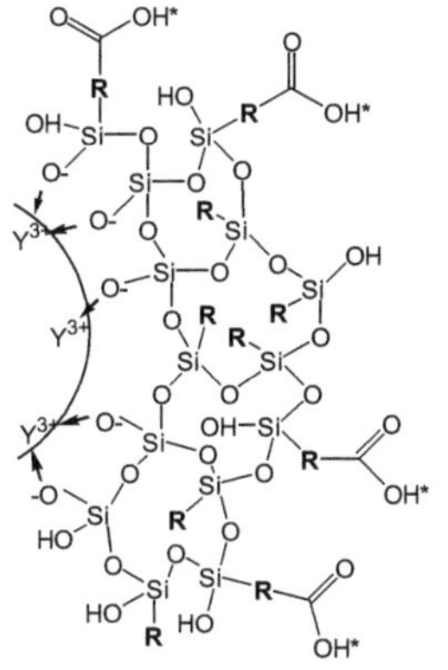

**Figure IV-28 : schématisation d'une nanoparticule
fonctionnalisée avec un alcoxysilane trifonctionnel, et présentant
en surface des fonctions acide activées (représentées par des *).**

Cette fonctionnalisation des particules par un acide s'est ainsi révélée être une étape nécessaire. Nous l'avons envisagée à partir des nanoparticules présentant à leur surface des époxy et des amines. Nous allons maintenant décrire les deux méthodes de fonctionnalisation des particules par un acide qui ont été abordées.

A   Fonctionnalisation des nanoparticules

La fonctionnalisation des nanoparticules par un acide carboxylique a ainsi été obtenue à partir de nanoparticules présentant en surface des groupes époxy ou des amines.

Pour cela, nous avons fait réagir le groupe époxy avec une molécule présentant à la fois un groupement nucléophile et une fonction acide carboxylique. Nous avons opté pour l'acide mercaptopropanoïque, utilisé couramment par de nombreuses équipes pour ses propriétés de complexation de surface des nanoparticules semiconductrices.[366] Sa formule semi-développée est montrée sur la Figure IV-29.

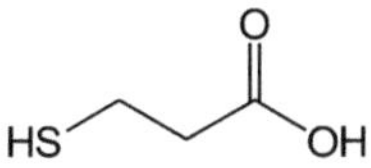

Figure IV-29 : formule semi-développée de l'acide mercaptopropanoïque

Par ailleurs, la fonctionnalisation des nanoparticules par une amine s'étant avérée plus efficace que la fonctionnalisation par un groupe époxy, il semble judicieux de chercher à exploiter cette fonctionnalisation.

Nous avons alors utilisé une molécule permettant d'assurer une liaison entre les nanoparticules fonctionnalisées amine et la toxine ε. Il existe des molécules bifonctionnelles,

---

[366] W.C.W. Chan, S. Nie, Science, 1998, 281, 2016-2018

activées, qui permettent de réaliser ces réactions dans des conditions douces, comme la bis(sulfosuccinimidyl)suberate BS^3 présentant une fonction acide activée à chaque bout de chaîne. Cette molécule est représentée par sa formule semi-développée sur la Figure IV-30.

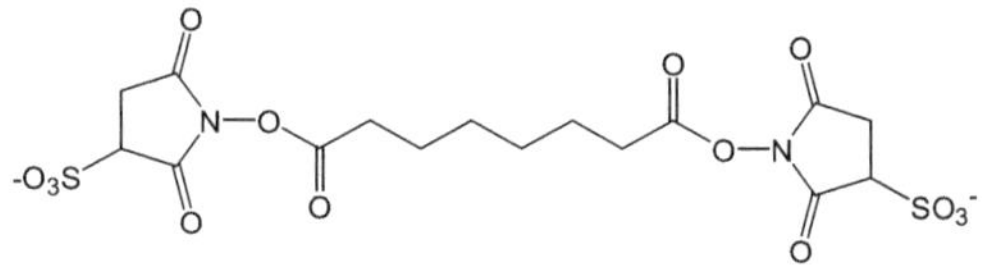

Figure IV-30 : formule semi-développée de la BS^3

Nous avons ainsi développé deux méthodes permettant d'obtenir des nanoparticules fonctionnalisées avec un acide carboxylique, que nous allons développer.

A.1 Surface présentant des groupes époxy

Dans cette partie, nous allons étudier le greffage d'amines primaires sur des nanoparticules présentant initialement en surface des groupes époxy.

Afin de réaliser ceci, une étude préliminaire de l'attaque de l'acide mercaptopropanoïque sur un groupe époxy a été réalisée en milieu homogène. La réaction de l'acide carboxylique avec une amine a également été discutée. Le protocole de fonctionnalisation des particules mis au point à partir de ces considérations a été décrit. Il a permis le greffage d'amines en surface des particules, comme l'ont montré les caractérisations effectuées.

a   Protocole de fonctionnalisation

i   Fonctionnalisation de la surface par un acide carboxylique

La réaction entre un groupe époxy et l'acide mercaptopropanoïque a été largement étudiée en milieu homogène. Cette réaction peut se faire en milieu aqueux neutre[367] ou basique,[368] ainsi qu'en milieu méthanolique basique.[369,370] En milieu aqueux basique, Richardson a montré que le thiol attaque le groupe époxy en quelques heures dans des conditions stoechiométriques, en présence de soude.[368]

Nous nous sommes inspirés de ces travaux pour étudier la réaction entre le glycidylisopropyléther et l'acide mercaptopropanoïque dans des conditions compatibles avec les nanoparticules fonctionnalisées avec un époxy. Les nanoparticules étant fonctionnalisées

---

[367] D.K. Black, J. Chem. Soc. (C), 1966, 1123-1127
[368] K.A. Richardson, M.C.G. Peters, R.H.J.J.J. Megens, P.A.van Elburg, B.T. Golding, P.J. Boogaard, W.P. Watson, N.J. van Sittert, Chem. Res. Toxicol., 1998, 11, 1543-1555
[369] G.L. Weber, R.C. Steenwyk, S.D. Nelson, P.G. Pearson, Chem. Res. Toxicol., 1995, 8, 560-573
[370] B. Spur, A. Crea, W. Peters, Tetrahedron Lett., 1983, 24, 21, 2135-2136

avec un époxy dans un mélange de solvant éthanol : eau, nous avons décidé de conserver ce mélange de solvant pour des réactions futures.

Le groupe époxy du glycidylisopropyléther est ouvert par le thiol de l'acide mercaptopropanoïque dans un mélange de solvant éthanol : eau 3 : 1, en présence d'hydroxyde de tétraméthylammonium. Le produit de réaction est obtenu après purification par extraction avec un rendement de 90 %,[371] et a été caractérisé par RMN ^{1}H, ^{13}C, spectroscopie InfraRouge et spectrométrie de masse comme étant bien le produit issu de l'attaque du thiol sur l'époxy.[372]

Nous avons donc simplement envisagé d'adapter ce protocole pour la fonctionnalisation de nos solutions colloïdales afin d'obtenir des nanoparticules fonctionnalisées par une fonction acide.

Ainsi, 2 ml d'hydroxyde de tétraméthylammonium et 75 µl d'acide mercaptopropanoïque sont introduits dans 10 ml d'un mélange éthanol : eau 3 : 1. 50 ml d'une solution colloïdale de nanoparticules fonctionnalisées avec des groupes époxy ([V] = 2 mM) sont ajoutés. La solution est laissée sous agitation à température ambiante pendant une nuit, puis purifiée par centrifugations à 11000 g de 1h30, 4h et une nuit, les deux premières centrifugations étant suivies d'une redispersion dans un mélange éthanol : eau 3 : 1 et la dernière redispersée dans 20 ml d'eau.

ii   Formation de la liaison peptidique

Afin de créer une liaison peptidique entre un acide carboxylique et une amine dans des conditions douces, il est nécessaire de passer par une étape d'activation de l'acide carboxylique. L'activation d'un acide consiste à exacerber la réactivité du carbone du groupe carboxyl. Elle se fait en présence d'un carbodiimide,[373] et l'acide activé peut être isolé sous la forme d'un N-hydrosuccinimidyl-ester par réaction avec du N-hydroxysuccinimide. Cette activation a été largement discutée dans la littérature et a été réalisée dans différents solvants anhydres comme le dichlorométhane,[374,375] le dioxane,[376] ou le N,N-diméthyl-formamide.[377,378,379] L'acide activé obtenu sous sa forme de N-hydroxysuccinimidylester peut ensuite être ouvert par un nucléophile peu puissant, comme l'eau, ou une amine en milieu peu basique.

[371] Après acidification et purification par séparations de phases successives.
[372] Les analyses ne sont pas montrées ici.
[373] Ce carbodiimide s'hydrolyse au cours de la reaction,et forme alors un sous-produit devant ensuite être éliminé.
[374] Connolly, Rao, Fitzmaurice, J. Phys. Chem. B, 2000, 104, 4765-4776.
[375] G. Kretzschmar, U. Sprengard, H. Kunz, E. Bartnik, W. Schmidt, A. Toepfer, B. Hörsch, M. Krause, D. Seiffge, Tetrahedron, 1995, 51, 13015-13030
[376] H. Hosoda, K. Ushioda, H. Shioya, T. Nambara, Chem. Pharm. Bull., 1982, 30 (1), 202-205
[377] M. Chatterjee, S.E. Rokita, J. Am. Chem. Soc., 1991, 113, 5116-5117
[378] M. Chatterjee, S.E. Rokita, J. Am. Chem. Soc., 1994, 116, 1690-1697
[379] H.C. Hansen, S. Haataja, J. Finne, G. Magnusson, J. Am. Chem. Soc., 1997, 119, 6974-6979

Cette méthode d'activation semble être efficace, tant que l'on travaille en milieu anhydre. En conséquence, les solutions colloïdales utilisées étant des solutions hydro-alcooliques, l'acide pourrait difficilement être conservé sous sa forme activée avant réaction avec une amine sans transfert des particules dans un solvant anhydre.

Nous nous sommes alors tournés vers le travail réalisé par Meiser *et al.*[380] Ils ont fonctionnalisé des nanoparticules de phosphate de lanthane avec de l'avidine par l'intermédiaire de liaisons peptidiques. Pour cela, ils ont introduit des nanoparticules présentant une surface acide, de l'avidine dans un tampon MES[381], et du N-éthyl-N'-diméthylaminopropylcarbodiimide hydrochlorure (EDCI) dans un ballon, laissé sous agitation à température ambiante pendant 30 minutes. Les nanoparticules lavées par des centrifugations successives présentaient alors des avidines en surface, ce qui a été mis en évidence par réaction de l'avidine avec de la biotine fluorescente.

Dans un premier temps, nous avons décidé d'adapter le protocole utilisé par Meiser *et al.* pour le greffage de nos particules de $Y_{0,6}Eu_{0,4}VO_4$ avec une amine simple, la N-butylamine. L'utilisation d'un tampon biologique, nécessaire pour le greffage de protéines afin de ne pas les dénaturer, ne l'est pas pour le greffage d'une amine simple. Nous avons donc fonctionnalisé nos nanoparticules en solution aqueuse dont le pH est contrôlé par la présence de la N-butylamine introduite en excès.

Ainsi, sur 10 ml de solution colloïdale aqueuse de nanoparticules fonctionnalisées avec un acide carboxylique ([V] = 0,7 mM) à pH 7,6 sont ajoutés 50 µl de N-butylamine et 200 mg d'EDCI. La solution à un pH de 10,5 est laissée sous agitation pendant 2 jours à température ambiante, puis purifiée par centrifugations afin d'éliminer la N-butylamine en excès et l'EDCI. Deux centrifugations à 11000 g pendant une nuit, suivies de redispersions dans 10 ml d'eau ont été réalisées. Les nanoparticules redispersées sont instables dans la solution finale.

b   Modification de surface des particules.

Nous avons suivi la modification de la surface des particules par des mesures de spectroscopie InfraRouge, de zétamétrie et par leur stabilité observée par diffusion dynamique de la lumière.

Les mesures de spectroscopie InfraRouge, que nous ne montrons pas ici, montrent des spectres présentant principalement deux contributions, l'une à 800 cm^{-1}, et l'autre à 1100 cm^{-1}, caractéristiques de la présence de vanadates et des alcoxysilanes. De plus, des bandes de vibration des C-H sont présentes. Bien que des différences, notamment au niveau de l'intensité du signal de vibration des C-H soient observées entre les spectres InfraRouge, elles

[380] F. Meiser, C. Cortez, F. Caruso, Angew. Chem. Int. Ed., 2004, 43, 5954-5957
[381] tampon MES: acide 2-[N-Morpholino]ethanesulfonique, pH 4,75, [NaCl] = 0,025 M

sont assez minimes, et ne permettent pas de conclure de manière non ambiguë à la modification de la surface.

En revanche, la modification de la surface des particules peut être mise en évidence de manière plus facile par des mesures de potentiel de surface en fonction du pH. Nous avons mesuré ce potentiel de surface pour des nanoparticules présentant des époxy en surface, après fonctionnalisation par un acide, et après réaction avec une amine. Ces courbes sont reportées sur la Figure IV-31.

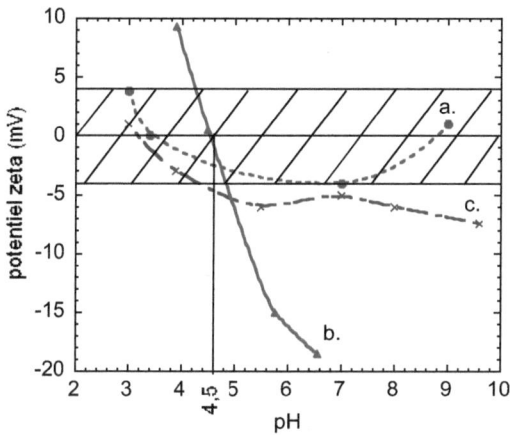

Figure IV-31 : potentiel ζ en fonction du pH de solution colloïdale de nanoparticules $Y_{0,6}Eu_{0,4}VO_4$ présentant en surface des fonctions époxy (a, •), acide (b, ▲) et amide (c, x).

De la Figure IV-31 nous pouvons déduire que la surface des nanoparticules, globalement neutre lorsque présentant à sa surface des groupes époxy (courbe a.), change après réaction avec l'acide mercaptopropanoïque (courbe b.) : elle présente alors une charge de surface s'annulant à pH 4,5. Cette valeur est relativement proche du pK_a des acides carboxyliques (4,7), laissant supposer que la surface des particules est bien constituée de fonctions acides dirigées vers l'extérieur.[380,382]

Après réaction avec la N-butylamine (courbe c.), la surface devrait être neutre, ne présentant en surface que des chaînes alkyles. Nous observons néanmoins une charge de surface, toujours inférieure en valeur absolue à 10 mV, et un potentiel de charge nulle à un pH de 3,2. Cette valeur reste proche de la valeur des nanoparticules présentant une surface acide. Nous pouvons penser que seule une partie des acides a réagi avec la N-butylamine limitant ainsi la charge de surface, mais qu'il subsiste des fonctions acides en surface, responsables de la charge résiduelle.

---

[382] S.E. Burke, C.J. Barrett, Langmuir, 2003, 19, 3297-3303

Cette modification de la surface est également mise en évidence par le changement de stabilité des particules au cours des différents traitements de surface. Des mesures de diffusion dynamique de la lumière, qui ne sont pas montrées ici, indiquent que les nanoparticules présentant une surface acide sont stables en milieu aqueux, tandis qu'aucune mesure de stabilité des particules greffées amide n'a été possible en milieu aqueux : les particules sont instables, car elles présentent une surface constituée de chaînes alkyles ne permettant pas de stabilisation en milieu aqueux.

Ainsi, la surface des nanoparticules fonctionnalisées avec des groupes époxy peut être modifiée pour présenter des fonctions acides carboxyliques. Les nanoparticules ainsi fonctionnalisées par des acides peuvent alors former des liaisons peptidiques avec des amines. Ces différentes modifications de surface ont été mises en évidence par des mesures de spectroscopie InfraRouge, zétamétrie et de stabilité des particules.

Cependant, aucune expérience mettant en jeu le greffage de protéines n'a été réalisé par cette voie de fonctionnalisation. En effet, cette fonctionnalisation est notamment limitée par le faible taux de recouvrement initial des nanoparticules par des fonctions époxy accessibles. Afin de réaliser une fonctionnalisation plus homogène de la surface, il est préférable de réaliser une fonctionnalisation à partir de nanoparticules présentant des fonctions amines en surface. En effet, la fonctionnalisation par des amines s'est révélée être bien plus efficace que la fonctionnalisation par des groupes époxy. Didier Casanova au laboratoire d'Optique et Biosciences a alors étudié la fonctionnalisation des nanoparticules greffées avec des amines par des toxines.

A.2 Surface présentant des amines

L'approche envisagée est schématisée sur la Figure IV-32.

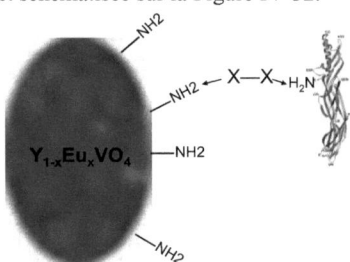

Figure IV-32 : schéma de principe de la voie de fonctionnalisation envisagée.

Nous avons décidé d'utiliser une molécule bifonctionnelle, la BS[3], possédant deux groupes acides activés, afin de former la liaison entre deux amines pour greffer des toxines en surface des particules.

a   Mise en place du protocole de greffage de toxines.

La BS^3 (Mw = 572,43 g.mol^{-1}) présente la réactivité des acides activés, à savoir une hydrolyse catalysée en milieu aqueux acide et basique (pH > 9), et une attaque par des amines favorisée à pH > 7. Le fournisseur Pierce recommande de réaliser la réaction entre la molécule de BS^3 et une protéine en milieu aqueux tamponné à pH 7,4, à température ambiante pendant 30 minutes. Ce protocole est également proposé pour la fonctionnalisation de nanoparticules semi-conductrices. Nous avons donc envisagé de l'appliquer pour la fonctionnalisation de nos particules.

Les nanoparticules fonctionnalisées avec de l'aminopropyltriéthoxysilane sont stables en solution aqueuse acide (pH < 4) ou basique (pH > 10), mais instables lorsque la solution est neutre.[383] Une réaction entre ces nanoparticules et la BS^3 en solution aqueuse à pH proche de la neutralité favoriserait alors une agrégation des particules par la formation de ponts de BS^3 interparticulaires. Nous avons donc décidé de transférer les particules fonctionnalisées avec des amines dans du diméthylsulfoxyde (DMSO) avant de les faire réagir avec la BS^3. Le DMSO permet une stabilisation des nanoparticules greffées avec une amine.

Le greffage de la BS^3 sur les nanoparticules se fait ainsi en l'absence d'eau, ce qui permet de conserver la réactivité de la BS^3.

Une liaison peptidique entre les nanoparticules fonctionnalisées avec la BS^3 et des toxines peut ensuite être réalisée dans un mélange eau : DMSO. En effet, les protéines et toxines peuvent supporter la présence du DMSO jusqu'à quelques % en volume.

b   Protocole adopté

Nous avons ainsi réalisé le greffage de toxine en suivant le protocole suivant :

> Une solution de nanoparticules fonctionnalisées avec des amines ([V] = 13 mM) a été triée en taille à pH 3,4 (dans un tampon acétate) par centrifugation pour ne conserver dans la solution que des objets bien dispersés de taille centrée autour de 17 nm. Cette solution a été transférée dans un même volume de DMSO anhydre. Ce transfert a été fait par centrifugations et redispersions successives dans du DMSO. Une première centrifugation à 5500 g pendant 30 mn a assuré l'élimination de la majorité de l'eau, et trois centrifugations à 13000 g pendant 50 mn ont permis d'obtenir une solution de DMSO présentant moins de 0,01 % d'eau.
>
> Dans 1 ml de solution colloïdale de nanoparticules fonctionnalisées par des amines dans le DMSO à [V] = 13 mM, ont été introduits 16 mg de BS^3 (soit plus de 100 équivalents par rapport au nombre d'amines en présence) et 4 μl de

---

[383] Ceci a été montré par des mesures de ζmétrie précédemment.

triéthanolamine. La solution a été laissée à agiter sous atmosphère d'Argon à température ambiante pendant au moins 6 jours. La taille des particules n'a pas évolué au cours de la réaction d'après les mesures de diffusion dynamique de la lumière réalisées. La BS^3 en excès a ensuite été éliminée par deux centrifugations successives à 13000 g de 1 heure, chacune étant suivie d'une redispersion dans du DMSO.

La réaction avec la toxine ε est alors envisagée. Cette réaction met en jeu 260 µl de la solution de nanoparticules fonctionnalisées avec de la BS^3 dans du DMSO. Cette solution est centrifugée, et redispersée dans un même volume de solution aqueuse avec un tampon phosphate à 50 mM présentant une concentration en toxine ε de 20 µM (M_w 32000 Da). La solution est mise sous agitation pendant 140 mn à température ambiante, puis centrifugée trois fois pour éliminer les toxines ε qui ne se sont pas greffées en surface des nanoparticules ainsi que le DMSO encore présent dans la solution. Les redispersions sont réalisées dans un tampon phosphate à 50 mM. La solution colloïdale obtenue est stable en milieu tampon phosphate à 50 mM, ainsi qu'en milieu tampon PBS ([NaCl] = 130 mM).

c   *Caractérisations*

Afin de connaître la surface de nos particules, nous avons caractérisé la quantité de fonctions acide activées apportées par la BS^3 en surface des particules par réaction des nanoparticules avec une autre toxine de taille plus réduite, l'α-bungarotoxine, marquée par un fluorophore organique, l'Alexa fluor.

Un dosage a également permis de doser le nombre de toxines ε greffées en surface des nanoparticules.

i   acides activés présents sur les nanoparticules

Le nombre de fonctions acides activées réactives en surface des particules après le greffage de la BS^3 a été déterminé par réaction entre les nanoparticules ainsi fonctionnalisées et l'α-bungarotoxine.[384] La réaction est faite dans des conditions similaires au greffage de la toxine ε.[385] La solution finale obtenue est stable, tant dans un tampon phosphate que dans un tampon PBS ([NaCl] = 130 mM), tous deux tampons physiologiques à forte concentration en sels.

Par fluorescence, la quantité d'α-bungarotoxine greffée en surface des particules par liaison peptidique a été déterminée comme étant de 1,3 ± 0,1 µM, soit 7 % d'α-bungarotoxine initialement introduite greffée en surface des nanoparticules. Ceci correspond à un nombre d'α-bungarotoxines accrochées sur les particules entre 5 et 9.

---

[384] Cette toxine, qui est constituée de 74 acides aminés (poids moléculaire de 8000 Da[384]), est présente dans le venin de serpents de la famille des cobras, et paralyse le système nerveux en se fixant sur les récepteurs d'acétylcholine.
[385] la concentration en α-bungarotoxine utilisée est de 18,2 µM.

Le nombre d'α-bungarotoxines greffées en surface des particules est faible en comparaison au nombre de fonctions amines par nanoparticule qui est de 800 à 2700 amines par nanoparticule. Nous pouvons donc penser que l'encombrement des toxines est un paramètre important à prendre en compte, et que chaque toxine réagit avec de nombreuses fonctions amines, permettant un greffage efficace de la toxine sur la nanoparticule.

ii Nombre de toxines ε par nanoparticule

Le nombre de toxines ε greffées en surface des nanoparticules peut être évalué par un dosage commercial BCA, qui dose les amines des protéines. Le rapport toxine ε / vanadate trouvé correspond en moyenne à 40 toxines ε par nanoparticule. Cette valeur est plus importante que pour le greffage de l'α-bungarotoxine, et peut être due à l'allongement important de la toxine ε (2x2x11 nm). Au vu de la taille de nos nanoparticules et de celle de la toxine ε, nous pouvons penser que le recouvrement de nos nanoparticules par des toxines ε est total.

Lors de leurs travaux, Meiser *et al.* ont réussi à greffer en surface de particules de phosphate de lanthane de 7 nm de diamètre 8 avidines (dont les dimensions sont de 6*5,5*4 nm), soit un recouvrement de la surface totale des particules.[364] Leurs conditions de concentrations relatives sont identiques aux nôtres, de l'ordre de 0,2 µmol de protéines / m^2 de nanoparticule. Notre fonctionnalisation est ainsi moins efficace que celle de Meiser, mais suffisante. De plus, elle permet le greffage direct de la toxine sur les nanoparticules (sans avoir recours à d'autres protéines, augmentant la taille des nanoparticules).

Nous avons ainsi montré que les nanoparticules fonctionnalisées avec des amines peuvent être modifiées en surface et réagir avec les amines de la toxine ε. D'après le mode opératoire mis en place, chaque nanoparticule présente en moyenne 40 toxines ε à sa surface. Cette valeur semble ne pas correspondre à un recouvrement total de la surface des particules par des toxines ε, mais est suffisante pour tester la réactivité des toxines ε fluorescentes ainsi créées.

B Application comme toxines fluorescentes

Le greffage de toxines ε en surface d'une nanoparticule permet de suivre par fluorescence le cheminement des toxines ε à proximité d'une cellule par exemple. C'est ce que nous avons décidé d'observer. Cependant, avant de pouvoir utiliser les nanoparticules greffées avec des toxines ε comme toxines fluorescentes, il est nécessaire de s'assurer de la réactivité de la toxine ε greffée en surface d'une nanoparticule.

B.1 Cytotoxicité des nanoparticules

L'équipe de Michel Popoff a réalisé des expériences de cytotoxicité des nanoparticules lorsque celles-ci sont simplement silicatées, ou fonctionnalisées avec la toxine ε.

Les résultats obtenus montrent que les nanoparticules sont cytotoxiques pour des concentrations supérieures à quelques nanomolaires (entre 1 et 4 nM). Ces concentrations sont relativement importantes, et peu contraignantes. Pour les expériences envisagées, les concentrations en nanoparticules à utiliser sont inférieures à cette valeur de quelques nanomolaires.

Les nanoparticules fonctionnalisées avec de la toxine ε présentent en revanche une cytotoxicité nettement supérieure à ceci d'après les premiers résultats. La cytotoxicité de ces particules viendrait donc de la toxicité de la toxine ε. Or cette toxine n'est cytotoxique que sous sa forme heptamérique, qui permet la création de pores non spécifiques sur la membrane des cellules. La cytotoxicité des particules greffées avec la toxine ε signifierait donc que le greffage de la toxine ε sur une nanoparticule altère peu la formation de l'heptamère. Les toxines ε fluorescentes, c'est-à-dire greffées sur des nanoparticules, présenteraient donc une toxicité similaire à celle de la toxine ε libre. Malgré la taille importante des nanoparticules, l'approche de 7 toxines ε permettant la formation de l'heptamère est envisageable. Des mesures plus poussées doivent être menées.

Les expériences de cytotoxicité réalisées sur des nanoparticules montrent que les nanoparticules silicatées ne sont cytotoxiques qu'à forte concentration (de l'ordre de 1 nM), ce qui correspond à 20 -30 % de la toxicité des toxines ε libres. En revanche, les nanoparticules greffées avec des toxines ε présentent une toxicité similaire à celle des toxines ε libres. La présence des nanoparticules permettrait toujours la formation d'heptamères de toxines ε, malgré leur taille importante par rapport à celle de la toxine ε.

B.2 Visualisation des particules

Des premières expériences ont été réalisées sur des cellules MDCK. Les nanoparticules greffées avec des toxines ε ont été mises en solution en présence de ces cellules, et une observation de la surface des cellules est réalisée. Des points lumineux présentant majoritairement l'intensité photonique caractéristique d'une nanoparticule sont visibles. Ces points sont mobiles, en restant dans le plan de la surface des cellules.

Nous pouvons donc penser que les toxines ε greffées aux nanoparticules adhèrent à la membrane de la cellule, et sont mobiles sur cette membrane, entraînant les nanoparticules. Quelques points plus intenses sont observés, mais il est encore trop tôt pour pouvoir émettre des suppositions quant à la formation d'heptamères visualisée par fluorescence.

Ainsi, sur les nanoparticules fonctionnalisées initialement avec des groupes époxy seul le greffage d'une amine simple, la N-butylamine, a été réalisé. Ce greffage s'est révélé possible, comme l'ont montré des mesures de potentiel de surface et de stabilité des particules. Cependant, ce greffage est limité par la fonctionnalisation réduite des nanoparticules avec des groupes époxy.

En revanche, à partir des nanoparticules fonctionnalisées avec des amines, le greffage de toxines a été réalisé avec succès. Selon la toxine utilisée et sa concentration, le greffage s'est avéré plus ou moins efficace. Ainsi, il a été mis en surface de nanoparticules de 12 à 14 α-bungarotoxines, et de l'ordre de 40 toxines ε.

Une étude de la cytotoxicité des nanoparticules fonctionnalisées avec des toxines ε a alors été réalisée. Si les nanoparticules dont la surface est simplement silicatées sont cytotoxiques seulement à forte concentration (de l'ordre de 1 nM), les nanoparticules greffées avec des toxines ε présentent une toxicité qui s'apparente à celle des toxines ε libres. La présence des nanoparticules semble toujours permettre la formation d'heptamères de toxines ε.

L'observation des nanoparticules fluorescentes greffées avec des toxines ε en présence de cellules MDCK montre la présence de nanoparticules sur la surface de cellules. Ces observations semblent montrer que les toxines ε greffées en surface des nanoparticules se lient à la membrane des cellules, et bougent sur cette membrane, entraînant les nanoparticules.

IV *Conclusion*

Nous nous sommes ici intéressés à l'utilisation des nanoparticules fonctionnalisées dans le domaine de la biologie.

Les nanoparticules $Y_{1-x}Eu_xVO_4$ présentent les propriétés de luminescence spécifiques aux europiums, c'est-à-dire une luminescence rouge constituée principalement d'une raie fine autour de 617 nm, et des raies d'absorption fines, présentant des coefficients d'absorption faibles. Un transfert de charge entre les oxygènes de la matrice et les europiums permet une excitation efficace des europiums dans l'UV. Cependant, le rayonnement U.V. nocif pour les cellules vivantes, et l'absence de source d'excitation LASER dans l'U.V. empêchent d'envisager une telle excitation.

Nous avons donc excité les nanoparticules à 466 nm dans une bande d'absorption de l'europium grâce à un laser à Argon, et observé la fluorescence des particules à 617 nm. De cette manière, l'observation des nanoparticules par microscopie de fluorescence en champ large a été possible, et les nanoparticules sont détectables individuellement, sous réserve que leur taille soit suffisante (la limite inférieure est de 13 nm).

Ces nanoparticules étant détectables en tant qu'objets individuels, nous nous sommes alors intéressés à les utiliser comme sondes biologiques fluorescentes au niveau de la molécule unique.

La première étude qui a été réalisée est la localisation des canaux sodiques membranaires. Pour cibler ces canaux sodiques, nous avons créé un mime de toxine naturelle réagissant spécifiquement avec ces canaux sodiques. La fonctionnalisation par de la guanidine des nanoparticules présentant initialement des groupes époxy en surface a permis de créer ce mime de toxine fluorescent. En effet, des mesures d'électrophysiologie de même que des observations par fluorescence ont montré que les nanoparticules ainsi fonctionnalisées agissent de façon similaire aux toxines naturelles. Nous avons donc dans ce cas réussi à créer un mime de toxine fluorescent, permettant de cibler les canaux sodiques membranaires de cellules. Les canaux sodiques potentiel-dépendants peuvent ainsi être visualisés par fluorescence, et leur position sur la membrane déterminée.

Une seconde étude a également été menée qui consiste à localiser la toxine ε par la fluorescence d'une nanoparticule qui lui serait attachée. Le greffage de toxines sur les particules a été envisagé à partir des nanoparticules fonctionnalisées avec des groupes époxy ou avec des amines. Il consiste à présenter en surface des particules des groupes acides, pouvant réagir avec les amines de la toxine ε. Le greffage s'est révélé possible dans les deux cas de figures. Nous avons cependant privilégié la fonctionnalisation à partir de nanoparticules dont la surface a été modifiée par des amines, car cette fonctionnalisation est plus efficace. Nous avons pu greffer en surface de chaque nanoparticule en moyenne 40 toxines ε. Ces nanoparticules greffées avec des toxines ε présentent une toxicité similaire à celle des toxines ε libres, bien que moins importante. Leur observation par fluorescence en présence de cellules montre que les toxines ε greffées sur les nanoparticules se fixent sur la membrane des cellules et bougent en entraînant les nanoparticules.

Nous pouvons ainsi penser que les nanoparticules greffées avec des toxines ε permettent de conserver la toxicité des toxines ε. Des études sont en cours afin de confirmer ces premiers résultats obtenus.

Conclusion Générale

L'utilisation de molécules organiques fluorescentes pour le marquage de tissus cellulaires et macromolécules a permis de réaliser de grandes avancées en biologie. Cependant, la photodégradation rapide de ces molécules limite leur développement dans certaines études, notamment pour le suivi dynamique d'espèces biologiques au niveau de la molécule unique. D'autres systèmes fluorescents servent depuis quelques années d'alternative pour ces études, principalement les nanoparticules semi-conductrices luminescentes. Plus récemment a alors été abordée l'utilisation d'autres matériaux inorganiques luminescents.

Ce travail de thèse a ainsi été consacré au développement de nanoparticules d'oxyde dopé avec des ions lanthanides, et notamment à leur fonctionnalisation biologique pour le suivi de biomolécules uniques. Cette fonctionnalisation de surface a été réalisée par un enrobage polymérique d'alcoxysilanes.

Le choix du système s'est porté sur l'orthovanadate d'yttrium dopé europium, connu pour être un luminophore efficace sous forme massive. Les nanoparticules de ce composé, dont la synthèse par simple coprécipitation de sels a été mise au point au laboratoire il y a quelques années, sont ovoïdes (en moyenne 33 nm sur 19 nm) et polydisperses, mais assurent un bon compromis entre une faible taille et une intensité de fluorescence importante, conditions nécessaires pour l'application visée.

L'état de dispersion des nanoparticules dans l'eau a été amélioré par dépôt de silicates en surface des nanoparticules. La présence de ces silicates simplement adsorbés à la surface favorise la fonctionnalisation de la surface par condensation de polysiloxanes.

Deux méthodes de fonctionnalisation ont été mises au point, qui ont permis de greffer en surface des nanoparticules des fonctions époxy et amines.

La première a consisté à enrober les nanoparticules par de la silice, puis à en fonctionnaliser la surface par des monoalcoxysilanes. Un enrobage des nanoparticules par une couche de silice de relativement faible épaisseur (10 nm) a ainsi été réalisé, puis caractérisé avant d'être fonctionnalisé par des amines. La surface des objets ainsi modifiés semble être totalement recouverte d'amines, mais seule une partie est accessible pour une fonctionnalisation biologique ultérieure.

La seconde voie de fonctionnalisation met en jeu la polymérisation de trialcoxysilanes fonctionnels en surface des nanoparticules. La couche déposée présente une épaisseur de l'ordre de 1 à 4 nm selon le trialcoxysilane utilisé. Une caractérisation poussée de la couche polymérique déposée a permis de montrer que la surface des nanoparticules présente bien des fonctions amine ou époxy, pouvant ensuite réagir avec les espèces biologiques devant être étudiées.

L'application comme sonde biologique nécessite d'avoir des objets de petite taille, et fonctionnalisés, afin de perturber le moins possible le système biologique. La fonctionnalisation par des trialcoxysilanes semble être la méthode la plus adaptée : la couche polymérique déposée est de faible épaisseur, et les objets présentent une réactivité typique des fonctions greffées.

Nous nous sommes ensuite intéressés à l'application de nos nanoparticules comme sondes fluorescentes pour la localisation d'une protéine membranaire et pour le suivi d'une toxine. Ces deux applications nécessitant un suivi individuel par fluorescence, il était nécessaire de montrer la possibilité d'observation des nanoparticules individuelles dans des conditions biologiquement compatibles.

Les nanoparticules $Y_{1-x}Eu_xVO_4$ ont ainsi pu être excitées à 466 nm dans une bande d'absorption de l'europium grâce à un laser à Argon, et leur signal de fluorescence à 617 nm observé. De cette manière, l'observation des nanoparticules par microscopie de fluorescence en champ large a été possible, et les nanoparticules d'une taille minimum de 13 nm ont pu être détectées individuellement. Les deux études biologiques ont alors été menées.

La première a été consacrée à la localisation des canaux sodiques membranaires. Certaines toxines sont connues pour bloquer ces canaux par l'intermédiaire de fonctions guanidine. Pour cibler les canaux sodiques, nous avons alors fonctionnalisé avec de la guanidine des nanoparticules présentant initialement des groupes époxy en surface. Ces nanoparticules montrent alors une affinité particulière pour les canaux sodiques et les bloquent. En effet, des mesures d'électrophysiologie de même que des observations par fluorescence ont montré que ces nanoparticules agissent de façon similaire aux toxines naturelles. Nous avons donc créé un mime de toxine fluorescent, permettant de cibler les canaux sodiques membranaires de cellules.

Un second travail a également été mené sur le marquage de la toxine epsilon avec une nanoparticule fluorescente, et sur l'étude de son mode d'action. Le greffage de toxines sur les particules a été envisagé à partir des nanoparticules fonctionnalisées avec des groupes époxy ou avec des amines, mais a été mené à bien seulement sur des nanoparticules initialement fonctionnalisées avec des amines. En moyenne 40 toxines ε ont pu être accrochées par nanoparticule. Les premières études biologiques ont montré que les nanoparticules greffées avec des toxines ε présentent une toxicité similaire à celle des toxines ε libres, et peuvent être observées par fluorescence.

Ainsi, les nanoparticules de vanadate d'yttrium dopé avec des ions europium peuvent être utilisées comme sondes biologiques fluorescentes pour le suivi de biomolécules individuelles. L'un des enjeux qu'il reste à traiter est la diminution de la taille de ces nanoparticules. Ceci limiterait en effet la perturbation du système biologique engendrée par la présence de la sonde.

Pour pouvoir utiliser des nanoparticules de faible taille pour de telles applications, il est alors nécessaire d'améliorer la détection de la fluorescence. Cette fluorescence pourrait être améliorée par des traitements thermiques en milieu dispersé, permettant de diminuer les défauts cristallins des nanoparticules et donc d'augmenter le rendement quantique, tout en conservant une bonne dispersion des objets.

Des systèmes d'up-conversion formés par codopage des matrices avec l'ytterbium et l'erbium peuvent également être utilisés, permettant d'allier une excitation forte dans l'InfraRouge et une émission dans le visible. Les rayons InfraRouge étant très faiblement absorbés par les tissus cellulaires, cela permettrait d'exciter les objets plus fortement, et de limiter le bruit de fond des images de fluorescence. Un tel système semble donc très intéressant pour des applications biologiques.

De plus, des objets à fluorescence versatile pourraient être envisagés, dont la couleur de fluorescence pourrait être adaptée en fonction de la longueur d'excitation utilisée. Ceci pourrait être obtenu par codopage avec des ions lanthanides différents. De telles nanoparticules pourraient être utiles pour des problématiques biologiques impliquant la détection d'une colocalisation de biomolécules.

Annexes

I   *Evaluation de la concentration d'orthovanadates*

La concentration en nanoparticules dans la solution colloïdale est évaluée par l'absorption des ions orthovanadates présents dans les nanoparticules.

En effet, la loi de Beer-Lambert relie la densité optique (ou absorbance) d'une solution à sa concentration en ions absorbant, sous réserve de pouvoir négliger tout phénomène de diffusion. Ceci implique donc de faire des mesures de densité optique après dilution des solutions colloïdales. Cette loi de Beer-Lambert s'applique ici pour des valeurs de densité optique comprises entre 0,03 et 0,3 et s'écrit :

$$A = \varepsilon l C$$

> où   **A** est l'absorbance mesurée,
> ε le coefficient d'extinction molaire en L.mol^{-1}.cm^{-1},
> **l** la longueur de la cuve en cm, ici l = 0,2 cm
> **c** la concentration de la solution en mol.L^{-1}.

Pour connaître le coefficient d'extinction molaire des orthovanadates présents dans les nanoparticules, une calibration est réalisée avec des solutions d'orthovanadate de sodium de concentrations connues. Les mesures de densité optique sont réalisées sur un spectromètre Cary 50, travaillant entre 800 nm et 200 nm.

Les orthovanadates libres en solution absorbent dans l'UV, de 250 à 320 nm avec un maximum d'absorbance pour une longueur d'onde de 280 nm, et présentent un coefficient d'extinction molaire de ε = 2730 L.mol^{-1}.cm^{-1}.

Nous faisons l'hypothèse que le coefficient d'extinction molaire des vanadates ne change pas, que le vanadate soit libre en solution, ou cristallisé. Cette hypothèse a été vérifiée par Haase,[1] qui trouve une différence de coefficient d'extinction molaire entre vanadates libres et cristallisés de l'ordre de 5 %. La Figure 1 représente la courbe d'absorbance typique

---

[1] K. Riwotzki, M. Haase, J. Phys. Chem. B, 1998, 102, 10129-10135

des nanoparticules en solution, pour laquelle l'absorption mesurée entre 250 nm et 300 nm correspond à la seule absorption des orthovanadates.[2]

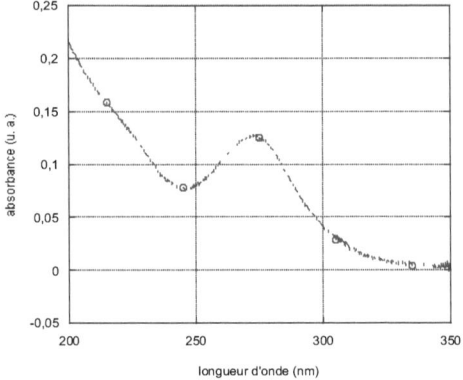

Figure 1 : courbe d'absorbance typique d'une solution de nanoparticules de $Y_{1-x}Eu_xVO_4$ entre 200 et 350 nm.

Ainsi, la concentration en solution aqueuse des orthovanadates peut être mesurée par des mesures d'absorption. Ces mesures nécessitent de s'affranchir de la présence d'autres ions absorbant aux mêmes longueurs d'onde que les vanadates, comme les nitrates introduits en tant que contre-ions lors de la synthèse par exemple.

---

[2] Nous travaillons ici avec des solutions très diluées afin de négliger la diffusion des particules.

II *quantité de trialcoxysilanes greffés par Analyse ThermoGravimétrique*

L'analyse thermogravimétrique est une méthode permettant de mesurer la proportion massique de matière organique d'un échantillon sous forme de poudre. Pour cela, l'échantillon est introduit dans un creuset dont le culot repose sur une sonde de température, dans une chambre pouvant monter en température de 30 °C à 1200 °C sous atmosphère contrôlée. Une rampe de température est alors mise en place. La masse totale du creuset et de l'échantillon est mesurée en comparaison avec un creuset de référence en fonction de la température appliquée, et stockée de manière informatique.

Afin de quantifier le nombre de trialcoxysilanes greffés en surface des nanoparticules, nous devons alors faire différentes hypothèses.

Nous travaillons sous atmosphère oxydante, et nous considérons alors que toutes les parties organique perdues sont remplacées par des oxygènes. De ce fait, à haute température, nous considérons que tous les produits sont des oxydes. Cette température à partir de laquelle nous pouvons considérer que tous les produits sont des oxydes est de l'ordre de 800 °C, au vu des courbes de pertes en masse.

Au-dessous de 150 °C, les solvants physisorbés sont éliminés de la surface, et participent donc à la perte de masse de l'échantillon de 30 °C à 150 °C. De 150°C à 800 °C, nous considérons que la perte massique est due totalement et exclusivement à la perte des parties organiques greffées sur l'échantillon ou constitutives de l'échantillon.

Nous allons décrire les méthodes permettant de calculer des proportions molaires de trialcoxysilanes $Si(OR)_3R'$ greffés par vanadate sur nos nanoparticules silicatées. Les nanoparticules $Y_{1-x}Eu_xVO_4$ sont caractérisées par leur masse molaire unitaire $M_{Y_{1-x}Eu_xVO_4}$, qui dépend de leur teneur en europium, tandis que les alcoxysilanes sont caractérisés par leur masse molaire, pouvant s'écrire $M_{alcoxysilane} = M_{Si} + 3M_{OR} + M_{R'}$.

Considérons deux courbes de perte massique des échantillons entre 150 °C et 800 °C, l'une de 100 mg du produit silicaté, et l'autre de 100 mg du produit après silicatation et fonctionnalisation avec un alcoxysilane de type $Si(OR)_3R'$.

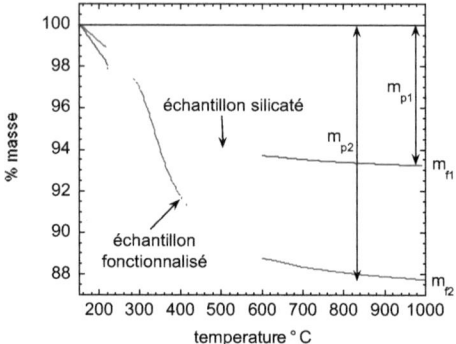

Figure 2 : courbes de pourcentage de masse en fonction de la température obtenue par analyse thermogravimétrique de nanoparticules silicatées et fonctionnalisées par un trialcoxysilane

Ces deux courbes sont caractérisées par une perte massique m_p, et une masse finale m_f, que nous indicerons 1 pour l'échantillon silicaté et 2 pour l'échantillon fonctionnalisé.

Afin d'estimer la proportion de trialcoxysilanes par rapport aux vanadates, nous avons déterminé une gamme de valeurs de la quantité de trialcoxysilanes, et une gamme de valeurs de la quantité de vanadates dans la solution.

L'échantillon 1 correspond à l'échantillon silicaté. Lors de la hausse de température, cet échantillon perd une masse m_{p1} due à la réaction :

$$2Si-OH \xrightarrow{150°C-800°C} Si-O-Si + H_2O$$

L'échantillon 2 correspond à l'échantillon fonctionnalisé avec des aminopropyl-triéthoxysilanes, qui perd une masse m_{p2} par deux réactions :

$$2Si-R' + O_2 \xrightarrow{150°C-800°C} Si-O-Si + produits_{combustion}$$
$$2Si-OR \xrightarrow{150°C-800°C} Si-O-Si + R_2O$$
$$2Si-OH \xrightarrow{150°C-800°C} Si-O-Si + H_2O$$

- La quantité maximale de trialcoxysilanes greffés est calculée en considérant que la perte de l'échantillon fonctionnalisé est seulement due à la perte de la chaîne carbonée, soit

$$m_{p2} = \left(M_{R'} - \frac{16}{2}\right) \cdot n_{trialcoxysilane\,max\,imal}$$

- La quantité minimale de trialcoxysilanes greffés est calculée en considérant que la différence des pertes entre l'échantillon silicaté et l'échantillon fonctionnalisé est due à la présence de trialcoxysilanes, soit :

$$m_{p2} - m_{p1} = \left(M_{R'} + 3M_{OR} - 4 \cdot \frac{16}{2}\right) \cdot n_{trialcoxysilane\,min\,imal}$$

• La quantité maximale de $Y_{1-x}Eu_xVO_4$ dans l'échantillon peut être estimée à partir de la masse finale de l'échantillon fonctionnalisé, en supposant que celui-ci est constitué seulement de $Y_{1-x}Eu_xVO_4$ et du minimum de trialcoxysilanes déposés. Ceci s'écrit alors :

$$m_{f2} = M_{Y_{1-x}Eu_xVO_4} \cdot n_{Y_{1-x}Eu_xVO_4 \cdot \text{max imal}} + M_{SiO_2} \cdot n_{trialcoxysilane \text{min imal}}$$

• La quantité minimale de $Y_{1-x}Eu_xVO_4$ est calculée en considérant que l'échantillon fonctionnalisé contient le maximum de trialcoxysilanes, et que les silicates introduits lors de l'étape de silicatation sont également présents dans l'échantillon (1,5 équivalents par rapport au nombre de vanadate d'après l'analyse élémentaire).

Nous avons donc :

$$m_{f2} = M_{Y_{1-x}Eu_xVO_4} \cdot n_{Y_{1-x}Eu_xVO_4 \cdot \text{min imal}} + M_{SiO_2} \cdot \left(n_{trialcoxysilane \text{max imal}} + n_{silicate} \right)$$

Lors du greffage des aminopropyltriéthoxysilanes sur les nanoparticules, nous avons $m_{p1} = 6,6$ et $m_{p2} = 11,9$. Nous obtenons alors les valeurs suivantes :

	$n_{aminopropyltriéthoxysilane}$	$n_{Y(1-x)EuxVO4}$
Valeurs minimales	0,025	0,231
Valeurs maximales	0,238	0,378

Cette méthode appliquée dans le cas du greffage du glycidoxypropyltriméthoxysilane, pour lequel $m_{p1} = 7,7$ et $m_{p2} = 9,8$, permet d'obtenir les quantités suivantes :

	$n_{glycidoxypropyltriméthoxysilane}$	$n_{Y(1-x)EuxVO4}$
Valeurs minimales	0,012	0,285
Valeurs maximales	0,092	0,432

III *Dosage de la guanidine par colorimétrie.*

Ce dosage se fait par retour, car seule la guanidine libre non substituée peut être dosée. Le principe du dosage repose sur la réaction de la guanidine avec la 9,10 phénanthrènequinone, suivie de la réaction avec l'acide 2,4-dihydrobenzoïque, selon le schéma suivant :

Sur x ml de solution de guanidine dans l'eau (5.24 µl/ml), sont ajoutés dans l'ordre :

- 0.5 ml d'une solution de 9,10 phénanthrènequinone dans du dioxane (57.6 µg dans 30 ml),

- 1.5 ml d'une solution d'acide 2,4-digydrobenzoïque dans de l'éthanol absolu (708 µg dans 30 ml)

- 1.5 ml d'une solution de KOH à 2M dans l'eau (3.950g dans 30 ml)

- (1.5-x) ml d'eau.

La solution jaune est agitée vigoureusement, et laissée à réagir pendant 90 minutes. La solution a viré au rouge. Une mesure d'absorbance est alors faite, montrant un maximum d'absorption à 590 nm.

Une comparaison de l'absorbance à 590 nm de l'échantillon avec une solution de concentration connue en guanidine dosée de la même façon permet d'évaluer la concentration en guanidine dans l'échantillon dosé.